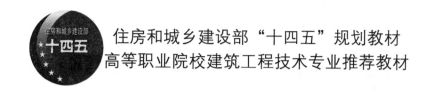

住房和城乡建设部"十四五"规划教材

高等职业院校建筑工程技术专业推荐教材

混 凝 土 结 构 （上册）

（第 六 版）

沈蒲生　罗国强　廖　莎　邓　鹏　编著

中国建筑工业出版社

图书在版编目（CIP）数据

混凝土结构．上册/沈蒲生等编著．—6 版．—北京：中国建筑工业出版社，2022.6
住房和城乡建设部"十四五"规划教材　高等职业院校建筑工程技术专业推荐教材
ISBN 978-7-112-27193-1

Ⅰ.①混…　Ⅱ.①沈…　Ⅲ.①混凝土结构-高等职业教育-教材　Ⅳ.①TU204.21

中国版本图书馆 CIP 数据核字（2022）第 040789 号

本书系根据高职高专建筑工程专业"混凝土结构"课程要求及我国《混凝土结构设计规范》GB 50010 编写的。本书是在第五版基础上修订而成，全书内容结合新规范，比第五版有了进一步完善和提高。全书分为上、下两册，本书为上册，内容包括：绪论、混凝土结构用材料的力学性能、荷载与设计方法、钢筋混凝土轴心受力构件承载力计算、钢筋混凝土受弯构件正截面承载力计算、钢筋混凝土受弯构件斜截面承载力计算、钢筋混凝土受扭构件承载力计算、钢筋混凝土偏心受力构件承载力计算、钢筋混凝土构件裂缝宽度和变形验算、预应力混凝土构件设计计算。

本书既可作为高职高专建筑工程专业的教材，也可供土建工程技术人员学习参考。为便于教学和提高学习效果，本书作者制作了教学课件，索取方式为：1. 邮箱 jckj@cabp.com.cn；2. 电话（010）58337285；3. 建工书院 http://edu.cabplink.com。

责任编辑：刘平平　吉万旺
责任校对：姜小莲

住房和城乡建设部"十四五"规划教材
高等职业院校建筑工程技术专业推荐教材

混凝土结构（上册）

（第六版）

沈蒲生　罗国强　廖　莎　邓　鹏　编著

*

中国建筑工业出版社出版、发行（北京海淀三里河路 9 号）
各地新华书店、建筑书店经销
北京科地亚盟排版公司制版
天津安泰印刷有限公司印刷

*

开本：787 毫米×1092 毫米　1/16　印张：16½　字数：410 千字
2022 年 4 月第六版　　2022 年 4 月第一次印刷
定价：**49.00** 元（赠教师课件）
ISBN 978-7-112-27193-1
（38803）

前　言

（第六版）

本书第五版自 2011 年发行以来，已经有 10 年了。期间，《建筑结构可靠性设计统一标准》GB 50068—2018 已经在 2019 年 4 月开始实施，《工程结构通用规范》GB 55001—2021 和《混凝土结构通用规范》GB 55008—2021 等多本通用规范已经在 2021 年颁布。规范对混凝土结构的设计方法做了较大的修改。为了使读者能够及时地对规范的修订内容有所了解，我们对本书第五版进行了修订。

本书第五版为普通高等教育土建学科专业"十二五"规划教材、高职高专建筑工程专业系列教材。本次修订对教材内容做了较大的精简，条理更加清楚，能更好地贯彻少而精的原则，简明扼要，突出重点，方便教学与学生自学。

本书分上、下两册。本书上册内容为：绪论，混凝土结构用材料的力学性能，荷载与设计方法，钢筋混凝土轴心受力构件承载力计算，钢筋混凝土受弯构件正截面承载力计算，钢筋混凝土受弯构件斜截面承载力计算，钢筋混凝土受扭构件承载力计算，钢筋混凝土偏心受力构件承载力计算，钢筋混凝土构件裂缝宽度和变形验算以及预应力混凝土构件设计计算。本书下册共 4 章，内容为：混凝土结构的分析方法，混凝土梁板结构，单层工业厂房结构和多层框架结构。

本书由沈蒲生（绪论、第二、三、四、五、九、十章以及第十三章正文）、罗国强（第八、十一、十二章）、廖莎（第七章）和邓鹏（第一、六章以及第十三章例题）编写，由沈蒲生统稿。周泳南高工对本书第八、十一、十二章的例题进行了校核，特此致谢。

由于我们的水平有限，错误之处在所难免，欢迎批评指正。

编　者

2021 年 9 月

前　言

（第五版）

《混凝土结构设计规范》GB 50010—2010 已于 2010 年 8 月 18 日发布，并于 2011 年 7 月 1 日实施。新规范总结了最近十年我国混凝土结构设计领域的理论、试验及应用成果。为了及时地将这些成果反映在教材中，我们对第四版《混凝土结构》上、下册进行了修订。

第五版《混凝土结构》仍然分为上、下两册，章节安排基本未变。上册内容为：绪论、混凝土结构用材料的力学性能、荷载与设计方法、钢筋混凝土轴心受力构件承载力计算、钢筋混凝土受弯构件正截面承载力计算、钢筋混凝土受弯构件斜截面承载力计算、钢筋混凝土受扭构件承载力计算、钢筋混凝土偏心受力构件承载力计算、钢筋混凝土构件裂缝宽度和变形验算以及预应力混凝土构件设计计算；下册的内容为：混凝土结构分析方法、梁板结构设计、单层工业厂房结构设计以及多层框架房屋结构设计等内容。

在修订过程中，除了按新规范进行修改外，仍然保持本教材前面各版中说明清楚、简明扼要、便于教学、便于自学等特点。

本次修订由沈蒲生（绪论、第二、三、四、五、六、九、十章以及第十三章正文）、罗国强（第八、十一、十二章）、廖莎（第七章）和刘霞（第一章和第十三章例题）完成，由沈蒲生统稿。

由于我们的水平所限，错误之处在所难免，欢迎批评指正。

编者

2011 年 8 月

前　　言

（第四版）

我国《混凝土结构设计规范》GBJ 10—89 已经修订，新的《混凝土结构设计规范》GB 50010—2002 已经颁布实施。为了使教材能够反映规范的变化情况，我们对《混凝土结构（上、下册）》（第三版）进行了修订。

修订后的教材有以下三个方面的变化：

1. 按新编《混凝土结构设计规范》GB 50010—2002 进行修订。

2. 将"预应力混凝土构件设计计算"一章由下册移至上册，使上册只讲述混凝土结构的设计原理和各类混凝土构件的设计方法，下册讲述几种基本混凝土结构的设计方法。

3. 在下册中增加"混凝土结构分析方法"一章，在具体讲述混凝土结构设计方法之前，扼要地介绍混凝土结构的分析方法。

本书上册的内容为：绪论、混凝土结构的材料性能、荷载与设计方法、钢筋混凝土轴心受力构件承载力计算、钢筋混凝土受弯构件正截面承载力计算、钢筋混凝土受弯构件斜截面承载力计算、钢筋混凝土受扭构件承载力计算、钢筋混凝土偏心受力构件承载力计算、钢筋混凝土构件裂缝宽度和变形验算以及预应力混凝土构件设计计算；下册的内容为：混凝土结构分析方法、梁板结构设计、单层工业厂房结构设计以及多层框架房屋结构设计等内容。

在修订过程中，我们仍然保持本教材前面各版中说理清楚、简明扼要、便于教学、便于自学等特点。

本书由沈蒲生（绪论、第二、四、六、九、十章）、罗国强（第八、十一、十二章）和熊丹安（第一、三、五、七、十三章）编写，由沈蒲生统稿。由于我们的水平所限，书中错误之处在所难免，欢迎批评指正。

编者

2003 年 6 月

V

目　录

绪　　论

第一节　混凝土结构的基本概念

以混凝土为主要材料制作而成的结构称为混凝土结构。它包括素混凝土结构、钢筋混凝土结构和预应力混凝土结构等。

素混凝土结构是指无筋或不配置受力钢筋的混凝土结构。

钢筋混凝土结构是指用圆钢筋作为配筋且配置受力钢筋的普通混凝土结构。图 0-1 为常见钢筋混凝土构件的配筋实例。其中，图 0-1（a）为钢筋混凝土简支梁的配筋情况，图 0-1（b）为钢筋混凝土简支平板的配筋情况，图 0-1（c）为装配式钢筋混凝土单层工业厂房边柱的配筋情况，图 0-1（d）为钢筋混凝土杯形基础的配筋情况。由图 0-1 可见，在不同的结构和构件中，钢筋的配置位置及形式各不相同，即使是同属于受弯构件的梁和板，其配筋的位置及形式也不完全相同。因此，在钢筋混凝土结构和构件中，钢筋和混凝土不是任意结合的，而是根据结构和构件的形式和受力特点，在适当部位配置一定形式和数量的钢筋。

预应力混凝土结构是指在结构构件特定的部位上，通过张拉受力钢筋或采用其他方法，人为地预先施加应力的混凝土结构。

素混凝土结构由于承载力低、性质脆，很少用来作为房屋建筑中重要的承力结构。本书重点讲述用圆钢筋配筋的钢筋混凝土结构的材料性能、设计原则、计算方法和构造措施。对于预应力混凝土结构，将在本书的第九章中介绍。

将钢筋和混凝土结合在一起做成钢筋混凝土结构和构件，其原因可以通过下面的试验看出。图 0-2（a）为一根未配置钢筋的素混凝土简支梁，跨度 4m，截面宽 200mm，高 300mm，混凝土强度等级为 C30，梁的跨中作用一个集中荷载 P，对其进行破坏性试验。结果表明，当荷载较小时，截面上的应力如同弹性材料的梁一样，沿截面高度呈直线分布；当荷载增大使截面受拉区边缘纤维拉应力达到混凝土抗拉极限强度时，该处的混凝土被拉裂，裂缝沿截面高度方向迅速开展，试件随即发生断裂破坏。这种破坏是突然发生的，没有明显的预兆。尽管混凝土的抗压强度比其抗拉强度高 10 倍左右，但不能得到充分地利用，因为试件的破坏由混凝土的抗拉强度控制。荷载 P 的极限值很小，只有 7.5kN 左右。

如果在该梁的受拉区配置 3 根直径为 12mm 的 HPB300 热轧光面钢筋（记作 3φ12），并在受压区配置 2 根直径为 10mm 的 HPB300 热轧光面钢筋做架立钢筋和配置适量的箍筋，再进行同样的荷载试验（图 0-2b），则可以看到，当加荷到一定阶段使截面受拉区边缘纤维拉应力达到混凝土抗拉极限强度时，混凝土虽被拉裂，但裂缝不会沿截面的高度迅速开展，

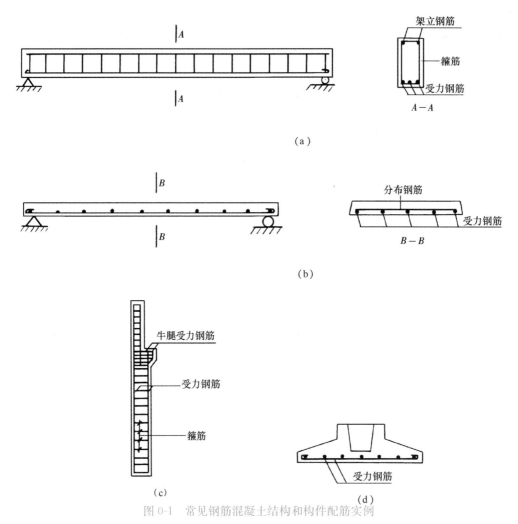

图 0-1　常见钢筋混凝土结构和构件配筋实例

（a）钢筋混凝土简支梁的配筋；（b）钢筋混凝土简支平板的配筋；
（c）装配式钢筋混凝土单层工业厂房边柱的配筋；（d）钢筋混凝土杯形基础的配筋

试件也不会随即发生断裂破坏。混凝土开裂后，裂缝截面的混凝土拉应力全部由纵向受拉钢筋承受，钢筋强度很高，故荷载还可以进一步增加。此时，变形将相应发展，裂缝的数量和宽度也将增大，直到受拉钢筋的抗拉强度和受压区混凝土的抗压强度被充分利用时，试件才发生破坏。试件破坏前，变形和裂缝都发展得很充分，呈现出明显的破坏预兆。虽然试件中纵向受力钢筋的截面面积只占整个截面面积的 0.565% 左右，但荷载 P 的极限值却可以提高到 24kN 左右。因此，在混凝土结构的受拉区配置一定形式和数量的钢筋以后，可以收到下列的效果：

（1）承载能力有很大的提高；

（2）受力特性得到显著的改善。

钢筋和混凝土是两种物理、力学性能很不相同的材料，它们之所以能够相互结合共同工作的主要原因是：

（1）混凝土结硬后，与钢筋牢固地粘结在一起，相互传递应力。粘结力是这两种性质不同的材料能够共同工作的基础。

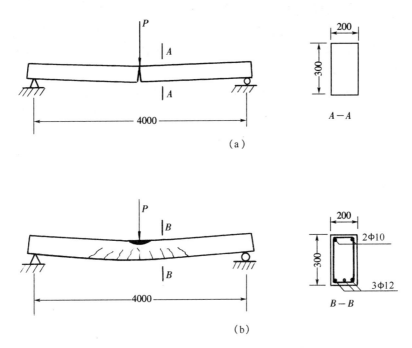

图 0-2　素混凝土梁与钢筋混凝土梁的破坏情况对比

（2）钢筋的线膨胀系数为 $1.2 \times 10^{-5}/℃$，混凝土的线膨胀系数为 $(1.0 \sim 1.5) \times 10^{-5}/℃$，二者数值相近。因此，当温度发生变化时，钢筋与混凝土之间不会存在较大的相对变形和温度应力而发生粘结破坏。

钢筋混凝土结构除了比素混凝土结构具有较高的承载能力和较好的受力性能以外，与其他结构相比还具有下列优点：

（1）就地取材。钢筋混凝土结构中，砂和石料所占比例很大，水泥和钢筋所占比例较小，砂和石料一般可以就地供应。

（2）节约钢材。钢筋混凝土结构的承载能力较高，大多数情况下可用来代替钢结构，因而节约钢材。

（3）耐久、耐火。钢筋被包裹在混凝土中，受混凝土保护不易发生锈蚀，因而提高了结构的耐久性。当火灾发生时，钢筋混凝土结构不会像木结构那样被燃烧，也不会像钢结构那样很快软化或熔化而破坏。

（4）可模性好。钢筋混凝土结构可以根据需要浇捣成任何形状。

（5）整体性好，刚度大，变形小。

钢筋混凝土结构也具有下述主要缺点：

（1）自重大。钢筋混凝土的重力密度（简称为重度）约为 $25kN/m^3$，比砌体和木材的重度都大。尽管混凝土的重度比钢材的重度小，但是，混凝土的抗压强度只是钢材抗压强度的 1/10 左右，因此，混凝土结构的截面尺寸比钢结构的大，自重远远超过相同跨度或相同高度的钢结构。

（2）抗裂性差。如前所述，混凝土的抗拉强度约是其抗压强度的 1/10，有时在结构投入使用前，由于温度和收缩的作用也有可能使结构开裂。因此，普通钢筋混凝土结构经常带裂缝工作。尽管裂缝的存在并不一定意味着结构发生破坏，但是它影响结构的耐久性和美观。当裂缝数量较多和开展较宽时，还将给人们造成一种不安全感。

（3）脆性较大。与钢结构和木结构相比，混凝土的性质较脆。混凝土结构的脆性随着其强度等级的提高而增大。

综上所述不难看出，钢筋混凝土结构的优点多于其缺点。而且，人们已经研究出许多克服其缺点的有效措施。例如，为了克服钢筋混凝土自重大的缺点，已经研究出许多质量轻、强度高的混凝土和强度很高的钢筋；为了克服普通钢筋混凝土结构和构件容易开裂的缺点，可以对它施加预应力。为了克服其脆性，可以通过加强配筋对混凝土变形施加约束或在混凝土中掺入短段钢纤维或其他纤维。

第二节　混凝土结构的发展简况

1824 年，英国人 J. 阿斯匹丁（Joseph Aspdin）发明了水泥。这种水泥结硬以后很像英国波特兰岛上的石料，因而被称之为波特兰水泥。波特兰水泥的问世，为混凝土结构的产生和发展提供了物质基础。

混凝土结构只有 160 年的历史，前 100 年的发展较为缓慢，后 60 年，特别是最近 20～30 年的发展非常迅速。其发展过程中较有影响的事件有：

——1854 年，法国人 J. 兰波特（J. L. Lambot）用铁筋水泥制作成小船，并在巴黎博展会上展出。同年，英国人 W. B. 维尔金森（W. B. Wilkinson）获得了用铁丝绳制作混凝土楼盖的专利。1869 年，他还出版了一本有关铁筋混凝土应用的书。

——1867 年，法国人 J. 莫尼埃（J. Monier）用铁丝网制作了混凝土花盆和花钵，并且获得了钢筋混凝土的发明专利。1873 年，他获得了混凝土桶和桥的制作专利。4 年以后，他又获得了钢筋混凝土梁和柱的制作专利。莫尼埃的专利被许多国家购买，莫尼埃的名字为欧洲和其他许多国家所熟悉，他因而被认为是钢筋混凝土结构的主要创始人。

——1877 年，美国人 T. 哈特（T. Hyatt）公布了他曾经做过的 50 根铁筋混凝土梁的抗弯试验结果，并且认为可以按弹性方法对其进行分析与设计。

——1887 年，德国学者在进行过许多试验的基础上，提出了应将钢筋配置在受拉区的概念和板的计算方法。此后，混凝土的推广应用有了较快的发展。

——1884 年，美国人 E. L. 热塞姆（E. L. Ransome）首先将变形钢筋用于混凝土结构中。1889～1891 年，他在旧金山建造了两层的钢筋混凝土博物馆和一座钢筋混凝土桥。1890 年，他设计了框架结构，并且在柱中采用螺旋钢筋配筋。与此同时，美国伊利诺大学和威斯康星大学做过许多混凝土抗压强度和弹性模量试验。

——1928 年，法国人 E. 弗耐西涅研制了预应力技术，并且将其应用在混凝土结构中，解决了混凝土的开裂问题，使高强钢筋和高强混凝土的材料能够得到充分的利用。

——1939 年，苏联开始采用破损阶段设计法进行设计。1955 年开始改用极限状态设计法设计。

——欧美等国早年采用允许应力法设计，20 世纪 80 年代开始改用概率极限状态设计法进行设计。

由于混凝土具有前面所说的诸多优点，所以，混凝土结构长期以来一直是我国主要的结构体系。自 20 世纪 50 年代以来，混凝土结构在材料、设计理论和工程应用等方面得到了很大的发展。

材料方面：混凝土的强度等级不断提高，品种日益增多。高强混凝土、轻骨料混凝土、纤维混凝土、高性能混凝土、活性粉末混凝土、耐碱混凝土等相继问世，形成了一个兴旺的混凝土家族。钢筋的品种也不断增多，强度提高，性能良好。

设计理论方面：世界上混凝土结构的设计方法经历了按允许应力法设计、按破损阶段法设计、按极限状态法设计和按概率极限状态法设计等多个阶段。我国自 20 世纪 50 年代开始便采用按极限状态设计法进行设计。20 世纪 70 年代中期曾采用单一安全系数法设计，20 世纪 80 年代末改用概率极限状态设计法进行设计。设计理论一直与世界上先进国家的设计理论保持在同一水平。设计规范对于混凝土结构的质量要求不断加强，结构的可靠度日益加大，抗震性能和防灾减灾能力有了很大的提高。

在工程应用方面：混凝土结构除了在一般的土木工程中应用以外，还已经在我国的高层和超高层建筑工程、大跨桥梁工程、大直径隧道工程、高速公路工程、高速铁路工程、大型水利工程、大型港口工程和大型深井工程中得到广泛的应用。

进入 21 世纪以后，国家对于发展装配式建筑特别重视。2016 年 2 月，国务院印发的《关于进一步加强城市规划建设管理工作的若干意见》中提出了加大政策支持力度，力争用十年左右时间，使装配式建筑占新建建筑的比例达到 30%。随着科技的进步和保温隔热材料以及防水技术的发展，加之劳动成本的上升、节能环保要求的提高以及装配式建筑技术水平的提升，也为装配式建筑的快速发展创造了很好的条件。这将使我国的建筑在节约资源、节能减排、保护环境、提高质量、缩短工期、节省人力等方面发挥巨大作用。

第三节　通用符号

在今后的讨论中，将要用到许多符号。这些符号是根据我国国家标准《工程结构设计基本术语标准》GB/T 50083—2014 中的通用符号选用的。编写工程技术文件很重要的一项基本功是正确使用通用符号，每位工程技术人员都必须了解其构成原则，并能正确书写。

混凝土的符号体系是由主体符号或带上、下标的主体符号构成。主体符号一般代表物理量，上、下标则代表物理量或物理量以外的术语或说明语（说明材料种类、受力状态、部位、方向、原因、性质等），用以进一步表示主体符号的涵义。

主体符号应以一个字母表示；上、下标可采用字母、缩写词、数字或其他标记表示。上标一般只有一个，下标可采用一个或多个。当采用一个以上的下标时，可根据表示材料的种类、受力状态、部位、方向、原因、性质的次序排列。如果各下标连续书写其涵义有可能混淆时，各下标之间应加逗号分隔。

各符号的书写和印刷规则如下：

（一）主体符号

主体符号采用下列三种字母，一律用斜体字母写书和印刷：

斜体大写拉丁字母：如 M、V、A；

斜体小写拉丁字母：如 b、h、d；

斜体小写希腊字母：如 ρ、ξ、σ。

应当注意，小写希腊字母除 σ、τ 外，只用于表示无量纲符号。

（二）上、下标

上标一般采用标记或正体小写拉丁字母，下标一般采用正体小写拉丁字母或正体数字，如：

$$e' \qquad \sigma_{p,min}^{f} \qquad f_{y} \qquad f_{cu,k} \qquad \sigma_{c,max}$$

第四节　计量单位

进行混凝土结构设计和计算时，要和种种物理量和几何量发生关系，这里存在采用什么样的计量单位进行计算的问题。

我国对混凝土结构采用以国际单位制单位为基础的中华人民共和国法定计量单位。计量单位和词头的符号应采用拉丁字母或希腊字母。除了来源于人名的计量单位符号的第一个字母采用大写字母外，其余的均应采用小写字母（升的符号 L 例外）。计量单位和词头符号的书写和印刷必须采用正体字母。如：

力的单位：N（牛顿）、kN（千牛顿）；1kN＝1000N。

应力的单位：N/mm² 或 MPa（兆帕斯卡或兆帕）。

长度的单位：mm（毫米）、cm（厘米）、m（米）；1m＝100cm，1m＝1000mm。

第五节　混凝土结构课程的特点和学习方法

本书讨论的内容可以分为图 0-3 所示的三部分。其中，绪论、混凝土结构用材料的力学性能和概率极限状态设计法为基本知识，在以后各章的讨论中都将要用到这些基本知识。钢筋混凝土轴心受力构件承载力计算、钢筋混凝土受弯构件正截面承载力计算、钢筋混凝土受弯构件斜截面承载力计算、钢筋混凝土受扭构件承载力计算、钢筋混凝土偏心受

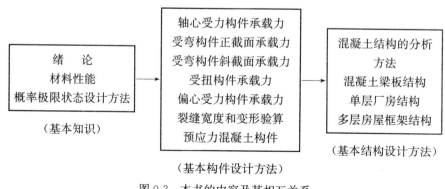

图 0-3　本书的内容及其相互关系

力构件承载力计算、钢筋混凝土构件裂缝宽度和变形验算以及预应力混凝土构件为基本构件设计。它们是结构设计的基础。梁板结构、单层厂房结构和多层房屋框架结构则是实际工程中三种最基本的结构型式。本书将按照上述次序进行介绍。本书只讨论混凝土结构在荷载作用下的设计。有关温度、地震等因素作用下的设计，将在其他课程中介绍。

在学习混凝土结构课程时，应该注意以下几点：

（1）混凝土结构通常是由钢筋和混凝土结合而成的一种结构。钢筋混凝土材料与理论力学中的刚性材料以及材料力学、结构力学中的理想弹性材料或理想弹塑性材料有很大的区别。为了对混凝土结构的受力性能与破坏特征有较好的了解，首先要求对钢筋和混凝土的力学性能要有较好的认识。

（2）混凝土结构在裂缝出现以前的抗力行为，与理想弹性结构的相近。但是，在裂缝出现以后，特别是临近破坏之前，其受力和变形状态与理想弹性材料的有显著不同。混凝土结构的受力性能还与结构的受力状态、配筋方式和配筋数量等多种因素有关，暂时还难以用一种简单的数学模型和力学模型来模拟。因此，目前主要以混凝土结构和构件的试验与工程实践经验为基础进行分析。许多计算公式都带有经验性质，它们虽然不如数学或力学公式那样严谨，然而却能够较好地反映结构的真实受力性能，使结构具有一定的安全储备。在学习本课程时，应该注意各计算公式与力学公式的联系与区别。

（3）我国的《建筑结构荷载规范》GB 50009 在进行大量的试验、调查与统计的基础上，对建筑结构可能承受的各种荷载大小有着明确的规定。我国的《混凝土结构设计规范（2015 年版）》GB 50010❶也给出了各种常用钢筋和混凝土的强度、弹性模量等指标。鉴于实际情况的复杂性，建筑结构上的实际荷载和实际材料指标与规范规定的大小会有一定的出入。它们可能高于规范规定的数值，也可能低于规范规定的数值。此外，不同结构的重要性也不一样，它们对于结构的安全、适用和耐久的要求各不相同。为了使混凝土结构设计满足技术先进、经济合理、安全适用、确保质量的要求，将混凝土结构各种分析公式用于设计时，要考虑上述各种因素的影响，使结构具有一定的安全储备。学习本课程时，应该注意分析公式与设计公式之间的联系与区别，了解和掌握我国有关混凝土结构设计的技术和经济政策。

（4）进行混凝土结构设计时离不开计算。但是，现行的实用计算方法一般只考虑了荷载效应。其他影响因素，如：混凝土收缩、温度影响以及地基不均匀沉降等，难于用计算公式来表达。《规范》根据长期的工程实践经验，总结出一些构造措施来考虑这些因素的影响。因此，在学习本课程时，除了要对各种计算公式了解掌握以外，对于各种构造措施也必须给予足够的重视。在设计混凝土结构时，除了进行各种计算以外，还必须检查各项构造要求是否得到满足。

（5）为了指导混凝土结构的设计工作，各国都制订了专门的技术标准和设计规范。它们是各国在一定时期内理论研究成果和实际工程经验的总结。在学习混凝土结构时，应该很好地熟悉、掌握和运用它们。但是也要了解，混凝土结构是一门比较年轻和迅速发展的学科，许多计算方法和构造措施还不一定尽善尽美。也正因为如此，各国每隔一段时间都要将自己的结构设计标准或规范进行修订，使之更加完善合理。因此，在学习

---

❶ 本书后文中将《混凝土结构设计规范（2015 年版）》GB 50010 简称《规范》。

和运用规范的过程中，也要善于发现问题，灵活运用，并且不断地进行探索与创新。

（6）为了节省正文的篇幅，本书将一部分计算用表和构造规定放在附录中。读者要熟悉并会正确利用这些用表和规定。

思　考　题

1. 什么是混凝土结构?

2. 什么是素混凝土结构?

3. 什么是预应力混凝土结构?

4. 在素混凝土结构中配置一定形式和数量的钢材以后，结构的性能将发生什么样的变化?

5. 钢筋和混凝土是两种物理、力学性能很不相同的材料，它们为什么能结合在一起共同工作?

6. 钢筋混凝土结构有哪些主要优点?

7. 下列符号中哪一个书写正确?

   M$_k$　M_k　m_k

8. 下列计量单位中哪一个书写正确?

   Kn　KN　kN

第一章　混凝土结构用材料的力学性能

提　要

钢筋和混凝土的力学性能是混凝土结构构件计算的基础。本章的重点是：

(1) 钢筋的强度、变形、弹性模量，钢筋的品种和级别；混凝土结构对钢筋性能的要求，钢筋的选用原则；

(2) 混凝土的强度等级，影响混凝土强度和变形的因素，混凝土的各类强度指标，混凝土的变形模量；

(3) 混凝土的徐变和收缩现象及其对结构的影响；

(4) 保证钢筋和混凝土粘结力的措施。

本章的难点是：混凝土的收缩、徐变等变形性能。

了解钢筋和混凝土材料各自的力学性能及其共同工作的原理，是掌握混凝土结构构件的受力性能、结构的计算理论和设计方法的基础。混凝土结构的有关计算和构造问题，都和材料的性能密切相关。

第一节　钢　　筋

一、钢筋的强度和变形

（一）钢筋的应力-应变曲线

钢筋混凝土及预应力混凝土结构中所用的钢筋可分为两类：有明显屈服点的钢筋和无明显屈服点的钢筋（习惯上分别称它们为软钢和硬钢）。

有明显屈服点钢筋的典型拉伸应力-应变曲线如图 1-1 所示。在 a 点以前，应力与应变按比例增加，其关系符合虎克定律，a 点对应的应力称为比例极限；过 a 点后，应变较应力增长为快；到达 b 点后，应变急剧增加，而应力基本不变，应力-应变曲线呈现水平段 cd，钢筋产生相当大的塑性变形，此阶段称为屈服阶段。对于一般有明显屈服点的钢筋，b、c 两点称为屈服上限和屈服下限。屈服上限为开始进入屈服阶段时的应力，呈不稳定状态；到达屈服下限时，应变增长，应力基本不变，比较稳定。相应于屈服下限 c 点的应力称为"屈服强度"。当钢筋屈服发生塑性流动到一定程度，即到达图中 d 点后，应力又开始增加，应力-应变曲线又呈上升曲线，其最高点为 e，de 段称为钢筋的"强化阶段"，相应于 e 点的应力称为钢筋的极限抗拉强度。过 e 点后，钢筋的薄弱断面显著缩小，产生"颈缩"现象（图 1-2），变形迅速增加，应力随之下降，到达 f 点时被拉断。

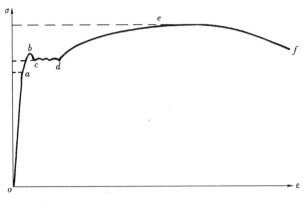

图 1-1　钢筋的应力-应变曲线

图 1-2　钢筋受拉时
的"颈缩"现象

无明显屈服点钢筋的典型拉伸应力-应变曲线如图 1-3 所示。这类钢筋的极限强度一般很高，但变形很小，也没有明显的屈服点，通常取相应于残余应变为 0.2％时的应力 $\sigma_{0.2}$ 作为名义屈服点，称为条件屈服强度。

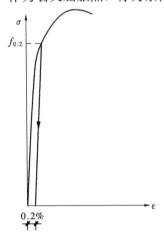

在到达屈服强度之前，钢筋的受压性能与受拉时的规律相同，其屈服强度也与受拉时基本一样。在达到屈服强度之后，由于试件发生明显的塑性压缩，截面面积增大，因而难以给出明确的极限抗压强度。

（二）钢筋的强度和变形指标

对于有明显屈服点的钢筋，当结构构件中某一截面钢筋应力达到屈服强度后，它将在荷载基本不增加的情况下产生持续的塑性变形，构件可能在钢筋尚未进入强化段之前就已破坏或产生过大的变形与裂缝。因此，钢筋的屈服强度是钢筋关键性的强度指标。此外，钢筋的屈强比（屈服强度与极限抗拉强度的比值）表示结构可靠性的潜力。在抗震设计中，考虑受拉钢筋可能进入强化阶段，对于抗震等级较高的结构构件，要求钢筋屈强比不大于某一数值，因而钢筋的极限强度是检验钢筋质量的另一强度指标。

图 1-3　无明显屈服点钢筋
的应力-应变曲线

对于无明显屈服点钢筋，由于其条件屈服点不容易测定，因此这类钢筋的质量检验以极限抗拉强度作为主要强度指标。《规范》规定取条件屈服强度 $\sigma_{0.2}$ 为极限抗拉强度 σ_b 的 0.85 倍，即

$$\sigma_{0.2} = 0.85\sigma_b \tag{1-1}$$

反映钢筋变形性能的基本指标是"总伸长率"和"冷弯性能"。

钢筋在最大力下的总伸长率（均匀伸长率）如图 1-4 所示，钢筋在达到最大应力 σ_b 时的变形包括塑性残余变形 ε_r 和弹性变形 ε_e 两部分，最大力下的总伸长率（均匀伸长率） δ_{gt} 可用下式表示：

$$\delta_{gt} = \left(\frac{L-L_0}{L_0} + \frac{\sigma_b}{E_s}\right) \times 100\% \tag{1-2}$$

式中　L_0——试件受力前的标距长度（不包含颈缩区）；

$\quad\quad L$——试件拉断后的标距长度；

$\quad\quad \sigma_b$——钢筋的最大拉应力（即极限抗拉强度）；

$\quad\quad E_s$——钢筋的弹性模量。

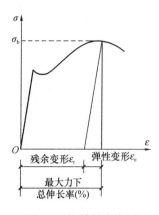

式（1-2）括号中的第一项反映了钢筋的塑性残余变形，第二项反映了钢筋在最大力下的弹性变形。

δ_{gt} 的量测方法可参照图 1-5 进行，在离断裂点较远的一侧选择 Y 和 V 两个标记，两个标记之间的原始标距（L_0）在试验之前至少应为 100mm；标记 Y 或 V 与夹具的距离不应小于 20mm 或钢筋公称直径 d 两者中的较大值，标记 Y 或 V 与断裂点之间的距离不应小于 50mm 或者 2 倍钢筋公称直径 $2d$ 两者中的较大值。钢筋拉断后量测标记之间的距离 L，并求出钢筋拉断时的最大拉应力 σ_b，然后按式（1-2）计算 δ_{gt}。

图 1-4　钢筋最大力下的总伸长率

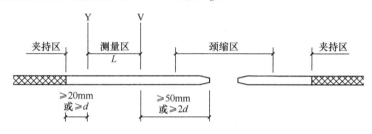

图 1-5　最大力下的总伸长率的量测方法

钢筋在最大力下的总伸长率 δ_{gt} 既能反映钢筋的残余变形，又能反映钢筋的弹性变形，量测结果受原始标距 L_0 的影响较小，也不容易产生人为误差，因此，《规范》采用 δ_{gt} 来统一评定钢筋的塑性性能。

伸长率大的钢筋塑性性能好，拉断前有明显的预兆；伸长率小的钢筋塑性性能差，其破坏突然发生，呈脆性特征。具有明显屈服点的钢筋有较大的伸长率，而无明显屈服点的钢筋伸长率很小。

冷弯是将钢筋绕某一规定直径的辊轴在常温下进行弯曲（图 1-6）。冷弯的两个参数是弯心直径 D（即辊轴直径）和冷弯角度 α。在达到规定的冷弯角度时钢筋应不发生裂纹或断裂。冷弯性能可以间接地反映钢筋的塑性性能和内在质量。《规范》对钢筋的伸长率要求见附表 1-5。

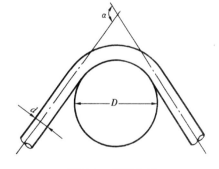

图 1-6　钢筋冷弯

（三）钢筋的弹性模量 E_s

钢筋在屈服前（严格地讲是在比例极限之前），应力-应变为直线关系，其比值即为弹性模量。

$$E_s = \frac{\sigma_s}{\varepsilon_s} \tag{1-3}$$

式中　σ_s——屈服前的钢筋应力（N/mm²）；

$\quad\quad \varepsilon_s$——相应的钢筋应变。

各种钢筋的弹性模量根据受拉试验测定，同一种钢筋的受拉和受压弹性模量相同。钢筋弹性模量的具体数值见附表1-6。

二、钢筋的化学成分、钢筋级别和品种

我国目前常用的钢筋由碳素结构钢及普通低合金钢制造。钢筋的化学成分主要是铁元素。除铁元素外，还含有少量的碳、硅、锰、硫、磷等元素。按照含碳量的多少，碳素结构钢可分为低碳钢、中碳钢和高碳钢（一般低碳钢的含碳量不大于0.22%，高碳钢的含碳量大于0.6%）。随着含碳量的增加，钢筋的强度提高，塑性降低。硅、锰等元素可以提高钢材的强度并保持一定的塑性。磷、硫是钢材中的有害元素，使钢筋易于脆断。在低碳钢中加入少量锰、硅、铌、钡、钛、铬等合金元素后，便成为普通低合金钢，如20锰硅、25锰硅、40硅2锰钒、45硅锰钒等。

由于我国钢材的产量和用量巨大，为了节约低合金资源，冶金行业近年来研制开发出细晶粒热轧带肋钢筋（HRBF），这种钢筋生产过程中不需要添加或只需添加很少的钒、钛等合金元素，而是在热轧过程中，通过控轧和控冷工艺轧制成的细晶粒带肋钢筋，其金相组织主要是铁素体加珠光体，晶粒度不粗于9级。细晶粒热轧带肋钢筋的外形与普通低合金热轧带肋钢筋相同，其强度和延性完全满足混凝土结构对钢筋性能的要求。用细晶粒热轧带肋钢筋代替我国目前大量使用的普通低合金热轧钢筋可节约国家宝贵的钒、钛等合金元素资源，降低碳当量和钢筋的价格，社会效益和经济效益均十分显著。

按照钢材生产加工工艺和力学性能的不同，用于混凝土结构中的钢筋分为热轧钢筋、冷轧带肋钢筋、预应力钢丝、预应力钢绞线等。

热轧钢筋属于有明显屈服点的钢筋，由冶金工厂直接热轧成型。分为HPB300级、HRB335级、HRB400级、HRBF400级、RRB400级、HRB500级、HRBF500级。

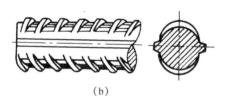

（a）

（b）

图 1-7 带肋钢筋

（a）螺纹钢筋；（b）月牙纹钢筋

热轧钢筋按其外形特征，可分为光圆钢筋和带肋钢筋两类。HPB300级钢筋是光圆钢筋，其余的钢筋是带肋钢筋。目前广泛使用的带肋钢筋是纵肋与横肋不相交的月牙纹钢筋（图1-7b）。与螺纹钢筋（图1-7a）相比，月牙纹钢筋避免了纵横肋相交处的应力集中现象，使钢筋的疲劳强度和冷弯性能得到一定改善，而且还具有在轧制过程中不易卡辊的优点；不足的是与螺纹钢筋相比，月牙纹钢筋与混凝土的粘结强度略有降低。

三、冷轧带肋钢筋

在我国过去钢材较为短缺的年代，为了节约钢材，常采用冷拉或冷拔等方法来提高热轧钢筋的强度，现在采用性能比它们更好的冷轧带肋钢筋。

冷轧带肋钢筋是以低碳钢筋或低合金钢筋为原材料，在常温下进行轧制而成的表面带有纵肋和月牙纹横肋的钢筋。它的极限强度与冷拔低碳钢丝相近，但伸长率比冷拔低碳钢丝有明显提高。用这种钢筋逐步取代普通低碳钢筋和冷拔低碳钢丝，可以改善构件在正常

使用阶段的受力性能并节省钢材，是中小型预应力构件中较好的预应力钢筋。同时，冷轧带肋钢筋还可做非预应力钢筋。

四、钢筋强度的标准值和设计值

（一）钢筋的强度标准值

对于钢筋，强度标准值应按符合规定质量的钢筋强度总体分布的 0.05 分位数确定，即保证率不小于 95%。经校核，国家标准（以下简称"国标"）规定的钢筋强度绝大多数符合这一要求且偏于安全。为了使结构设计时采用的钢筋强度与国标规定的钢筋出厂检验强度相一致，规范规定以国标规定的数值作为确定钢筋强度标准值的依据。

（1）对有明显屈服点的热轧钢筋，取国标规定的屈服点作为标准值。国标规定的屈服点即钢厂出厂检验的废品限值。

（2）对无明显屈服点的碳素钢丝、钢绞线，取国标规定的极限抗拉强度作为标准值，但设计时取 $0.85\sigma_b$（σ_b 为极限抗拉强度）作为条件屈服点。

钢筋强度标准值见附表 1-1 和附表 1-2。

（二）钢筋的强度设计值

钢筋强度设计值与其标准值之间的关系为：

$$f_s = \frac{f_{sk}}{\gamma_s} \tag{1-4}$$

式中　f_s——钢筋的强度设计值；

　　　f_{sk}——钢筋的强度标准值；

　　　γ_s——钢筋的材料分项系数，对于热轧钢筋取为 1.10，对 500MPa 级钢筋取 1.15，对于预应力钢丝、钢绞线取为 1.20，对中强预应力钢丝和螺纹钢筋，按上述原则计算并考虑工程经验适当调整。

钢筋强度设计值见附表 1-3 和附表 1-4。

钢筋的抗压强度设计值的取值原则，以混凝土压应变 $\varepsilon_c' = 0.002$ 作为取值条件，取

$$f_y' = E_c\varepsilon_c' = 2\times10^5 \times 0.002 = 400\text{N/mm}^2 \tag{1-5}$$

和

$$f_y' = f_y \tag{1-6}$$

二者的较小值。

五、钢筋的选用

（一）混凝土结构对钢筋性能的要求

1. 强度要求

如前所述，钢筋的屈服强度是混凝土结构构件的主要依据之一，不同种类的钢筋，对其屈服强度和极限强度都有相应的要求。采用较高强度的钢筋可以节省钢筋用量，获得较好的经济效益。

2. 变形要求

指钢筋在拉断前有足够的塑性，即变形能力，能给人以破坏前的预兆。各类合格钢筋都有伸长率的要求并应冷弯性能合格。

3. 可焊性要求

在很多情况下，钢筋的接长和钢筋之间的连接需通过焊接，因此要求在一定的工艺条

件下钢筋焊接后不产生裂纹及过大的变形，保证焊接后的接头性能良好。

4. 粘结力

为了保证钢筋与混凝土共同工作，两者之间应有足够的粘结力（详见本章第三节）。

在寒冷地区，对钢筋的低温性能也有一定的要求。

（二）钢筋的选用

钢筋混凝土结构和预应力混凝土结构的钢筋，应按如下规定采用：

1. 普通钢筋

普通钢筋是指用于钢筋混凝土结构中的钢筋和预应力混凝土结构中的非预应力钢筋。纵向受力普通钢筋宜采用 HRB400、HRB500、HRBF400、HRBF500 钢筋，也可采用 HPB300、HRB335、RRB400；梁、柱和斜撑构件的纵向受力普通钢筋应采用 HRB400、HRB500、HRBF400、HRBF500 钢筋；房屋楼板的受力钢筋应允许采用钢筋焊接网或 CRB500、CRB600H 冷轧带肋钢筋，箍筋宜采用 HRB400、HRBF400、HPB300、HRB335、HRB500、HRBF500 钢筋。

2. 预应力钢筋

预应力筋宜采用预应力钢丝、钢绞线、预应力螺纹钢筋和预应力混凝土用冷轧带肋钢筋。

3. 普通钢筋的直径（单位：mm）

普通钢筋的常用直径有：6，8，10，12，14，16，18，20，22，25，28 等，在柱中还有更大直径的钢筋。

第二节　混　凝　土

一、概　述

混凝土是用水泥、水和骨料（细骨料如砂，粗骨料如卵石、碎石）等原材料经搅拌后入模浇筑，并经养护硬化后做成的人工石材。

混凝土各组成成分的数量比例，尤其是水和水泥的比例（水灰比）对混凝土强度和变形有重要影响。在很大程度上，混凝土性能还取决于搅拌程度、浇筑的密实性和对它的养护。

混凝土在凝结硬化过程中，水泥和水形成的水泥胶块（包括水泥结晶体和水泥胶凝体）把骨料粘结在一起。水泥结晶体和砂（石）骨料组成混凝土的弹性骨架，它起着承受外力的主要作用，并使混凝土产生一定的弹性变形。水泥胶凝体则起着调整和扩散混凝土应力的作用，并使混凝土具有相当的塑性变形。

在混凝土凝结初期，由于水泥胶块的收缩以及泌水、骨料下沉等原因，在骨料与水泥胶块的接触面上以及水泥胶块内部将形成微裂缝。骨料与水泥胶块接触面上的微裂缝，又称为粘结裂缝（图1-8），它是混凝土内最薄弱的环节。混凝土受荷前存在的微裂缝，在荷载作用下将继续开展，对混凝土的强度和变形会产生重要影响。

混凝土的强度随时间而增长。初期强度增长速度快，尔后增长速

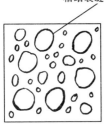

图 1-8　混凝土
内微裂缝

度慢并趋于稳定。对使用普通水泥的混凝土，若以龄期3天的受压强度为1，则1周为2，4周为4，3个月为4.8，1年为5.2左右。龄期为4周的强度大致稳定，可作为混凝土早期强度的界限（图1-9）。混凝土强度在长时期内能随时间而增长，这主要是因为水泥胶凝体向结晶体的转化有一个长期过程。

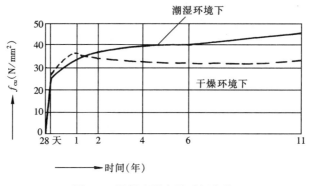

图1-9　混凝土强度随时间变化

二、混凝土的强度

混凝土的强度是指它所能承受的某种极限应力。例如，对均匀受压的混凝土，它在即将破坏时所能承受的最大压应力即为其抗压强度。从结构设计的角度出发，我们需要了解如何测定混凝土的强度，以及用不同方式测定的混凝土强度与各类构件中混凝土真实强度之间的相互关系，还需要了解影响混凝土强度的主要因素。

（一）混凝土的抗压强度

混凝土在结构中主要承受压力，因此其抗压强度指标是最重要的强度指标。

1. 立方体抗压强度

混凝土抗压强度与组成材料、施工方法等许多因素有关，同时还受试件尺寸、加荷方式、加荷速度等因素的影响，因此必须有一个标准的强度测定方法和相应的强度评定标准。

目前国际上确定混凝土抗压强度所采用的混凝土试件形状有圆柱体和立方体两种。我国规定以立方体试件测定混凝土的抗压强度，并且根据立方体抗压强度标准值将混凝土划分成若干个强度等级。

《规范》规定，混凝土强度等级应按立方体抗压强度标准值 $f_{cu,k}$ 确定，立方体抗压强度标准值是混凝土各种力学指标的基本代表值。立方体抗压强度标准值是指按照标准方法制作、养护的边长为150mm的立方体试件在28d龄期，用标准试验方法测得的具有95%保证率的抗压强度（标准值和保证率的概念详见第二章）。《规范》规定的混凝土强度等级有14个级别，即

C15，C20，C25，C30，C35，C40，C45，C50，C55，C60，C65，C70，C75，C80。字母C后的数字即是该级别混凝土的立方体抗压强度标准值，单位为 N/mm²。例如，C20表示混凝土的立方体抗压强度标准值为 $f_{cu,k}=20N/mm^2$。

混凝土的立方体抗压强度受到多种因素的影响：试件的尺寸越小，其抗压强度值越高；温度越高，混凝土的早期强度越高；水灰比愈大，混凝土的强度愈低；混凝土在潮湿

环境中的强度增长可延续若干年，而在干燥环境下，混凝土的强度增长则要受到影响（参见图 1-9）；试验时的加荷速度越快，测得的混凝土强度越高；试件上下表面涂润滑剂时，测得的抗压强度变小；截面局部受压时，要比全截面受压时的混凝土强度高。

由于试件尺寸的影响，当采用边长 200mm 或边长 100mm 的立方体试块时，须将其抗压强度实测值乘以换算系数转换成标准试块（150mm 边长立方体）的立方体抗压强度值。根据对比试验结果，换算系数为：

立方体试块尺寸（mm）	强度换算系数
$200 \times 200 \times 200$	1.05
$100 \times 100 \times 100$	0.95

2. 轴心抗压强度

同样边长的混凝土试件，随着高度的增加（即由立方体变为棱柱体），其抗压强度将下降（图 1-10）。但当高宽比 h/b 超过 2 以后（但在 6 以内），降低的幅度不再很大。试验表明，用高宽比为 2～4 的棱柱体测得的抗压强度与以受压为主的混凝土构件中的混凝土抗压强度基本一致。因此，可将它作为以受压为主的混凝土结构构件的抗压强度，称为轴心抗压强度或棱柱体抗压强度，并用符号 f_{ck} 表示。

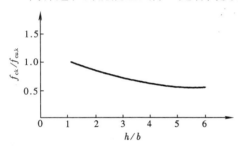

图 1-10　混凝土棱柱体高宽比
对其强度的影响

轴心抗压强度 f_{ck} 是结构混凝土最基本的强度指标，但在工程中很少直接测量 f_{ck}，而是根据测定的立方体强度 $f_{cu,k}$ 进行换算。其原因是立方体试块有节省材料、便于试验时加荷对中、操作简单、试验数据离散性小等优点。由高宽比为 2（试件尺寸 150mm×150mm×300mm）的棱柱体试件与边长为 150mm 的立方体试块的对比试验结果可知，棱柱体强度与立方体强度之比对普通混凝土为 0.76，对高强混凝土（>C50）则大于 0.76。

（二）混凝土的抗拉强度

混凝土的抗拉强度很低，一般只有抗压强度的 $\frac{1}{18} \sim \frac{1}{9}$，且不与抗压强度成比例增长。

测定混凝土抗拉强度的方法分为两类：

一类为直接测试方法，如图 1-11 所示，对两端预埋钢筋的棱柱体试件（钢筋位于试件轴线上）施加拉力，试件破坏时的平均拉应力即为混凝土的抗拉强度。这种测试对试件尺寸及钢筋位置要求较严。

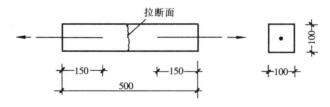

图 1-11　混凝土抗拉试验试件

另一类为间接测试方法，如劈裂试验、弯折试验等。劈裂试验如图 1-12 所示，对圆柱体或立方体试件施加线荷载。试件破坏时，在破裂面上产生与该面垂直且基本均匀分布的拉应力。当试件劈裂破坏时，可求得混凝土抗拉强度。

（三）复合应力状态下的混凝土强度

在混凝土结构中，混凝土很少处于理想的单向应力状态，而往往处于复合应力状态，如双向应力状态或三向应力状态。

双向应力状态（两个平面上作用着法向应力 σ_1 和 σ_2，第三个平面上应力为零）下的混凝土试验曲线如图 1-13 所示。在双向拉应力作用下（第一象限），σ_1 与 σ_2 相互影响不大，混凝土强度与单向拉应力作用下的几乎相同。在双向压应力作用下（第三象限），一向的强度随另一向压应力的增加而增加，双向受压下的混凝土强度比单向受压强度最多可提高 27%。在拉、压组合情形下（二、四象限），无论是抗拉强度或抗压强度都有所降低。

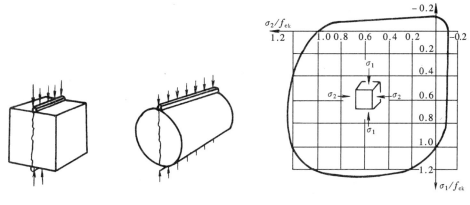

图 1-12　混凝土劈裂试验试件示意　　　图 1-13　混凝土双向应力试验曲线

当混凝土受到剪应力 τ 和一个方向的正应力 σ 作用时，形成剪压或剪拉复合应力状态，其强度曲线如图 1-14 所示。混凝土的抗剪强度一般随拉应力的增加而减小，随压应力的增加而增大，但当压应力大于 $(0.5 \sim 0.7) f_{ck}$ 时，抗剪强度反而随压应力的增加而减小。

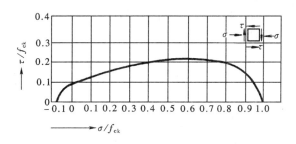

图 1-14　混凝土剪压或剪拉复合应力
状态下的强度曲线

在三向压力作用下，混凝土强度会大大提高。早在 20 世纪 30 年代，Richart 就发现圆柱体在四周液体压力约束下，其轴心抗压强度有如下关系：

$$f'_{cc} = f'_c + 4.1\sigma_2 \tag{1-7}$$

式中　f'_{cc}——受约束试件的轴心抗压强度；

　　　f'_c——无约束试件的轴心抗压强度；

　　　σ_2——侧向约束压力。

施加横向压力可显著地提高混凝土的强度，其原因是周围的压力约束了混凝土的横向变形，并在破坏前抑制混凝土内部开裂的倾向和体积的膨胀。配置螺旋钢箍或密集钢箍的钢筋混凝土柱，是工程中应用约束混凝土的实例。

（四）混凝土强度的标准值和设计值

1. 混凝土的强度标准值

在第一章中曾经指出，混凝土的强度等级是按立方体抗压强度标准值确定。立方体抗压强度标准值系指按照标准方法制作养护的边长为 150mm 的立方体试件在 28 天龄期，用标准试验方法测得的具有 95% 保证率的抗压强度，其计算公式为：

$$f_{cu,k} = \mu_{f_{cu}} - 1.645\sigma = \mu_{f_{cu}}(1 - 1.645\delta) \qquad (1-8)$$

式中　$\mu_{f_{cu}}$——边长为 150mm 混凝土立方体抗压强度的平均值；

　　　　σ——边长为 150mm 混凝土立方体抗压强度的标准差；

　　　　δ——边长为 150mm 混凝土立方体抗压强度的变异系数。

对于混凝土轴心抗压强度和轴心抗拉强度标准值，也按其强度总体分布的 0.05 分位数确定，保证率也是 95%，由此可求出它们的计算公式。

（1）轴心抗压强度标准值 f_{ck}

轴心抗压强度（棱柱体强度）标准值 f_{ck} 与立方体抗压强度标准值 $f_{cu,k}$ 之间存在以下折算关系

$$f_{ck} = 0.88\alpha_1\alpha_2 f_{cu,k} \qquad (1-9)$$

式中　α_1——棱柱体强度与立方体强度的比值，当混凝土的强度等级不大于 C50 时，$\alpha_1 = 0.76$；当混凝土的强度等级为 C80 时，$\alpha_1 = 0.82$；当混凝土的强度等级为中间值时，在 0.76 和 0.82 之间插入；

　　　　α_2——混凝土的脆性系数，当混凝土的强度等级不大于 C40 时，$\alpha_2 = 1.0$；当混凝土的强度等级为 C80 时，$\alpha_2 = 0.87$；当混凝土的强度等级为中间值时，在 1.0 和 0.87 之间插入；

0.88——考虑结构中的混凝土强度与试块混凝土强度之间的差异等因素的修正系数。

各种强度等级混凝土的抗压强度标准值见附表 1-7。

（2）混凝土的抗拉强度标准值 f_{tk}

抗拉强度标准值 f_{tk} 与立方体抗压强度标准值 $f_{cu,k}$ 之间的折算关系为

$$f_{tk} = 0.88\alpha_2 \times 0.395 f_{cu,k}^{0.55}(1 - 1.645\delta)^{0.45} \qquad (1-10)$$

式中，系数 0.88 和 α_2 的意义同式（1-9）。$0.395 f_{cu,k}^{0.55}$ 为轴心抗拉强度与立方体抗压强度的折算关系，而 $(1 - 1.645\delta)^{0.45}$ 则反映了试验离散程度对标准值保证率的影响。

各种强度等级混凝土的抗拉强度标准值见附表 1-7。

2. 混凝土的强度设计值

混凝土各种强度设计值与其标准值之间的关系为：

$$f_c = \frac{f_{ck}}{\gamma_c} \qquad (1-11)$$

$$f_t = \frac{f_{tk}}{\gamma_c} \qquad (1-12)$$

式中　γ_c——混凝土的材料分项系数，$\gamma_c = 1.40$。

混凝土的强度设计值见附表1-8。

<h1 style="text-align:center">三、混凝土的变形</h1>

（一）混凝土在一次短期加荷时的变形

1. 应力-应变曲线

混凝土在一次短期加荷下的变形性能，可由混凝土棱柱体受压时的应力-应变曲线（图1-15）反映。曲线由上升段 OC 和下降段 CE 两部分组成。

上升段 OC：在曲线的开始部分 OA 段（混凝土应力 $\sigma \leqslant 0.3 f_{ck}$），应力-应变关系接近于直线，混凝土表现出理想的弹性性质，其变形主要是骨料和水泥结晶体受压后的弹性变形，已存在于混凝土内部的微裂缝没有发展。随着应力的升高，混凝土表现出越来越明显的非弹性性质，应变的增长速度超过应力的增长速度，如曲线 AB 段（$\sigma = 0.3 f_{ck} \sim 0.8 f_{ck}$）。这是由于水泥胶凝体的粘结流动以及混凝土中微裂缝的扩展、新的微裂缝产生的结果。微裂

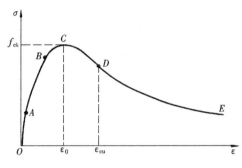

图1-15　混凝土一次短期荷载下的应力-应变曲线

缝随荷载的增加而发展，混凝土塑性变形亦逐渐增加，如曲线的 BC 段（$\sigma = 0.8 f_{ck} \sim 1.0 f_{ck}$）。当应力接近轴心抗压强度 f_c 时，在高应力作用下，混凝土内部贯通的微裂缝转变为明显的纵向裂缝，试件开始破坏，此时混凝土应力达到最大值 σ_{cmax}——混凝土轴心抗压强度。试件中混凝土的微裂缝发展过程如图1-16所示，受荷前的微裂缝如图1-8所示。

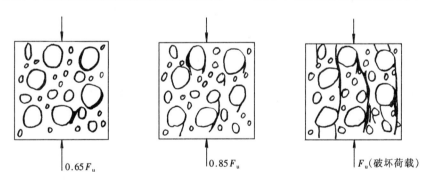

$0.65 F_u$　　$0.85 F_u$　　F_u（破坏荷载）

图1-16　混凝土内微裂缝发展过程

下降段 CE：当试件加荷接近最大应力 σ_{cmax} 时，若试验机的刚度大，使试验机所释放的能量不至于立即将试件破坏，则在应力到达峰值点后缓慢卸荷时，应力逐渐减小，试件还能承受一定的荷载。此后，应变持续增长，应力-应变曲线在 D 点出现反弯，试件从宏观上已充分破碎。此时混凝土达到极限压应变 ε_{cu}。反弯点以后曲线上表示的低受荷能力，是由试件破碎后各块体间残存的咬合力或摩擦力提供的。

混凝土的极限压应变 ε_{cu} 包括弹性应变和塑性应变两部分。塑性应变部分越长，表明变形能力越大，延性越好（延性的确切定义见后述）。强度等级低的混凝土受荷时的延性比强度等级高的好（图1-17）。同一强度等级的混凝土，随着加荷速度的降低，延性有所增

加，但最大应力值也随加荷速度的减小而减小（图 1-18）。

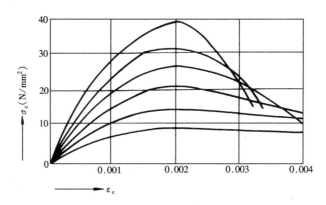

图 1-17　混凝土应力-应变与强度等级的关系曲线

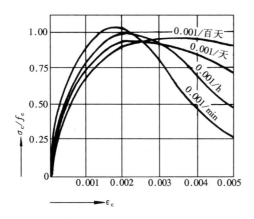

图 1-18　不同加荷速度时的
混凝土应力-应变曲线

混凝土受拉时的应力-应变曲线与受压时相似（图 1-19），但峰值时的应力、应变均比受压时的相应值小得多。采用一般的试验方法只能得到应力-应变曲线的上升段。计算时，C15～C40 混凝土的最大拉应变 ε_{ctu} 可取（1～1.5）$\times 10^{-4}$。

2. 混凝土受压时的纵向应变和横向应变

混凝土试件受压时，在纵向产生压缩应变 ε_{cu} 的同时，在横向还产生膨胀应变 ε_{ch}。通常用横向变形系数 ν_c 来表示 ε_{ch} 和 ε_{cu} 的比值

$$\nu_c = \frac{\varepsilon_{ch}}{\varepsilon_{cu}} \qquad (1-13)$$

　　试件在不同的应力作用下，其 ν_c 的变化如图 1-20 所示。当应力值约小于 $0.5f_c$ 时，横向变形系数近似常数；当应力超过 $0.5f_c$ 后，横向变形系数突然大增，它表示试件内部微裂缝的迅速发展。

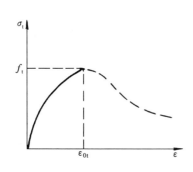

图 1-19　混凝土受拉时
的应力-应变曲线

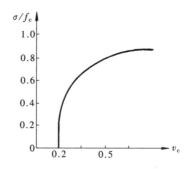

图 1-20　混凝土受压时应力
与横向变形系数的关系曲线

　　材料处于弹性阶段的横向变形系数即泊松比。计算时，可近似地取混凝土的泊松比为 0.2。

3. 混凝土的变形模量

从混凝土棱柱体受压试验绘出的应力-应变典型曲线（图1-15）可见，混凝土棱柱体受荷后，应力 σ_c 和应变 ε_c 之间并不存在完全的线性关系，因此虎克定律不适用。而在计算钢筋混凝土构件变形、预应力混凝土截面预压应力以及超静定结构内力时，都须引入混凝土的弹性模量。因此须仿照弹性材料力学的方法，通过"变形模量"来表示混凝土的应力-应变关系。

图1-21中，混凝土应力-应变曲线上任一点 A 处应力和应变分别为 σ_c 和 ε_c，ε_c 可分解为弹性应变 ε_{ce} 和塑性应变 ε_{cp} 两部分，即

$$\varepsilon_c = \varepsilon_{ce} + \varepsilon_{cp}$$

从应力-应变曲线的原点 O 作曲线的切线，则该切线的正切称为混凝土的原点弹性模量，记为 E_c

$$E_c = \tan\alpha_0$$

混凝土原点弹性模量也称为混凝土的弹性模量，它反映的是混凝土的应力与其弹性应变的关系，即

$$E_c = \frac{\sigma_c}{\varepsilon_{ce}} \qquad (1\text{-}14)$$

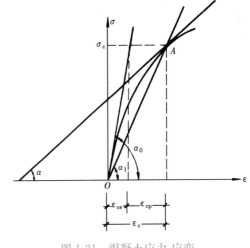

图1-21　混凝土应力-应变
曲线与各种切线图

对于一定强度等级的混凝土，弹性模量 E_c 是一定值。

连接原点 O 和曲线上任一点 A 的割线的正切称为混凝土的变形模量，记为 E_c'，它也称为割线模量，即

$$E_c' = \tan\alpha_1$$

或

$$E_c' = \frac{\sigma_c}{\varepsilon_c} = \frac{\sigma_c}{\varepsilon_{ce} + \varepsilon_{cp}} \qquad (1\text{-}15)$$

在应力-应变曲线上任一点 A 处作切线，该切线与横坐标夹角的正切或其应力增量与应变增量的比值，称为相应于该点应力的切线模量 E_c''：

$$E_c'' = \tan\alpha$$

或

$$E_c'' = \frac{\mathrm{d}\sigma_c}{\mathrm{d}\varepsilon_c} \qquad (1\text{-}16)$$

随着混凝土应力的增加，混凝土塑性变形发展，故混凝土的割线模量和切线模量均为变值。由式（1-14）与式（1-15）可推导出混凝土割线模量和弹性模量的关系为：

$$E_c' = \frac{\sigma_c}{\varepsilon_c} = \frac{\varepsilon_{ce}}{\varepsilon_c}E_c = \nu'E_c \qquad (1\text{-}17)$$

式中 ν' 称为混凝土受压时的弹性系数，它等于混凝土某一应力状态下的弹性应变与总应变之比。当应力较小（$\sigma_c \leqslant 0.3f_c$）时，混凝土基本上处于弹性阶段，可认为 $\nu'=1$，即混凝土的割线模量等于混凝土的弹性模量。随着应力增加，混凝土的弹性系数逐渐减小：当 $\sigma_c=0.5f_c$ 时，平均值约为 $\nu'=0.85$；当 $\sigma_c=0.8f_c$ 时，ν' 约为 $0.4\sim0.7$。

混凝土受拉弹性模量与受压时基本一致，可取相同数值。当混凝土达到极限抗拉强度 f_t 即将开裂时，弹性系数约等于 0.5。因此，相应于混凝土轴心抗拉强度 f_t 的割线模量

E'_c可取为$0.5E_c$。

混凝土的弹性模量与混凝土立方体抗压强度之间的关系，根据试验结果分析可用下列公式表达：

$$E_c = \frac{10^5}{2.2 + \dfrac{34.7}{f_{cu,k}}} \qquad (N/mm^2) \qquad (1\text{-}18)$$

式中 $f_{cu,k}$——混凝土的立方体抗压强度标准值（N/mm^2）。

按式（1-18）求出的混凝土弹性模量E_c见附表1-9。

4. 混凝土剪变模量

根据材料力学公式，剪变模量表达为

$$G = \frac{E}{2(1+\nu)} \qquad (1\text{-}19)$$

式中 E——材料的弹性模量；

ν——材料的泊松比。

混凝土的剪变模量G_c很少直接试验，一般都根据上述公式，取$E=E_c$，$\nu=0.2$，可得

$$G_c = 0.4E_c \qquad (1\text{-}20)$$

（二）混凝土在重复荷载作用下的变形

前述混凝土的变形性能，是根据混凝土从加荷到破坏的一次短期荷载作用下的连续过程所得出的。若将试件加荷至某一数值，然后卸荷至零，并将这种过程多次重复，这就是通常所指的重复荷载作用。

混凝土棱柱体试件经历一次加荷卸荷时，其应力-应变曲线如图1-22（a）所示的环状：加荷曲线为OA，卸荷曲线为AB。其中应变包括三部分：其一是卸荷后立即恢复的弹性应变ε_{ce}，其二是停留一段时间还能恢复的应变BB'（称为弹性后效ε_{ae}），最后一部分是不能恢复而残存在试件中的应变OB'（称为残余应变ε_{cp}）。

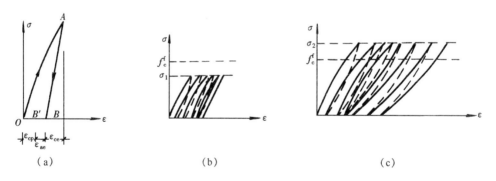

图1-22 混凝土在重复荷载下的应力-应变曲线

由于混凝土经历一次加、卸荷过程（一个循环）就有一部分塑性变形不能恢复，因此在荷载多次重复作用下这些塑性变形将逐渐积累，但是每次循环产生的塑性变形将随循环次数的增加而减少。

当每次循环所加的压应力较小时（如$\sigma_c < 0.5f_c$），经过若干次加荷卸荷后，累积塑性变形将不再增长，混凝土的加卸荷应力-应变曲线成为直线（图1-22b），此后混凝土将按弹性性质工作。如若每次加荷时的最大压应力超过某个限值（例如$\sigma_c > 0.5f_c$），则在经历

若干次循环后，应力-应变曲线也成为直线，但在继续经过多次重复加、卸荷后，曲线将从凸向应力轴而逐渐凸向应变轴，它标志着混凝土趋近疲劳破坏（图 1-22c）。

上述两种不同应力-应变曲线的发展和变化，取决于施加荷载时应力的大小是低于还是高于混凝土在重复荷载下的界限强度，这个界限强度称为混凝土的疲劳极限强度 f_c'。f_c' 小于混凝土轴心抗压强度 f_c，并与混凝土的强度等级、荷载的重复次数、重复作用应力的变化幅度等有关，其值在 $0.5f_c$ 左右。

（三）混凝土在荷载长期作用下的变形——徐变

混凝土棱柱体试件受压后，除产生瞬时应变外，在维持其外力不变的条件下经过若干时间，其应变还将继续增长。这种在荷载长期作用，即应力不变的情形下，随时间而增长的应变称为混凝土的徐变。如图 1-23 所示，加荷瞬间产生的应变为 ε_{ce}，徐变的最大值为 ε_{cr}。徐变开始发展较快，尔后逐渐减慢，经过较长时间而趋于稳定。通常在前 6 个月可完成最终徐变量的 $70\%\sim80\%$，在第一年内可完成 90% 左右，其余部分在后续几年中完成。若在经历长时间的 B 点卸荷时，其瞬时恢复应变为 ε_{ce}'；另一部分应变 ε_{ae}' 需经过一段时间（约 20 天）恢复，称为弹性后效；最后还将留下相当一部分不能恢复的残余应变 ε_{cp}'。

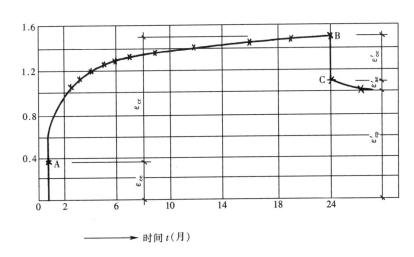

图 1-23 混凝土徐变与时间的关系

混凝土徐变 ε_{cr} 与其瞬间应变 ε_{ce} 的比值称为徐变系数 ϕ_{cr}，即

$$\phi_{cr} = \frac{\varepsilon_{cr}}{\varepsilon_{ce}} \tag{1-21}$$

试验表明，当施加的初应力 $\sigma_c \leqslant 0.5f_c$ 时，混凝土徐变与初应力 σ_c 成正比，这种情形称为线性徐变。此时 $\varepsilon_{ce} = \dfrac{\sigma_c}{E_c}$，将其代入式（1-21）可得

$$\phi_{cr} = \frac{\varepsilon_{cr}}{\sigma_c} \cdot E_c = 常数$$

线性徐变在 2 年后趋于稳定，其最终徐变系数 $\phi_{cr(t=\infty)} = 2\sim4$。

当初应力 $\sigma_c > 0.5f_c$ 时，混凝土徐变与初应力 σ_c 不成正比，它较应力增长快。此时，徐变系数 ϕ_{cr} 不是常数，且随 σ_c 的增加而急剧增长，这种情形称为非线性徐变。当 $\sigma_c > 0.8f_c$ 时，徐变的发展最终将导致混凝土破坏，故可将 $0.8f_c$ 作为混凝土的长期抗压强度。

产生徐变的原因主要有两个：其一是由于尚未转化为结晶体的水泥胶凝体黏性流动的结果，其二是混凝土内部的微裂缝在荷载长期作用下持续延伸和扩展的结果。线性徐变以第一个原因为主，因为黏性流动的增长速度比较稳定；非线性徐变以第二个原因为主，因为应力集中引起的微裂缝开展随应力的增加而急剧发展。

混凝土的徐变对混凝土构件的受力性能有重要影响：它将使构件的变形增加（如长期荷载下受弯构件的挠度由于受压区混凝土的徐变可增加一倍），在截面中引起应力重分布（如使轴心受压构件中的钢筋应力增加，混凝土应力减少）。在预应力混凝土结构中，混凝土的徐变将引起相当大的预应力损失。

影响混凝土徐变的因素除前述的应力条件外，还有混凝土的组成成分和配合比，以及养护和使用条件下的温度和湿度。水泥用量越多，水灰比越高，徐变越大；骨料级配越好，骨料的刚度越大，徐变越小。混凝土养护条件越好（包括采用蒸汽养护）和混凝土受荷时的龄期越长，徐变越小。混凝土在高温、低湿度条件下发生的徐变要比低温、高湿度条件下发生的徐变大。此外，表面积较大的构件其徐变也较大。表面积大小通常用"体表比"来衡量，它等于构件体积与构件表面积的比值。构件表面积越大，其体表比越小。

（四）混凝土的收缩变形

混凝土在空气中结硬时体积减小的现象称为收缩。混凝土的收缩值随时间而增长。蒸汽养护的收缩值要低于常温养护下的收缩值（图 1-24）。

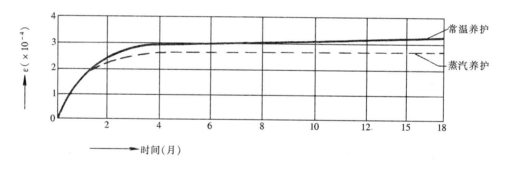

图 1-24　混凝土的收缩变形

混凝土从开始凝结就产生收缩，整个收缩过程可延续 2 年以上。初期收缩变形发展较快，2 周可完成全部收缩量的 25%，1 个月约完成 50%，3 个月后增长缓慢。最终收缩值约为 $(2\sim5)\times10^{-4}$。

引起混凝土收缩的主要原因，一是由于干燥失水而引起，如水泥水化凝固结硬、颗粒沉陷析水和干燥蒸发等；二是由于碳化作用而引起的（水泥胶体中的 $Ca(OH)_2$ 向 $CaCO_3$ 转化）。总之，收缩现象是混凝土内水泥浆凝固硬化过程中的物理化学作用的结果。

混凝土的自由收缩只会引起构件体积的缩小而不会产生裂缝。但当受到外部（如支承条件）或内部（钢筋）的约束时，混凝土将因收缩受到限制而产生拉应力，甚至开裂。

除养护条件外，混凝土的收缩还与下列因素有关：①高强度等级水泥制成的混凝土，其收缩较大；②水泥用量越多，收缩越大；③水灰比越大，收缩越大；④骨料的弹性模量越小，收缩越大；⑤构件的体表比越小，收缩越大。

四、混凝土的选用原则

制作混凝土的水泥、骨料、掺合料、外加剂等各种材料的选用应满足规范要求。

根据混凝土结构工程的不同情况，应选择不同强度等级的混凝土。

（一）钢筋混凝土结构

素混凝土结构的混凝土强度等级不应低于C15；用于钢筋混凝土结构的混凝土强度等级不应低于C20；当采用强度等级400MPa及以上钢筋时，混凝土强度等级不应低于C25；承受重复荷载的钢筋混凝土构件，混凝土强度等级不应低于C30。

从结构混凝土耐久性的基本要求考虑，对设计使用年限为50年的结构混凝土，其最低混凝土强度等级分别为C20（一类环境）、C25（二类a环境）、C30（二类b环境）、C35（三类a环境）、C40（三类b环境）。而一类环境中设计使用年限为100年的钢筋混凝土结构最低混凝土强度等级为C30。

（二）预应力混凝土结构

预应力混凝土结构的混凝土强度等级不应低于C30，不宜低于C40。一类环境中，设计使用年限为100年的预应力混凝土结构的最低混凝土强度等级为C40。

设计者应在设计图纸上注明混凝土的强度等级，施工单位应按要求的强度等级选择合适的配合比，并进行试配。在浇筑结构构件的同时，还必须用相同的混凝土制作一定数量的立方体试块，以检验混凝土强度是否满足图纸要求的强度等级。

（三）轻骨料混凝土结构

结构用轻骨料混凝土应采用砂轻混凝土。轻骨料混凝土结构的混凝土强度等级不应低于LC20；采用强度等级400MPa及以上的钢筋时，轻骨料混凝土的强度等级不应低于LC25；预应力轻骨料混凝土结构的混凝土强度等级不宜低于LC40，且不应低于LC30。

第三节 钢筋与混凝土的相互作用——粘结力

一、粘结的作用及产生原因

钢筋和混凝土能够共同工作的一个主要原因，是它们之间存在的粘结力。粘结力可利用图1-25所示的无粘结和有粘结钢筋混凝土梁的受力情况进行说明。

对于图1-25a所示的无粘结梁（如在钢筋表面涂油或加塑料套管），由于钢筋和混凝土之间不存在粘结作用，故当梁受力后，钢筋保持原来长度不变而不受力。这种梁的受力性能与不配钢筋的素混凝土梁没有差别。

对于图1-25（b）所示的有充分粘结的梁，当梁受力后，钢筋与混凝土接触面上产生粘结应力。粘结应力使钢筋受拉，并使钢筋与混凝土纤维一起伸长，因而钢筋和混凝土共同受力。试取梁的一个微段$\mathrm{d}x$（图1-25c）进行研究：设钢筋直径为d，应力增量为$\mathrm{d}\sigma_s$，钢筋与混凝土接触面上的粘结应力为τ_b，则由平衡条件得

$$\tau_b \cdot \pi d \cdot \mathrm{d}x = \mathrm{d}\sigma_s \cdot \frac{\pi d^2}{4}$$

即
$$\tau_b = \frac{d}{4} \cdot \frac{d\sigma_s}{dx}$$
(1-22)

上式表明，粘结应力使钢筋中应力沿其长度发生变化，没有 τ_b 就没有 $d\sigma_s$；反之，没有钢筋应力的变化，也就不存在粘结应力。若已知钢筋应力 σ_s 的分布曲线，根据式（1-22）求导，即可得出粘结应力 τ_b 的分布规律。

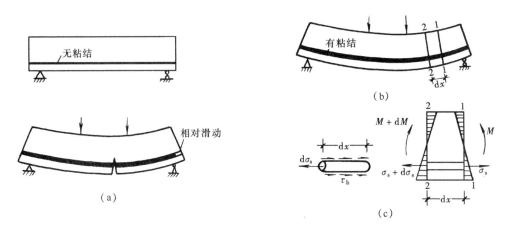

图 1-25　混凝土与钢筋的粘结作用图

试验表明：粘结作用的产生主要有三方面的原因：一是因为混凝土收缩将钢筋紧紧握固而产生的摩擦力；二是因为混凝土颗粒的化学作用产生的混凝土与钢筋之间的胶合力；三是由于钢筋表面凹凸不平与混凝土之间产生的机械咬合力。其中机械咬合作用最大，约占总粘结力的一半以上。带肋钢筋比光面钢筋的机械咬合作用大。此外，钢筋表面的轻微锈蚀也可增加它与混凝土的粘结力。

二、粘结力的测定

粘结力的测定通常采用拔出试验方法（图 1-26）。将钢筋的一端埋入混凝土内，在另一端施力将钢筋拔出。则粘结强度可由下式确定：

$$f_\tau = \frac{P}{\pi d l}$$
(1-23)

式中　　P——拔出力；

d——钢筋直径；

l——钢筋埋入长度。

根据拔出试验可知：

（1）粘结应力按曲线分布（图 1-26），最大粘结应力在离端头某一距离处，且随拔出力的大小而变化；

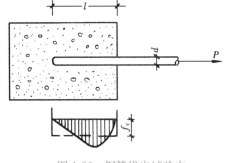

图 1-26　钢筋拔出试验中
粘结应力分布图

（2）钢筋埋入长度越长，拔出力越大，但埋入过长则尾部的粘结应力很小，甚至为零；

（3）粘结强度随混凝土强度等级的提高而增大；

（4）带肋钢筋的粘结强度比光面钢筋的大，而在光面钢筋末端做弯钩可以大大提高拔出力。

根据试验资料，光面钢筋的粘结强度为 1.5～3.5N/mm²，带肋钢筋的粘结强度为 2.5～6.0N/mm²，其中较大的值系由较高的混凝土强度等级所得。

三、保证钢筋和混凝土间粘结力的措施

（一）保证锚固粘结应力的可靠传递

锚固粘结应力如图 1-27 所示。图 1-27（a）为一悬臂梁，受拉钢筋必须在支座中具有足够的"锚固长度"，以通过该长度上粘结应力的积累，使钢筋在靠近支座处发挥作用。图 1-27（b）为钢筋的搭接接头，它通过钢筋与混凝土之间的粘结应力来传递钢筋与钢筋之间的内力。故必须有一定的"搭接长度" l_l，才能保证钢筋内力的传递和钢筋强度的充分利用。

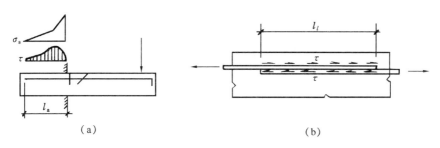

（a） （b）

图 1-27 钢筋与混凝土的锚固粘结应力图

《规范》规定，当计算中充分利用钢筋的抗拉强度时（如图 1-27a 情形），受拉钢筋的锚固长度应符合下列要求。基本锚固长度应按下列公式计算，对于普通钢筋有：

$$l_{ab} = \alpha f_y d / f_t \tag{1-24}$$

式中 l_{ab}——受拉钢筋的基本锚固长度；

α——钢筋的外形系数，光面钢筋为 0.16，带肋钢筋为 0.14；

f_y——普通钢筋的抗拉强度设计值；

f_t——混凝土轴心抗拉强度设计值，当混凝土强度等级高于 C40 时，按 C40 取值；

d——钢筋的公称直径。

受拉钢筋的锚固长度应根据锚固条件按下列公式计算，且不应小于 200mm：

$$l_a = \zeta_a l_{ab} \tag{1-25}$$

式中 l_a——受拉钢筋的锚固长度；

ζ_a——锚固长度修正系数，对普通钢筋按下面规定采用，当多余一项时，可连乘计算，但不应小于 0.6；对预应力筋，可取 1.0。

纵向受拉普通钢筋的锚固长度修正系数 ζ_a 应按下列规定取用：

1. 当带肋钢筋的公称直径大于 25mm 时取 1.10；

2. 环氧树脂涂层带肋钢筋取 1.25；

3. 施工过程中易受扰动的钢筋取 1.10；

4. 当纵向受力钢筋的实际配筋面积大于其设计计算面积时，修正系数取设计计算面积与实际配筋面积的比值，但对有抗震设防要求及直接承受动力荷载的结构构件，不应考虑此项修正；

5. 锚固钢筋的保护层厚度为 $3d$ 时修正系数可取 0.80，保护层厚度为 $5d$ 时修正系数可取 0.70，中间按内插取值，此处 d 为锚固钢筋的直径。

当纵向受拉普通钢筋末端采用机械锚固措施时，包括附加锚固端头在内的锚固长度（投影长度）可取为基本锚固长度 l_{ab} 的 70%。弯钩和机械锚固的形式（图 1-28）和技术要求符合表 1-1 的规定。

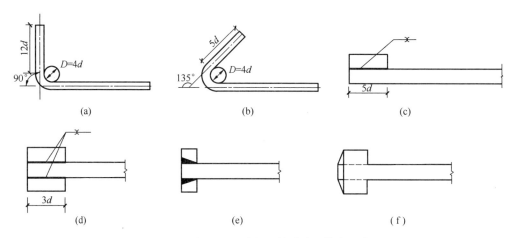

图 1-28　弯钩和机械锚固的形式及技术要求

（a）90°弯钩；（b）135°弯钩；（c）一侧贴焊锚筋；（d）两侧贴焊锚筋；（e）穿孔塞焊锚板；（f）螺栓锚头

钢筋弯钩和机械锚固的形式和技术要求　　　　　　　　　　　　　表 1-1

锚固形式	技术要求
90°弯钩	末端 90°弯钩，弯钩内径 $4d$，弯后直段长度 $12d$
135°弯钩	末端 135°弯钩，弯钩内径 $4d$，弯后直段长度 $5d$
一侧贴焊锚筋	末端一侧贴焊长 $5d$ 同直径钢筋
两侧贴焊锚筋	末端两侧贴焊长 $3d$ 同直径钢筋
焊端锚板	末端与厚度 d 的锚板穿孔塞焊
螺栓锚头	末端旋入螺栓锚头

注：1. 焊缝和螺纹长度应满足承载力要求；
　　2. 螺栓锚头和焊接锚板的承压净面积不应小于锚固钢筋截面积的 4 倍；
　　3. 螺栓锚头的规格应符合相关标准的要求；
　　4. 螺栓锚头和焊接锚板的钢筋净间距不宜小于 $4d$，否则应考虑群锚效应的不利影响；
　　5. 截面角部的弯钩和一侧贴焊锚筋的布筋方向宜向截面内侧偏置。

采用机械锚固措施时，锚固长度范围内的箍筋不应少于 3 个，其直径不小于纵向钢筋直径的 $1/4$，其间距不大于纵向钢筋直径的 5 倍。

当计算中充分利用纵向钢筋的抗压强度时，受压钢筋的锚固长度不小于上述规定的受拉钢筋锚固长度的 0.7 倍。

搭接接头可视为锚固的一个特例，但搭接接头的受力情况较为不利。由于搭接范围内两根钢筋贴近且同时受力，钢筋与混凝土间的粘结作用被削弱，钢筋间的混凝土易被磨碎或剪断，因此如果同一截面内钢筋的搭接接头的百分率过大或搭接钢筋的横向间距过密时，锚固作用将会严重下降。

根据上述理由，《规范》规定，直接承受中、重级工作制吊车的构件，其纵向受拉钢筋不得采用绑扎搭接接头，也不宜采用焊接接头。如受力钢筋必须接头时，宜优先采用焊接或机械连接。对轴心受拉及小偏心受拉杆件（如桁架和拱的拉杆）的纵向受力钢筋，不得采用绑扎搭接接头。

当受拉钢筋直径 $d>25mm$ 及受压钢筋直径 $d>28mm$ 时，不宜采用绑扎搭接接头。

当纵向受拉钢筋采用绑扎搭接接头时，需满足附录 3 的规定。

（二）保证局部粘结应力的传递

局部粘结应力是指开裂构件裂缝两侧产生的粘结应力，其作用是使裂缝之间的混凝土参与受拉工作（图 1-29）。为了增加局部粘结作用，减小使用时构件的裂缝宽度，在同样钢筋面积的情形下，应选择直径较小的钢筋和带肋钢筋。

（三）钢筋周围的混凝土应有足够的厚度

为了有效地传递粘结力，受力钢筋之间的距离（净距）应不小于一定尺寸，各种构件的受力钢筋净距详见有关构造要求；同时，从钢筋的外边缘算至构件边缘的混凝土保护层最小厚度应满足附表 18 的要求（一定厚度的混凝土保护层不仅保证粘结力传递，同时还保护钢筋免遭锈蚀和保证构件的耐火、耐腐蚀性能）。

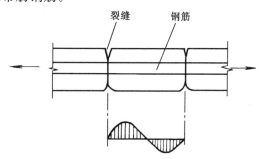

图 1-29　局部粘结应力图

（四）钢筋末端的弯钩

光圆钢筋的粘结性能较差，故除受压钢筋及焊接网或焊接骨架中的光圆钢筋外，其余光圆钢筋的末端均应设置弯钩（图 1-30）。钢筋和箍筋的弯钩长度分别如附表 1-22 和附表 1-23 所示。

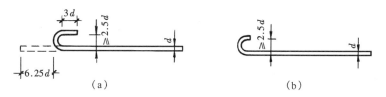

图 1-30　光圆钢筋弯钩
（a）手工弯标准钩；（b）机器弯标准钩

（五）混凝土的浇筑

粘结强度与浇筑混凝土时钢筋的位置有关。浇筑深度超过 300mm 以上的上部水平钢筋底面，由于混凝土的泌水、骨料下沉和水分气泡的逸出，形成一层强度较低的空隙层，它将削弱钢筋与混凝土的粘结作用。因此，对高度较大的梁应分层浇筑和采用二次振捣（详见施工规范）。

（六）锚固区的侧向压力

当钢筋的锚固区作用有侧向压应力时，粘结强度将得到提高。因此在直接支承的支座处，如梁的简支端，考虑支座压力的有利影响，伸入支座的钢筋锚固长度应作适当减小。

小 结

(1) 钢筋分为有明显屈服点的钢筋和无明显屈服点的钢筋，二者的应力-应变曲线有很大差别。

(2) 热轧钢筋属于有明显屈服点的钢筋，用于钢筋混凝土结构及预应力混凝土结构中的非预应力钢筋。其主要级别有：HPB300 级、HRB335 级、HRB400 级 HRBF400 级、RRB400 级、HRB500 级、HRBF500 级，提倡用 HRB500 级钢筋作为我国钢筋混凝土结构的主力钢筋。

(3) 冷轧带肋钢筋预应力钢绞线、钢丝属于无明显屈服点的钢筋，取极限抗拉强度 σ_b 的 0.85 倍作为条件屈服点，用作预应力钢筋。

(4) 用于混凝土结构中的钢筋应满足强度、塑性和可焊性等方面的要求，并应与混凝土有良好的粘结性能。

(5) 混凝土立方体抗压强度指标作为评定混凝土强度等级的标准，我国规定采用 150mm 边长的立方体作为标准试块。混凝土轴心抗压强度是结构混凝土最基本的强度指标，混凝土轴心抗拉强度及局部抗压强度等，都和轴心抗压强度有一定的关系。对于不同的结构构件，应选择不同强度等级的混凝土。

(6) 混凝土的徐变和收缩是混凝土特有的现象，对钢筋混凝土和预应力混凝土结构构件的性能有重要影响。徐变和收缩产生的原因不同，但影响徐变和收缩的因素基本相同。

(7) 钢筋和混凝土之间的粘结是二者共同工作的基础，应采取各种有效的保证措施。例如，钢筋应有足够的锚固长度，末端采用机械锚固措施；钢筋绑扎搭接时应有必要的搭接长度，同一连接长度范围内的接头面积百分率应符合规定；搭接范围的箍筋应加密；钢筋周围应有足够厚度的混凝土；选用直径较小的钢筋和带肋钢筋等等。

思 考 题

1. 试绘制有明显屈服点钢筋的应力-应变曲线并指出各阶段的特点、各转折点的应力名称。
2. 什么是条件屈服强度？
3. 什么叫总伸长率？什么叫屈强比？
4. 检验钢筋质量有哪几项指标？
5. 热轧钢筋分哪几级？各级钢筋的强度及变形性能有何差别？
6. 混凝土的立方体抗压强度是如何确定的？与试块尺寸有什么关系？
7. 什么叫混凝土的轴心抗压强度？它与混凝土立方体抗压强度有什么关系？
8. 混凝土抗拉强度是如何测试的？
9. 试绘制混凝土棱柱体在一次短期加荷下的应力-应变曲线并指出曲线的特点。
10. 什么是混凝土的弹性模量、割线模量和切线模量？弹性模量与割线模量之间有什么关系？
11. 什么叫混凝土的徐变、线性徐变、非线性徐变？混凝土的收缩和徐变有什么本质区别？
12. 如何避免混凝土构件产生收缩裂缝？
13. 钢筋与混凝土之间的粘结力是如何产生的？
14. 为什么伸入支座的钢筋要有一定的锚固长度？高强光面钢丝能否在普通钢筋混凝土梁中充分发挥作用？

第二章　荷载与设计方法

提　要

在以后各章中，将要讨论混凝土结构各种基本构件以及楼盖、单层厂房、多层框架等结构的设计计算。这些构件和结构的形式虽然不同，但其设计计算都采用共同的方法——概率极限状态设计法。因此，在讨论具体的构件和结构设计之前，先介绍概率极限状态设计法。

本章的重点是：

(1) 了解结构上的作用、作用效应、结构抗力、安全等级、设计使用年限、设计状况、结构可靠度的基本概念；

(2) 了解荷载的分类、荷载的代表值、荷载分项系数和荷载设计值的概念及其确定方法；

(3) 了解极限状态的定义及分类，掌握按承载能力极限状态和按正常使用极限状态进行混凝土结构设计计算的方法。

第一节　基本知识

我国现行的混凝土结构设计规范需要用到许多基本知识，只有很好地理解和掌握了这些基本知识，才能更好地领会和接受今后要讨论的内容。本节介绍如下基本的、重要的知识。

一、结构上的作用

结构广义地是指房屋建筑和土木工程的建筑物、构筑物及其相关组成部分的实体，狭义地是指各种工程实体的承重骨架。结构上的作用是指施加在结构上的集中荷载或分布荷载以及引起结构外加变形或约束变形因素的总称。

施加在结构上的集中荷载和分布荷载称为结构上的直接作用。地震、地基沉降、混凝土收缩、温度变化、焊接等因素虽然不是荷载，但可以引起结构的外加变形或约束变形，称为结构上的间接作用。图 2-1 (a) 中简支梁上的作用是荷载；图 2-1 (b) 中两跨连续梁上的作用是中间支座的沉降。

结构上的作用还可以按时间、空间的变异以及结构的反应进行划分，它们适用于不同的场合。

（一）按时间的变异分类

按时间的变异情况，可将结构上的作用分为：

图 2-1　结构上的作用示意图

1. 永久作用

由于结构上的作用是随时间而变化的，特别是可变作用随时间的变化更大，所以，为确定荷载代表值必须相对固定一个时间参数作为基准，这就是"设计基准期"。结构在设计基准期内应该能够可靠地工作，我国规范规定的设计基准期一般为 50 年。结构的设计基准期与结构的设计使用年限有一定的联系，但两者并不完全相等。当结构的使用年限超过设计基准期后，只要采取适当的维修措施，仍能正常使用。

永久作用指在结构使用期间，其值不随时间而变化，或其变化与平均值相比可以忽略不计的作用。

属于永久作用的有结构自重、土壤压力、预加应力、基础沉降以及焊接等。

2. 可变作用

可变作用指在结构使用期间，其值随时间发生变化，且变化的程度与平均值相比不可以忽略的作用。

属于可变作用的有安装荷载、楼面上人群、家具等产生的活荷载、风荷载、雪荷载，还有吊车荷载以及温度变化等。

3. 偶然作用

偶然作用指在结构使用期间不一定出现，而一旦出现则量值很大，且持续的时间较短的作用。

属于偶然作用的有地震、爆炸以及撞击等。

（二）按空间位置的变异分类

按空间位置的变异情况，可将结构上的作用分为：

1. 固定作用

固定作用指在结构空间位置上不发生变化的作用。

属于固定作用的有工业与民用建筑楼面上的固定设备荷载以及结构构件的自重等。

2. 自由作用

自由作用指在结构空间位置上的一定范围内可以任意变化的作用。

属于自由作用的有工业与民用建筑楼面上的人群荷载、厂房中的吊车荷载等。

（三）按结构的反应分类

按结构的反应情况，可将结构上的作用分为：

1. 静态作用

静态作用指对结构或构件不产生加速度或其加速度很小因而可以忽略不计的作用。

属于静态作用的有结构自重、住宅及办公楼的楼面活荷载、屋面的雪荷载等。

2. 动态作用

动态作用指对结构或构件产生不可忽略的加速度的作用。

属于动态作用的有吊车荷载、地震、设备振动、作用在高耸结构上的风荷载等。

二、作 用 效 应

施加在结构上的各种作用，将在支座处产生反力，同时还将使结构产生内力与变形，甚至使结构出现裂缝。内力包括弯矩、轴力、剪力与扭矩，变形包括挠度、侧移和转角，裂缝有与杆轴垂直的裂缝以及与杆轴斜交的裂缝等多种情况，它们总称为作用效应。

三、结 构 抗 力

结构构件的截面形式、尺寸以及材料等级确定以后，截面将具有一定的抵抗作用效应的能力，结构这种抵抗作用效应的能力，称为结构抗力。

四、安 全 等 级

建筑结构设计时，应根据结构破坏可能产生的后果即危及人的生命、造成经济损失、对社会或环境产生影响等的严重性，采用不同的安全等级。

建筑结构安全等级的划分应符合表 2-1 的规定。

建筑结构的安全等级 表 2-1

安全等级	破坏后果
一级	很严重：对人的生命、经济、社会或环境影响很大
二级	严重：对人的生命、经济、社会或环境影响较大
三级	不严重：对人的生命、经济、社会或环境影响较小

大型公共建筑等重要结构的安全等级宜取为一级；普通的住宅和办公楼等一般的结构的安全等级宜取为二级；小型或临时性贮存建筑等次要结构的安全等级宜取为三级。

五、设 计 使 用 年 限

建筑结构的设计使用年限应按表 2-2 采用。

建筑结构的设计使用年限 表 2-2

项次	类别	设计使用年限（年）
1	临时性建筑结构	5
2	易于替换的结构构件	25
3	普通房屋和构筑物	50
4	标志性建筑和特别重要的建筑结构	100

六、设 计 状 况

建筑结构设计时，应区分下列四种设计状况，并了解它们的适用情况：

1. 持久设计状况。适用于结构使用时的正常情况。

2. 短暂设计状况。适用于结构出现的临时情况，包括结构施工和维修时的情况等。

3. 偶然设计状况。适用于结构出现的异常情况，包括结构遭受火灾、爆炸、撞击时的情况等。

4. 地震设计状况。适用于结构遭受地震时的情况，在抗震设防地区必须考虑地震设计状况。

七、结构的可靠度

设计任何建筑物和构筑物时，必须使其满足下列各项预定的功能要求：

（1）安全性：即结构构件能承受在正常施工和正常使用时可能出现的各种作用，以及在偶然事件发生时及发生后，仍能保持必需的整体稳定性。

（2）适用性：即在正常使用时，结构构件具有良好的工作性能，不出现过大的变形和过宽的裂缝。

（3）耐久性：即在正常的维护下，结构构件具有足够的耐久性能，不发生锈蚀和风化现象。

安全、适用和耐久，是结构可靠的标志，总称为结构的可靠性。

结构的可靠度是指结构在规定的时间内，在规定的条件下，完成预定功能的概率。这个规定的时间为设计使用年限，一般为 50 年；规定的条件为正常设计、正常施工和正常使用的条件，即不包括错误设计、错误施工和违反原来规定的使用情况；预定功能指的是结构的安全性、适用性和耐久性。因此，结构的可靠度是结构可靠性的概率度量。

第二节　荷　　载

如同前面讨论中所说，荷载是结构上的直接作用。因为结构设计与荷载的关系最为密切，读者应该了解它、熟悉它。因此，本节专门对它们进行介绍。

一、荷载的分类

荷载最常见地被分为：

（一）永久荷载

永久荷载又称为恒荷载或恒载。它是在结构使用期间其值不随时间变化，或其变化与平均值相比可以忽略不计的荷载。例如，结构自重、土压力、结构表面的粉灰荷载等。自重是指结构材料自身产生的荷载（重力）。

（二）可变荷载

可变荷载又称为活荷载。它是在结构使用期间其值随时间变化，且其变化与平均值相比不可忽略的荷载。例如，楼面活荷载、屋面活荷载和积灰荷载、吊车荷载、风荷载、雪荷载等。

（三）偶然荷载

偶然荷载是指在结构使用期间不一定出现，一旦出现，其值很大且持续时间很短的荷载。例如，爆炸力、撞击力等。

二、荷载的代表值

荷载是随机变量，任何一种荷载的大小都具有程度不同的变异性，因此，进行建筑结构设计时，对于不同的荷载和不同的设计情况，应采用不同的代表值。

（一）永久荷载的代表值

对于永久荷载而言，只有一个代表值，这就是它的标准值。

荷载的标准值是该荷载在结构设计基准期内可能达到的最大量值。由于荷载是随机变量，其量值的大小在客观上具有某个统计分布。如果这种分布能够确定，可以根据确定的百分数取其分位值作为其代表值。如果这种分布难于确定，可以根据已有的工程实践经验，通过分析判断后，规定一个公称值作为其代表值。

对于常用的材料和构件，单位体积的自重可由我国国家标准《建筑结构荷载规范》GB 50009 附录中查得。例如，几种常见材料单位体积的自重可查得为：

素混凝土	$22 \sim 24 kN/m^3$
钢筋混凝土	$24 \sim 25 kN/m^3$
水泥砂浆	$20 kN/m^3$
石灰砂浆	$17 kN/m^3$

对于某些自重变异较大的材料和构件（如现场制作的保温材料、混凝土薄壁构件等），自重的标准值应根据对结构的不利状态，取上限值或下限值。

永久荷载标准值，对于结构自重，可按结构构件的设计尺寸与材料单位体积的自重计算确定。

【例 2-1】　某矩形截面钢筋混凝土简支梁，计算跨度 $l_0 = 8m$（图 2-2），截面宽度用 b 表示，截面高度用 h 表示，截面尺寸 $b \times h =$ 200mm×600mm，求该梁自重标准值。

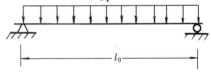

【解】　取钢筋混凝土单位体积的自重为 $25 kN/m^3$，梁的自重标准值为：

$$g_k = 0.2 \times 0.6 \times 25 = 3 kN/m$$

图 2-2　例 2-1 图

（二）可变荷载的代表值

可变荷载有三个代表值，应根据设计的要求，分别取如下不同的荷载值作为其代表值。

1. 标准值

可变荷载的标准值，是可变荷载的基本代表值。我国《建筑结构荷载规范》GB 50009 中，对于楼面和屋面活荷载、吊车荷载、雪荷载和风荷载等可变荷载的标准值，规定了具体数值或计算方法，设计时可以查用。楼面活荷载标准值和屋面活荷载标准值，可在本书附录 4 中查得。

2. 组合值

当结构承受两种或两种以上的可变荷载，且按承载能力极限状态设计或按正常使用极限状态的荷载短期效应组合设计时，考虑到这两种或两种以上可变荷载同时达到最大值的可能性较小，因此，可以将它们的标准值乘以一个小于或等于 1 的荷载组合系数。这种将可变荷载标准值乘以荷载组合系数以后的数值，称为可变荷载的组合值。

3. 频遇值

可变作用的频遇值是指在设计基准期内被超越的总时间占设计基准期的比率较小的作用值，或被超越的频率限制在规定频率内的作用值。

可变荷载频遇值应取可变荷载标准值乘以荷载频遇值系数。

4. 准永久值

可变荷载虽然在设计基准期内其值会随时间而发生变化，但是，研究表明，不同的可变荷载在结构上的变化情况不一样。以住宅楼面的活荷载为例，人群荷载的流动性较大，家具荷载的流动性则相对较小。可变荷载中在整个设计基准期内出现时间较长（可理解为总的持续时间不低于 25 年）的那部分荷载值，称为该可变荷载的准永久值。

可变荷载准永久值为可变荷载标准值乘以荷载准永久值系数。由于可变荷载准永久值只是可变荷载标准值的一部分，因此，可变荷载准永久值系数小于或等于 1.0。

楼面活荷载和屋面活荷载的组合值系数、频遇值系数和准永久值系数可由附录 4 的相关表格中查得。

第三节　概率极限状态设计法

一、极限状态的定义与分类

（一）极限状态的定义

整个结构或结构的一部分，超过某一特定状态就不能满足设计规定的某一功能（安全、适用或耐久）要求，此特定状态称为该功能的极限状态。

（二）极限状态的分类

我国规范将结构的极限状态分为下列两类：

1. 承载能力极限状态

结构或结构构件达到最大承载能力或不适于继续承载的变形状态，为承载能力极限状态。

当结构或结构构件出现下列状态之一时，即认为超过了承载能力极限状态：

（1）整个结构或结构的一部分作为刚体失去平衡（如倾覆等）；

（2）结构构件或连接因材料强度被超过而破坏（包括疲劳破坏，或因过度的塑性变形而不适于继续承载）；

（3）结构转变为机动体系；

（4）结构或结构构件丧失稳定（如压屈等）；

（5）结构因局部破坏而发生连续倒塌；

（6）地基丧失承载力而破坏；

（7）结构或结构构件发生疲劳破坏。

图 2-3 为结构超过承载能力极限状态的一些例子。

2. 正常使用极限状态

结构或结构构件达到正常使用或耐久性能的某项规定限值的状态，为正常使用极限状态。

当结构或结构构件出现下列状态之一时，即认为超过了正常使用极限状态，而失去了正常使用和耐久功能：

（1）影响正常使用或外观的变形；

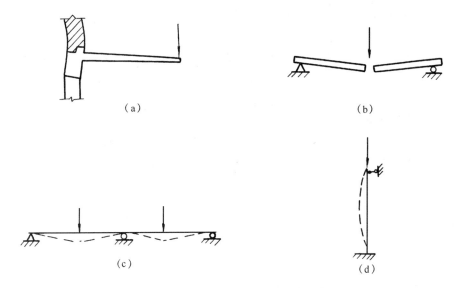

（a） （b）

（c） （d）

图 2-3 结构超过承载力极限状态示例

（2）影响正常使用或耐久性能的局部破坏（包括裂缝）；

（3）影响正常使用的振动；

（4）影响正常使用的其他特定状态。

虽然超过正常使用极限状态的后果一般不如超过承载能力极限状态严重，但是也不可忽视。例如，过大的变形会造成房屋内粉刷层剥落、填充墙和隔断墙开裂及屋面积水等后果；在多层精密仪表车间中，过大的楼面变形可能会影响到产品的质量；水池、油罐等结构开裂会引起渗漏现象；较宽的裂缝会影响到结构的耐久性；过大的变形和过宽的裂缝也将使用户在心理上产生不安全感。

图 2-4 为超过正常使用极限状态的例子。

进行结构和结构构件设计时，既要保证它们不超过承载能力极限状态，又要保证它们不超过正常使用极限状态。

有的规范将耐久性单独列为一种极限状态。这样，结构的极限状态被分为承载能力极限状态、正常使用极限状态和耐久性极限状态三种极限状态。

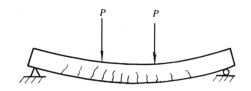

图 2-4 结构超过正常使用
极限状态的示例

二、按承载力极限状态的计算方法

结构丧失承载能力可能对生命财产造成巨大的损失。因此，任何结构和构件都必须进行承载能力极限状态设计。

（一）承载能力极限状态的计算内容

混凝土结构的承载能力极限状态计算应包括下列内容：

1. 结构构件应进行承载力（包括失稳）计算；

2. 直接承受重复荷载的构件应进行疲劳验算；

3. 有抗震设防要求时，应进行抗震承载力计算；

4. 必要时尚应进行结构的倾覆、滑移、漂浮验算；

5. 对于可能遭受偶然作用，且倒塌可引起严重后果的重要结构，宜进行防连续倒塌设计。

（二）承载能力极限状态的基本计算公式

我国现行的混凝土结构设计方法采用以概率理论为基础、用多个分项系数表达的极限状态设计方法，简称为概率极限设计方法。对持久设计状况和短暂设计状况，当用内力的形式表达时，结构构件应采用下列承载能力极限状态设计表达式：

$$\gamma_0 S \leqslant R \tag{2-1}$$

式中　γ_0——结构构件的重要性系数；

　　　S——内力组合设计值；

　　　R——结构构件的承载力设计值。

下面对它们作进一步讨论。

1. 关于结构构件的重要性系数 γ_0

按式（2-1）进行结构构件承载力计算时，结构构件的重要性系数分别为：

对安全等级为一级的结构构件：　　　　$\gamma_0 \geqslant 1.1$；

对安全等级为二级的结构构件：　　　　$\gamma_0 \geqslant 1.0$；

对安全等级为三级的结构构件：　　　　$\gamma_0 \geqslant 0.9$。

2. 关于内力组合设计值 S

对于持久设计状况和短暂设计状况，应取基本组合进行计算。当荷载与内力按线性关系考虑时，荷载效应的组合设计值应按下面公式计算：

$$S = \sum_{i \geqslant 1} \gamma_{Gi} S_{Gik} + \gamma_P S_P + \gamma_{Q1} \gamma_{L_1} S_{Q1k} + \sum_{j>1} \gamma_{Qj} \psi_{cj} \gamma_{Lj} S_{Qjk} \tag{2-2}$$

式中　γ_{Gi}——第 i 个永久荷载的分项系数，应按下面规定采用：

　　　1）当其效应对结构不利时，取 1.3；

　　　2）当其效应对结构有利时

　　　　　一般情况下应取 1.0；

　　　　　对结构的倾覆、滑移或漂浮验算，应取 0.9。

　　γ_{Qj}——第 j 个可变荷载的分项系数，其中 γ_{Q1} 为可变荷载 Q_1 的分项系数，应按下面规定采用：

　　　　　一般情况下应取 1.5，

　　　　　对标准值大于 $4kN/m^2$ 的工业房屋楼面结构的活荷载应取 1.4，

　　　　　对于某些特殊情况，可按建筑结构有关设计规范的规定确定；

γ_{L1}、γ_{Lj}——第 1 个和第 i 个关于结构设计使用年限的荷载调整系数，设计使用年限为 5 年时 $\gamma_L = 0.9$，设计使用年限为 50 年时 $\gamma_L = 1.0$，设计使用年限为 100 年时 $\gamma_L = 1.1$；

　　γ_P——预应力作用的分项系数，当作用效应对承载力不利时，$\gamma_P = 1.3$；当作用效应对承载力有利时，$\gamma_P \leqslant 1.0$；

　　S_P——预应力作用有关代表值的效应值；

S_{Gik}——按永久荷载标准值 G_k 计算的荷载效应值；

S_{Qjk}——按可变荷载标准值 Q_{jk} 计算的荷载效应值，其中 S_{Q1k} 为诸可变荷载效应中起控制作用者；

ψ_{cj}——可变荷载 Q_j 的组合值系数，应分别按有关的规定采用。

下面通过例题说明荷载效应基本组合时的内力组合设计值 S 的计算方法。

【例 2-2】　某宿舍走道平板计算跨长 $l_0 = 1970mm$，板自重、板面水泥砂浆找平层重以及板底石灰浆粉刷层重等永久荷载标准值为 1.44kN/m，板面使用均布活荷载标准值为 1.2kN/m，环境类别为一类，安全等级为二级，设计使用年限为 50 年，板的计算简图如图 2-5 所示，求跨中截面弯矩的组合设计值。

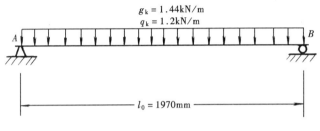

图 2-5　例 2-2 附图

【解】

板上只有一种可变荷载，故其荷载分项系数 $\gamma_G = 1.3$ 和 $\gamma_{Q1} = 1.5$，$\gamma_L = 1.0$，$\gamma_0 = 1.0$。由式（2-2）可求得跨中截面弯矩的组合设计值为

$$M = \gamma_0 (\gamma_G M_{Gk} + \gamma_{Q1} \gamma_{L1} M_{Q1k}) = 1.0 \left(1.3 \times \frac{1}{8} g_k l_0^2 + 1.5 \times 1.0 \times \frac{1}{8} q_k l_0^2 \right)$$

$$= \frac{1}{8} (1.3 g_k + 1.5 \times 1.0 \times q_k) l_0^2 = \frac{1}{8} (1.3 \times 1.44 + 1.5 \times 1.0 \times 1.2) \times 1.97^2$$

$$= 1.78 kN \cdot m$$

3. 关于结构构件的承载力设计值 R

结构构件承载力设计值的大小，取决于截面的几何尺寸、截面上材料用量的种类与强度等级等多种因素，以钢筋混凝土结构构件为例，它的一般形式为：

$$R = R (f_c, f_s, a_k \cdots\cdots) / \gamma_{Rd} \tag{2-3}$$

式中　f_c——混凝土的强度设计值；

f_s——钢筋的强度设计值；

γ_{Rd}——结构构件的抗力模型不定性系数：静力设计取 1.0，对不确定性较大的结构构件根据具体情况取大于 10 的数值，抗震设计应用承载力抗震调整系数 γ_{RE} 代替 γ_{Rd}；

a_k——几何参数的标准值；当几何参数的变异性对结构性能有明显影响时，可另增减一个附加值 Δa 以考虑其不利影响。

由上面的讨论可以看出，我国规范关于结构构件承载力极限状态的计算公式，是以荷载标准值和材料强度标准值作为基本指标，并且用结构重要性系数、荷载分项系数、材料分项系数以及内力组合系数等多个系数进行表达的。荷载和材料强度都是随机变量。荷载标准值和材料强度标准值都会在一定幅度的范围内波动。考虑到这种情况，为了确保结构构件的安全，在进行承载力极限状态设计的公式（2-1）中，不等式左边 $\gamma_0 S$ 的荷载标准值都乘了荷载分项系数，并且考虑了结构的安全等级和进行了内力组合；不等式右边 R 的材料强度标准值都除了材料分项系数。因此，承载力设计计算公式（2-1）具有规范规定的、必要的安全储备。

本书从第三章开始的混凝土构件和结构承载力设计中，将会进一步说明承载力设计计算公式（2-1）的应用。

三、按正常使用极限状态的验算方法

对于正常使用极限状态，应根据不同的设计要求，采用荷载的标准组合、频遇组合或准永久组合，并应按下列设计表达式进行设计：

$$S \leqslant C \tag{2-4}$$

式中　C——结构或结构构件达到正常使用要求的规定限值，例如变形、裂缝、振幅、加速度、应力等的限值。

　　　S——荷载组合的设计值，如变形、裂缝等的设计值。

当作用与作用效应按线性关系考虑时，正常使用极限状态下的荷载组合设计值 S 按下述方法计算：

1. 对于标准组合，荷载组合的设计值 S 应按下式采用：

$$S = \sum_{i \geqslant 1} S_{G_i k} + S_P + S_{Q1k} + \sum_{j > 1} \psi_{c_j} S_{Q_j k} \tag{2-5}$$

组合中的设计值仅适用于荷载与荷载效应为线性的情况。

2. 对于频遇组合，荷载组合的设计值 S 应按下式采用：

$$S = \sum_{i \geqslant 1} S_{G_i k} + S_P + \psi_{f1} S_{Q_1 k} + \sum_{j > 1} \psi_{q_j} S_{Q_j k} \tag{2-6}$$

式中　ψ_{f1}——可变荷载 Q_1 的频遇值系数，应按各章的规定采用；

　　　ψ_{qj}——可变荷载 Q_j 的准永久值系数，应按各章的规定采用。

组合中的设计值仅适用于荷载与荷载效应为线性的情况。

3. 对于准永久组合，荷载组合的设计值 S 可按下式采用：

$$S = \sum_{i \geqslant 1} S_{G_i k} + S_P + \sum_{j \geqslant 1} \psi_{q_j} S_{Q_j k} \tag{2-7}$$

标准组合宜用于不可逆正常使用极限状态设计。频遇组合宜用于可逆正常使用极限状态设计。准永久组合宜用于长期效应是决定性因素的正常使用极限状态设计。

对持久设计状况、短暂设计状况、偶然设计状况和地震设计状况等四种设计状况，均应进行承载能力极限状态设计。对持久设计状况，尚应进行正常使用极限状态和耐久性极限状态设计。对短暂设计状况和地震设计状况，可根据需要进行正常使用极限状态设计。对偶然设计状况，可不进行正常使用极限状态和耐久性极限状态设计。

关于结构构件变形和裂缝宽度的具体验算方法，将在本书第八章中讨论。

四、耐久性设计

混凝土结构由于混凝土碳化、氯离子对混凝土的侵蚀、混凝土的抗冻性与抗渗性、混

凝土碱-骨料反应和混凝土中钢筋的锈蚀等原因，有可能使其达不到预定的服役年限而提前失效。这就是混凝土结构的耐久性问题。

国内外的统计资料表明，由于混凝土结构的耐久性病害导致的经济损失是巨大的。据调查，美国 1975 年由于腐蚀引起的损失达 700 亿美元，1985 年则达 1680 亿美元，目前美国整个混凝土工程的价值约 6 万亿美元，而今后每年用于维修或重建的费用预计高达 3000 亿美元。在我国，据 1986 年国家统计局和建设部对全国城市 28 个省、市、自治区的 323 个城市和 5000 个镇进行普查的结果，目前我国已有城镇房屋建筑面积 $46.76 \times 10^8 \, m^2$，占全部房屋建筑面积的 60%，已有工业厂房约 $5 \times 10^8 \, m^2$，覆盖的国有固定资产超过 5000 亿元，这些建筑物中约有 $23 \times 10^8 \, m^2$ 需要分期分批进行评估与加固，而其中半数以上急需维修加固之后才能正常使用。

混凝土结构的耐久性取决于环境状况，取决于对结构耐久性或设计使用年限的要求，取决于混凝土的组成成分、施工养护方法以及结构的防护措施等因素，情况十分复杂。规范当前主要是采用对混凝土的最低强度等级、最大水胶比、最大氯离子含量、最大碱含量、混凝土保护层最小厚度实施控制来保证混凝土结构的耐久性。

（一）耐久性设计的内容

混凝土结构应根据设计使用年限和环境类别进行耐久性设计，耐久性设计包括下列内容：

1. 确定结构所处的环境类别；
2. 提出材料的耐久性质量要求；
3. 确定构件中钢筋的混凝土保护层厚度；
4. 满足耐久性要求相应的技术措施；
5. 在不利的环境条件下应采取的防护措施；
6. 提出结构使用阶段检测与维护的要求。

对临时性的混凝土结构，可不考虑混凝土的耐久性要求。

（二）结构所处环境的分类

混凝土结构的环境类别划分应符合表 2-3 的要求。

混凝土结构的环境类别 　　　　　　　　　　　　　　　　　表 2-3

环境类别	条件
一	室内干燥环境 无侵蚀性静水浸没环境
二 a	室内潮湿环境 非严寒和非寒冷地区的露天环境 非严寒和非寒冷地区与无侵蚀性的水或土壤直接接触的环境 严寒和寒冷地区的冰冻线以下与无侵蚀性的水或土壤直接接触的环境
二 b	干湿交替环境 水位频繁变动环境 严寒和寒冷地区的露天环境 严寒和寒冷地区冰冻线以上与无侵蚀性的水或土壤直接接触的环境
三 a	严寒和寒冷地区冬季水位变动区环境 受除冰盐影响环境 海风环境

续表

环境类别	条件
三 b	盐渍土环境 受除冰盐作用环境 海岸环境
四	海水环境
五	受人为或自然的侵蚀性物质影响的环境

注：1. 室内潮湿环境是指构件表面经常处于结露或湿润状态的环境；
　　2. 受除冰盐影响环境为受到除冰盐盐雾影响的环境；
　　3. 受除冰盐作用环境指被除冰盐溶液溅射的环境以及使用除冰盐地区的洗车房、停车楼等建筑；
　　4. 暴露的环境是指混凝土结构表面所处的环境。

表 2-6 中，严寒地区是指最冷月平均温度不高于 $-10℃$，且日平均温度不高于 $5℃$ 的天数不少于 145d。寒冷地区是指最冷月的平均温度为 $0\sim-10℃$，且日平均温度不高于 $5℃$ 的天数为 $90\sim145$d。

（三）耐久性对材料及结构的要求

耐久性对材料及结构的要求如下：

1. 设计使用年限为 50 年的混凝土结构，其混凝土材料宜符合表 2-4 的规定。

结构混凝土材料的耐久性基本要求　　　　　　　　　　　　　　表 2-4

环境等级	最大水胶比	最低强度等级	最大氯离子含量（%）	最大碱含量（kg/m³）
一	0.60	C20	0.30	不限制
二 a	0.55	C25	0.20	3.0
二 b	0.50（0.55）	C30（C25）	0.15	
三 a	0.45（0.50）	C35（C30）	0.15	
三 b	0.40	C40	0.10	

注：1. 氯离子含量系指其占胶凝材料总量的百分比；
　　2. 预应力构件混凝土中的最大氯离子含量为 0.05%，最低混凝土强度等级应按表中的规定提高两个等级；
　　3. 素混凝土构件的水胶比及最低强度等级的要求可适当放松；
　　4. 有可靠工程经验时，二类环境中的最低混凝土强度等级可降低一个等级；
　　5. 处于严寒和寒冷地区二 b、三 a 类环境中的混凝土应使用引气剂，并可采用括号中的有关参数；
　　6. 当使用非碱活性骨料时，对混凝土中的碱含量可不作限制。

2. 一类环境中，设计使用年限为 100 年的混凝土结构应符合下列规定：

（1）钢筋混凝土结构的最低强度等级为 C30；预应力混凝土结构的最低强度等级为 C40；

（2）混凝土中的最大氯离子含量为 0.06%；

（3）宜使用非碱活性骨料，当使用碱活性骨料时，混凝土中的最大碱含量为 $3.0kg/m^3$；

（4）混凝土保护层厚度应符合附表 19 的规定；当采取有效的表面防护措施时，混凝土保护层厚度可适当减小。

3. 二、三类环境中，设计使用年限 100 年的混凝土结构应采取专门的有效措施。

4. 对下列混凝土结构及构件，尚应采取加强耐久性的相应措施：

（1）预应力混凝土结构中的预应力筋应根据具体情况采取表面防护、管道灌浆、加大混凝土保护层厚度等措施，外露的锚固端应采取封锚和混凝土表面处理等有效措施；

（2）有抗渗要求的混凝土结构，混凝土的抗渗等级应符合有关标准的要求；

（3）严寒及寒冷地区的潮湿环境中，结构混凝土应满足抗冻要求，混凝土抗冻等级应符合有关标准的要求；

（4）处于二、三类环境中的悬臂构件宜采用悬臂梁-板的结构形式，或在其上表面增设防护层；

（5）处于二、三环境中的结构构件，其表面的预埋件、吊钩、连接件等金属部件应采取可靠的防锈措施，对于后张预应力混凝土外露金属锚具，应采取防护措施；

（6）处在三类环境中的混凝土结构构件，可采用阻锈剂、环氧树脂涂层钢筋或其他具有耐腐蚀性能的钢筋、采取阴极保护措施或采用可更换的构件等措施。

5. 混凝土结构在设计使用年限内尚应遵守下列规定：

（1）建立定期检测、维修制度；

（2）设计中的可更换混凝土构件应按规定定期更换；

（3）构件表面的防护层，应按规定维护或更换；

（4）结构出现可见的耐久性缺陷时，应及时进行处理。

6. 耐久性环境类别为四类和五类的混凝土结构，其耐久性要求应符合有关标准的规定。

小　　结

（1）结构设计是解决如何处理结构上的作用、作用效应、结构抗力三者的关系。

（2）结构设计离不开荷载，荷载分恒载和活荷载，活荷载有标准值、组合值、频遇值、准永久值等多个代表值，不同的代表值适用于不同的设计场合。

（3）整个结构或结构的一部分超过某一特定状态就不能满足安全性、适用性或耐久性等功能要求时，这一特定状态称为结构已达到该功能的极限状态。结构的极限状态分为承载能力极限状态和正常使用极限状态两种。在这两种极限状态中，一般情况下，超过承载能力极限状态所造成的后果比超过正常使用极限状态更严重。因此，设计混凝土结构构件时，必须进行承载力（包括压屈失稳）计算。对于使用上需要控制变形和裂缝的结构构件，还需要进行变形和裂缝的验算。

（4）承载能力极限状态和正常使用极限状态的计算公式是以概率理论为基础，采用荷载标准值、材料强度标准值以及结构重要性系数、荷载分项系数、材料分项系数、可变荷载的组合系数等多个系数表示。由于承载能力极限状态所考察的是结构构件的破坏阶段，而正常使用极限状态考察的是结构构件的使用阶段，同时，承载力问题一般比变形、裂缝问题更重要，因此，按承载能力极限状态计算和按正常使用极限状态计算二者在可靠度要求和各系数的取值上有所不同。

（5）混凝土结构由于材料自身的缺陷和所处环境的问题，混凝土可能发生碳化和腐蚀，钢筋可能发生锈蚀，混凝土结构可能达不到预期的设计使用寿命便需要进行大的维修与加固，这一问题必须引起足够的重视。

思　考　题

1. 什么是结构?
2. 什么是结构上的作用? 它们如何分类?
3. 什么是永久作用?
4. 什么是可变作用?
5. 什么是偶然作用?
6. 什么是作用效应?
7. 什么是结构抗力?
8. 结构必须满足哪些功能要求?
9. 什么是结构的可靠度? 结构的可靠度与结构的可靠性之间有什么关系?
10. 如何划分结构的安全等级?
11. 结构的安全等级与结构的可靠指标之间有什么关系?
12. 同一建筑物内各种结构构件的安全等级是否要相同?
13. 荷载如何分类?
14. 什么是永久荷载的代表值?
15. 可变荷载有哪些代表值?
16. 什么情况下要考虑荷载组合系数? 为什么荷载组合系数值小于或等于1?
17. 什么是可变荷载的准永久值? 如何计算可变荷载的准永久值?
18. 为什么要引入荷载分项系数?
19. 荷载设计值与荷载标准值有什么关系?
20. 什么是结构的极限状态?
21. 如何划分结构的极限状态?
22. 结构超过承载能力极限状态的标志有哪些?
23. 结构超过正常使用极限状态的标志有哪些?
24. 为什么按承载能力计算对所有结构构件都必需, 而变形和裂缝验算只是对部分结构构件才要求?
25. 写出按承力极限状态进行设计计算的一般公式, 并对公式中符合的物理意义进行解释。
26. 结构构件的重要性系数如何取值?
27. 从耐久性角度出发, 处于正常使用环境下的混凝土结构对混凝土材料的组成有哪些要求?
28. 对三类环境中的混凝土结构中的钢筋有什么要求?

习　题

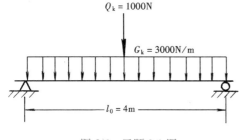

图 2-6　习题 2-1 图

2-1　图 2-6 所示的住宅内的简支梁, 计算跨长 $l_0=4$m, 承受的恒载为均布荷载, 其标准值 $G_k=3000$N/m, 承受的活荷载为跨中作用的集中荷载, 其标准值 $Q_k=1000$N, 结构的安全等级为二级, 求由可变荷载效应控制和由永久荷载效应控制的梁跨中截面的弯矩设计值。

2-2　求图 2-6 所示简支梁在荷载效应标准组合和准永久组合下的跨中最大弯矩设计值。

第三章　钢筋混凝土轴心受力构件承载力计算

提　　要

本章的重点是：

（1）轴心受拉构件的受力特点和承载力计算；

（2）轴心受压构件的受力特点，配有普通箍筋的轴心受压构件的承载力计算；

（3）轴心受拉构件和轴心受压构件的配筋构造。

本章的难点是：配有螺旋式和焊接环式箍筋轴心受压构件承载力的计算。

第一节　概　　述

对于材料力学中的由单一匀质材料组成的构件，当轴向力作用线与构件截面形心轴线相重合时，即为轴心受力构件。承受轴心拉力的构件称为轴心受拉构件；承受轴心压力的构件称为轴心受压构件（图 3-1）。

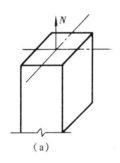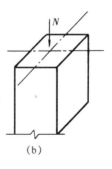

图 3-1　轴心受力构件

（a）轴心受拉；（b）轴心受压

在钢筋混凝土结构中，由于混凝土的非匀质性、钢筋位置的偏离、轴向力作用位置的差异等原因，理想的轴心受拉构件或轴心受压构件是很难找到的，构件实际上往往处于偏心受力状态。严格地讲，只有当截面上应力的合力与纵向外力作用在同一直线上才是轴心受力，但为了计算方便，工程上仍按纵向外力作用线与构件的截面形心轴线是否重合来判别是否为轴心受力。

在实际工程中，近似按轴心受拉计算的构件有：承受节点荷载的屋架或托架的受拉弦杆和腹杆（如图 3-2a 中的屋架下弦以及腹杆 ab 和 be）；拱的拉杆；圆形水池池壁的环向部分（图 3-2b）等。近似按轴心受压构件计算的有：承受节点荷载的屋架受压腹杆（如图 3-2a 中

的腹杆 ad 和 ce)及受压弦杆；以恒荷载作用为主的等跨多层房屋的内柱等。

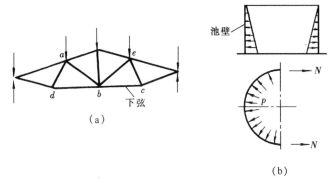

图 3-2　轴心受力构件工程示例

（a）屋架；（b）圆形水池

第二节　轴心受拉构件承载力

一、轴心受拉构件的受力特点

试验表明，当采用逐级加载对钢筋混凝土轴心受拉构件进行试验时，构件从开始加载到破坏的受力过程可分为以下三个阶段：

（1）开始加载时，轴向拉力很小，由于钢筋与混凝土之间的粘结力，构件截面上各点的应变值相等，混凝土和钢筋都处在弹性受力状态，应力与应变成正比。

（2）构件开裂后，裂缝截面与构件轴线垂直，并且贯穿于整个截面。在裂缝截面上，混凝土退出工作，即不能承担拉力，所有外力全部由钢筋承受。

（3）当轴向拉力使裂缝截面处钢筋的应力达到其抗拉强度时，构件进入破坏阶段。当构件采用有明显屈服点钢筋配筋时，构件的变形还可以有较大的发展，但裂缝宽度将大到不适于继续承载的状态。当采用无明显屈服点钢筋配筋时，构件有可能被拉断。

设纵向受力钢筋的截面面积为 A_s，其抗拉强度用其标准值 f_{yk} 表示，则构件破坏时的受力状态如图 3-3 所示。由静力平衡条件可求得构件破坏时所能承受的拉力为：

$$N_u = f_{yk}A_s \tag{3-1}$$

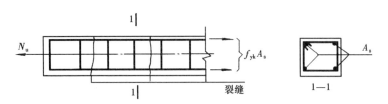

图 3-3　轴心受拉构件破坏阶段的受力状态

二、轴心受拉构件承载力计算

如同第二章所述，进行结构构件设计时，为简化设计计算，对于特定的结构构件，荷载、材料力学指标、构件几何尺寸等都是按固定的数值（标准值）取用的。事实上，结构构件在整个使用期限内，其上各种荷载的大小不可能一成不变，材料的力学指标可能与设计时取用的数值有出入，构件的几何尺寸也可能与设计时的取值有某些差异。为了确保结构构件的可靠性，结构构件应该具有一定的安全储备，必须按照第二章公式（2-1）的设计原则，使荷载在构件内产生的内力设计值不超过构件承载力设计值。对于轴心受拉构件，即要求：

$$N \leqslant f_y A_s \tag{3-2}$$

式中　N——轴向拉力设计值；

$\quad\quad\ f_y$——钢筋抗拉强度设计值；

$\quad\quad\ A_s$——纵向受拉钢筋截面面积。

公式（3-2）是第二章承载力极限状态设计公式（2-1）在轴心受拉构件承载力计算的具体表达。N 相当于公式（2-1）中的 $\gamma_0 S$，$f_y A_s$ 相当于公式（2-1）中的 R。在计算 N 时，荷载乘了荷载分项系数，并且考虑了安全等级和内力组合；在计算 $f_y A_s$ 时，钢筋的抗拉强度标准值除以了钢筋的材料分项系数。因此，公式（3-2）具有必要的安全储备。

三、构 造 要 求

（一）纵向受力钢筋

（1）轴心受拉构件的受力钢筋不得采用绑扎搭接；搭接而不加焊的受拉钢筋接头仅仅允许用在圆形池壁或管中，其接头位置应错开，搭接长度应不小于附录中式（附 3-1）的计算结果和相应要求；

（2）为避免配筋过少引起的脆性破坏，按构件截面面积计算的全部受力钢筋的直径不宜小于 12mm，构件一侧受拉钢筋的最小配筋百分率不应小于 0.2% 和（$45f_t/f_y$）% 的较大值，也不宜大于 5%；

（3）受力钢筋沿截面周边均匀对称布置，净间距不应小于 50mm，且不宜大于 300mm。

（二）箍筋

在轴心受拉构件中，与纵向钢筋垂直放置的箍筋主要目的是与纵向钢筋形成骨架，固定纵向钢筋在截面中的位置，从受力角度而言并无要求。

箍筋直径不应小于纵筋直径的 1/4，且不应小于 6mm，间距一般不应大于 400mm 及构件截面短边尺寸。

【例 3-1】　某钢筋混凝土屋架下弦截面尺寸 $b \times h = 200\text{mm} \times 140\text{mm}$，其端节间承受恒荷载标准值产生的轴向拉力 $N_{gk} = 130\text{kN}$，活荷载标准值产生的轴向拉力 $N_{qk} = 47.66\text{kN}$，结构重要性系数 $\gamma_0 = 1.0$，$\gamma_L = 1.0$，混凝土的强度等级为 C30，纵向钢筋为 HRB400 级热轧带肋钢筋，环境类别为一类。试计算其所需纵向受拉钢筋截面面积，并选择钢筋。

【解】　1. 计算轴向拉力设计值

由附表 1-3 查得 HRB400 级钢筋的抗拉强度设计值 $f_y = 360\text{N/mm}^2$。由附表 1-8 查得 C30 混凝土的抗拉强度设计值 $f_t = 1.43\text{N/mm}^2$。

由第二章公式（2-2）的符号说明中查得 $\gamma_G = 1.3$ 和 $\gamma_Q = 1.5$。该截面的轴力设计值为：

$$N = \gamma_0(\gamma_G \times N_{gk} + \gamma_Q \times \gamma_L \times N_{qk})$$
$$= 1.0(1.3 \times 130 + 1.5 \times 1.0 \times 47.66)$$
$$= 240.49 \text{kN}$$

2. 计算所需受拉钢筋面积

由于钢筋强度和混凝土的强度计量单位都是 N/mm^2，计算时应将轴力设计值的 kN 换算成 N。由式（3-2）求得截面所需受拉钢筋面积为：

$$A_s \geq \frac{N}{f_y} = \frac{240490}{360} = 668 mm^2$$

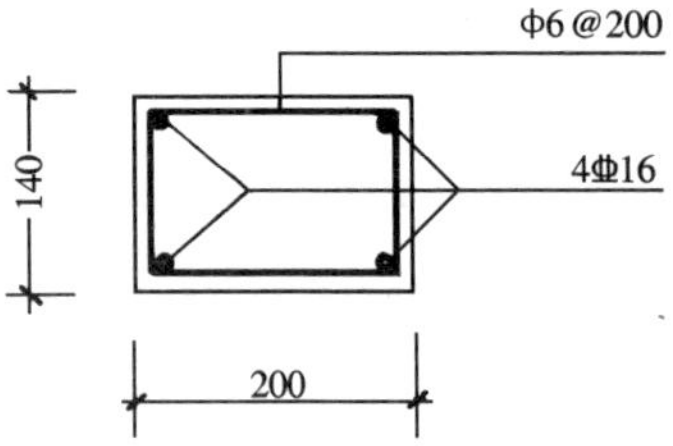

查附表 1-14，按最小配筋率计算的钢筋面积为：

$$A_{s,min} = \rho_{min}bh = 0.4\% \times 200 \times 140 = 112 mm^2 \text{ 及 } 2 \times$$

$$\frac{45f_t}{f_y}\% bh = 100 mm^2 < 668 mm^2$$

故本题应按 $A_s = 668 mm^2$ 选择钢筋。查附表 1-15，选用 4 根直径为 16mm 的 HRB400 级钢筋，记作 4 Φ 16，实配钢筋截面面积为 804mm²，箍筋采用 HPB300 热轧光面钢筋，直径 6mm，间距 200mm，记作 ϕ6@200

图 3-4 例 3-1 附图

（@表示箍筋的间距，单位为 mm），配筋情况如图 3-4 所示。

第三节　轴心受压构件承载力

轴心受压构件截面多为正方形，根据需要也可做成矩形、圆形、环形和正多边形等多种形状，由纵向受力钢筋和箍筋绑扎或焊接形成钢筋骨架。根据箍筋的配置方式不同，轴心受压构件可分为配置普通箍筋和配置螺旋箍筋（或环式焊接箍筋）两大类（图 3-5）。后者又称为螺旋式或焊接环式间接钢筋。

轴心受压构件的纵向钢筋除了与混凝土共同承担轴向压力外，还能承担由于初始偏心或其他偶然因素引起的附加弯矩在构件中产生的拉力。在配置普通箍筋的轴心受压构件中，箍筋可以固定纵向受力钢筋位置，防止纵向钢筋在混凝土压碎之前压屈，保证纵筋与混凝土共同受力直到构件破坏；箍筋对核心混凝土的约束作用可以在一定程度上改善构件最终可能发生突然破坏的脆性性质。螺旋形箍筋对混凝土有较强的环向约束，因而能够提高构件的承载力和延性。

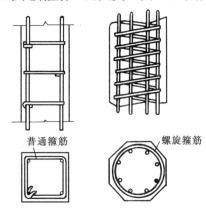

图 3-5 普通箍筋柱和螺旋箍筋柱

一、配有普通箍筋的轴心受压构件

（一）试验研究分析

根据构件长细比（构件的计算长度 l_0 与构件截面回转半径 i 之比）的不同，轴心受压构件可分为短构件（对一般截面，$l_0/i \leqslant 28$；对矩形截面 $l_0/b \leqslant 8$，b 为截面宽度）和中长构件。习惯上将前者称为短柱，后者称为长柱。

钢筋混凝土轴心受压短柱的试验表明：在整个加载过程中，可能的初始偏心对构件承载力无明显影响；由于钢筋和混凝土之间存在着粘结力，两者的压应变相等。当达到极限荷载时，钢筋混凝土短柱的极限压应变大致与混凝土棱柱体受压破坏时的压应变相同，即 $\varepsilon_{cmax} = \varepsilon_0$；混凝土应力达到棱柱体抗压强度 f_{ck}。若钢筋的屈服压应变小于混凝土破坏时的压应变，则钢筋将首先达到抗压屈服强度 f'_{yk}，随后钢筋承担的压力维持不变，继续增加的荷载全部由混凝土承担，直至混凝土被压碎。在这类构件中，钢筋和混凝土的抗压强度都得到充分利用，其承载力为

$$N_u = f'_{yk}A'_s + f_{ck}A \tag{3-3}$$

采用高强度钢筋配筋时，构件破坏时可能达不到屈服，此时钢筋应力为 $\sigma'_s = \varepsilon_0 E_s \approx 0.002 \times 2 \times 10^5 = 400 \text{N/mm}^2$，钢材的强度不能被充分利用。总之，在轴心受压短柱中，不论受压钢筋在构件破坏时是否屈服，构件的最终承载力都由混凝土压碎来控制。在临近破坏时，短柱四周出现明显的纵向裂缝，箍筋间的纵向钢筋发生压曲外鼓，呈灯笼状（图3-6），以混凝土压碎而告破坏。

对于钢筋混凝土轴心受压长柱，轴向压力可能的初始偏心影响不能忽略。构件受荷后，由于初始偏心距将产生附加弯矩，而附加弯矩产生的侧向挠度又加大了原来的初始偏心距，这样相互影响的结果使长柱最终在轴向力和弯矩的共同作用下发生破坏。破坏时受压一侧往往产生较长的纵向裂缝，箍筋之间的纵向钢筋向外压曲，混凝土被压碎；而另一侧的混凝土则被拉裂，在构件高度中部发生横向裂缝（图3-7），这实际是偏心受压构件的破坏特征。

图 3-6　轴心受压短柱的破坏形态

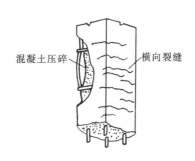

图 3-7　轴心受压长柱的破坏形态

试验表明：长柱的破坏荷载低于相同条件下短柱的破坏荷载。《规范》采用一个小于1的系数 φ 来反映这种承载力随长细比增大而降低的现象，并称之为"稳定系数"。该系数主要和构件的长细比 l_0/i 有关（l_0 为柱的计算长度，i 为截面最小回转半径），见表3-1。

构件的计算长度 l_0 与构件端部的支承情况有关，几种理想支承的柱计算长度见图3-8。实际工程中，由于支座情况并非理想的不动铰支承或固定端，应按规范的有关规定采用。

钢筋混凝土轴心受压构件的稳定系数 φ　　　　表 3-1

l_0/b	≤8	10	12	14	16	18	20	22	24	26	28
l_0/d	≤7	8.5	10.5	12	14	15.5	17	19	21	22.5	24
l_0/i	≤28	35	42	48	55	62	69	76	83	90	97
φ	1.0	0.98	0.95	0.92	0.87	0.81	0.75	0.70	0.65	0.60	0.56
l_0/b	30	32	34	36	38	40	42	44	46	48	50
l_0/d	26	28	29.5	31	33	34.5	36.5	38	40	41.5	43
l_0/i	104	111	118	125	132	139	146	153	160	167	174
φ	0.52	0.48	0.44	0.40	0.36	0.32	0.29	0.26	0.23	0.21	0.19

注：　l_0——柱的计算长度；b——矩形截面短边尺寸；
　　　d——圆形截面的直径；i——截面最小回转半径。

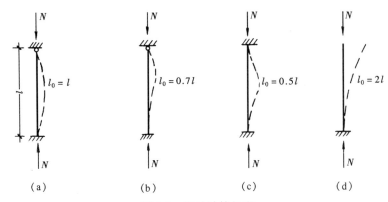

图 3-8　柱的计算长度

（a）两端铰支；（b）一端铰支，一端固定；（c）两端固定；（d）两端自由

应当注意，当轴心受压构件长细比超过一定数值后（如矩形截面当 $l_0/b>35$ 时），构件可能发生"失稳破坏"，即轴向压力增大到一定程度时，构件截面尚未发生材料破坏之前，构件已不能保持稳定平衡而破坏。设计中应当避免这种情况。

（二）正截面承载力计算公式

设计轴心受压构件时和设计轴心受拉构件时一样，要考虑一定的安全储备，截面承载力的计算应遵循第二章的设计原则。

在轴向力设计值 N 作用下，轴心受压构件的承载力可按下式计算（图 3-9）：

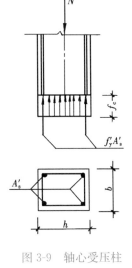

$$N \leqslant 0.9\varphi\ (f_y'A_s' + f_cA) \tag{3-4}$$

式中　φ——钢筋混凝土构件的稳定系数，按表 3-1 取用；

　　　N——轴向力设计值；

　　　f_y'——钢筋抗压强度设计值，见附表 1-3；

　　　f_c——混凝土轴心抗压强度设计值，见附表 1-7；

　　　A_s'——全部纵向受压钢筋截面面积；

　　　A——构件截面面积，当纵向钢筋配筋率大于 0.03 时，A 改用 $A_c = A - A_s'$；

　　　0.9——系数，是为保证与偏心受压构件正截面承载力有相近的可靠度而确定的。

图 3-9　轴心受压柱
的计算图形

与公式（3-2）一样，公式（3-4）是第二章承载力极限状态设计公式（2-1）在轴心受压构件承载力计算的具体表达。N相当于公式（2-1）中的$\gamma_0 S$，$0.9\varphi\ (f_y'A_s'+f_cA)$相当于公式（2-1）中的$R$。公式（3-4）具有必要的安全储备。

（三）设计计算方法

截面设计计算方法可分为截面选择和承载力校核两类。

截面选择时，可先确定材料强度等级，并根据建筑设计的要求、轴向压力设计值的大小以及房屋总体刚度确定截面形状和尺寸，然后按式（3-4）求出所需钢筋数量。求得的全部受压钢筋的配筋率ρ'（$=A_s'/A$）不应小于最小配筋率ρ_{min}'。ρ_{min}'见附表1-14。

应当注意，实际工程中的轴心受压构件沿截面两个主轴方向的杆端约束条件可能不同，因此计算长度l_0和截面回转半径i也不同。此时应分别按两个方向确定φ值，选其中较小者代入式（3-4）进行计算。

截面校核时，构件的计算长度、截面尺寸、材料强度、配筋量均为已知，故只需将有关数据代入式（3-4）即可求出构件所能承担的轴向力设计值。

（四）构造要求

1. 材料

混凝土强度对受压构件的承载力影响较大，宜采用强度等级较高的混凝土。

钢筋与混凝土共同受压时，若钢筋强度过高，则不能充分发挥其作用，故不宜用高强度钢筋作受压钢筋。同时，也不得采用冷拉钢筋作受压钢筋。

2. 截面形式

轴心受压构件以方形为主，根据需要也可采用矩形截面、圆形截面或正多边形截面；截面最小边长不宜小于250mm，构件长细比l_0/b一般为15左右，不宜大于30。

3. 纵向钢筋

（1）纵向受力钢筋直径d不宜小于12mm，为便于施工宜选用较大直径的钢筋，以减少纵向弯曲，并防止在临近破坏时钢筋过早压屈。

（2）全部纵向受压钢筋的配筋率ρ'不宜超过5%。

（3）纵向钢筋应沿截面周边均匀布置，钢筋净距不应小于50mm，亦不宜大于300mm。混凝土保护层最小厚度见附表1-19。最小配筋率见附表1-14。

（4）圆柱中纵向钢筋不宜少于8根，不应少于6根，且宜沿周边均匀布置。

4. 箍筋

（1）应当采用封闭式箍筋，以保证钢筋骨架的整体刚度，并保证构件在破坏阶段箍筋对混凝土和纵向钢筋的侧向约束作用。

（2）箍筋的间距s不应大于横截面短边尺寸，且不大于400mm。同时，不应大于$15d$，d为纵向钢筋最小直径。

（3）箍筋采用热轧钢筋时，其直径不应小于6mm，且不应小于$d/4$（d为纵向钢筋的最大直径）。

（4）当柱每边的纵向受力钢筋不多于3根（或当柱短边尺寸$b\leqslant400$mm而纵筋不多于4根）时，可采用单个箍筋；否则应设置复合箍筋（图3-10）。

（5）当柱中全部纵向受力钢筋配筋率超过3%时，箍筋直径不宜小于8mm，其间距不应大于$10d$（d为纵向钢筋的最小直径），且不应大于200mm；箍筋末端应做成135°弯钩且弯钩末端平直段长度不应小于箍筋直径的10倍；箍筋也可焊成封闭环式。

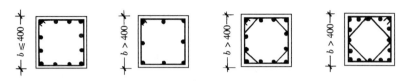

图 3-10 轴心受压柱的箍筋

（6）在受压纵向钢筋搭接长度范围内的箍筋间距不应大于 $10d$ 且不应大于 200mm（d 为受力钢筋最小直径）。当受压钢筋直径＞25mm 时，尚应在搭接接头两个端面外 100mm 范围内各设置两个箍筋。

【例 3-2】 截面尺寸 $b×h=400\text{mm}×400\text{mm}$ 的钢筋混凝土轴心受压柱，计算长度 $l_0=6\text{m}$，承受轴向力设计值 $N=2875\text{kN}$，采用 C25 混凝土（$f_c=11.9\text{N/mm}^2$）、HRB400 热轧带肋钢筋作纵向受力钢筋（$f_y'=360\text{N/mm}^2$），设计使用年限为 50 年，环境类别为一类。试求：（1）纵向受力钢筋面积并选择钢筋直径与根数；（2）选择箍筋直径与间距。

【解】 1. 求稳定系数 φ

$l_0/b=6/0.4=15$。由表 3-1 可知，$l_0/b=14$ 时，$\varphi=0.92$；$l_0/b=16$ 时，$\varphi=0.87$。采用插入法，则在本题中：

$$\varphi=\frac{0.92+0.87}{2}=0.895$$

2. 计算受压钢筋面积

由附表 1-14 查得 $\rho_{\min}'=0.55\%$。

本例中，轴力设计值已经考虑了结构的安全等级、荷载分项系数和内力组合等影响，可以直接用于承载力计算。由式（3-4）可得：

$$A_s'\geqslant\frac{\dfrac{N}{0.9\varphi}-f_cA}{f_y'}=\frac{\dfrac{2875000}{0.9×0.895}-11.9×400×400}{360}$$

$$=4626\text{mm}^2$$

$$<3\%A=3\%×400×400=4800\text{mm}^2$$

$$>0.55\%A=880\text{mm}^2$$

查附表 1-15，可选 12 ⊈ 22（实配 $A_s'=4561\text{mm}^2$），沿截面周边均匀配置，每边 4 根。

3. 选择箍筋

根据纵向钢筋直径，按照箍筋配置的构造要求，可选Φ 8@250 箍筋。

【例 3-3】 某钢筋混凝土柱，承受轴心压力设计值 $N=2460\text{kN}$，若柱的计算长度 $l_0=4.5\text{m}$，选用 C25 级混凝土（$f_c=11.9\text{N/mm}^2$）和 HRB400 级钢筋（$f_y'=360\text{N/mm}^2$），设计使用年限 50 年，环境类别为一类。试设计该柱截面。

【解】 1. 选用截面尺寸： 本例中，计算公式只有式（3-4）一个，未知数却有 φ、A、A_s' 三个。设计时，可在合理的范围内先假定两个的数值进行试算，然后确定其取值。这是混凝土结构设计中常用的设计方法。

将式（3-4）变换，可得：

$$N\leqslant0.9\varphi A(f_c+f_y'\rho')$$

本例中，轴力设计值已经给出，假定 $\rho'=1.5\%$，$\varphi=0.9$（$0.55\%\leqslant\rho'\leqslant3\%$ 和 $\varphi\leqslant1\%$ 都是合理的范围），则有

$$A\geqslant\frac{N}{0.9\varphi(f_c+f_y'\rho')}=\frac{2460000}{0.9\times0.9(11.9+360\times0.015)}=175551\text{mm}^2$$

如果选用正方形截面，$b=h=\sqrt{A}=419\text{mm}$，确定取 $b=h=400\text{mm}$

2. 确定稳定系数 φ

由 $l_0/b=4500/400=11.25$，查表 3-1 得：

$$\varphi=0.961$$

3. 计算 A_s'

经过第 1、2 两步的计算，A 和 φ 已经得到确定，由式（3-4）得：

$$A_s'=\left(\frac{N}{0.9\varphi}-f_cA\right)/f_y'=\left(\frac{2460000}{0.9\times0.961}-11.9\times400\times400\right)/360$$
$$=2612\text{mm}^2$$

4. 验算配筋率

由附表 1-14 查得 $\rho_{min}'=0.55\%$。实际的配筋率为：

$$\rho'=\frac{A_s'}{A}=\frac{2612}{400\times400}=1.63\%>0.55\%$$
$$<3\%$$

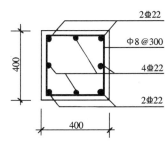

查附表 1-15，选 8 Φ 22（实配 $A_s'=3041\text{mm}^2$），截面配筋如图 3-11 所示。

图 3-11 例 3-3 柱截面配筋图

二、配有螺旋箍筋的轴心受压构件

螺旋式或焊接环式间接钢筋配筋（图 3-12）仅用于轴心受压荷载很大而截面尺寸又受限制的柱，一般很少采用。下面以配有螺旋式间接钢筋的柱（简称螺旋箍筋柱）为例说明这类柱的计算和构造。

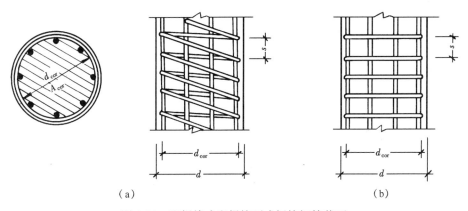

图 3-12 配螺旋式和焊接环式间接钢筋截面
（a）螺旋式；（b）焊接环式

（一）试验研究分析

混凝土的受压破坏可以认为是由于横向变形而发生的拉坏，螺旋箍筋可以约束混凝土的横向变形，因而可以间接提高混凝土的纵向抗压强度。试验研究表明，当混凝土所受的

压应力较低时，螺旋箍筋的受力并不明显；当混凝土的压应力相当大后，混凝土中沿受力方向的微裂缝开始迅速扩展，使混凝土的横向变形明显增大并对箍筋形成径向压力，这时箍筋才对混凝土施加被动的径向均匀约束压力；当构件的压应变超过无约束混凝土的极限应变后，箍筋以外的表层混凝土将逐步脱落，箍筋以内的混凝土（称为核芯混凝土）在箍筋约束下处于三向压应力状态，可以进一步承受压力，其抗压极限强度和极限压应变随箍筋约束力的增大（螺距减小，箍筋直径增大）而增大。当螺旋箍筋屈服，构件破坏。

（二）截面承载力的计算

根据圆柱体在三向受压情形下的试验结果，在径向均匀压力 σ_2 的作用下，约束混凝土的轴心抗压强度 f_{c1} 可表述为：

$$f_{c1} = f_c + 4\sigma_2 \tag{3-5}$$

当螺旋筋达到屈服时，受到径向约束力 σ_2（也是反作用于核芯混凝土的径向压应力），由隔离体的平衡（图 3-13），可得：

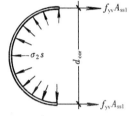

$$2f_{yv}A_{ss1} = \sigma_2 s d_{cor}$$

或

$$\sigma_2 = \frac{2f_{yv}A_{ss1}}{sd_{cor}} \tag{3-6}$$

图 3-13　螺旋箍筋隔离体的受力

式中　A_{ss1}——螺旋式（或焊接环式）单根间接钢筋的截面面积；

s——沿构件轴线方向间接钢筋的间距；

d_{cor}——构件的核芯直径，算至间接钢筋内表面；

f_{yv}——间接钢筋的抗拉强度设计值。

将式（3-6）代入式（3-5）中，则有

$$f_{c1} = f_c + \frac{8f_{yv}A_{ss1}}{sd_{cor}} \tag{3-7}$$

根据轴向力平衡条件，对采用螺旋式（或焊接环式）间接钢筋的钢筋混凝土轴心受压构件，其正截面受压承载力公式可表达如下（用于短柱，并引入系数 0.9）：

$$N \leqslant 0.9(f_{c1}A_{cor} + f'_y\,A'_s) \tag{3-8}$$

将式（3-7）的 f_{c1} 代入式（3-8），并考虑间接钢筋对不同强度等级混凝土约束效应影响后，则有

$$N \leqslant 0.9(f_cA_{cor} + f'_yA'_s + 2\alpha f_{yv}A_{ss0}) \tag{3-9}$$

式中　A_{cor}——构件的核芯截面面积，$A_{cor} = \frac{\pi}{4}d_{cor}^2$；

A_{ss0}——螺旋式（或焊接环式）间接钢筋的换算截面面积：

$$A_{ss0} = \frac{\pi d_{cor}A_{ss1}}{s}$$

α——间接钢筋对混凝土约束的折减系数；当混凝土强度等级不超过 C50 时，取 1.0；当混凝土强度等级为 C80 时，取 0.85；其间按线性内插法确定。

利用式（3-9）进行螺旋式（或焊接环式）间接钢筋配筋柱的计算时，还应注意如下问题：

（1）为了防止混凝土保护层过早剥落，《规范》规定按式（3-9）算出的构件受压承载力

设计值不应超过式（3-4）计算的同样材料和截面的普通箍筋受压构件受压承载力的 1.5 倍。

（2）当构件长细比较大时，间接钢筋因受偏心影响难以充分发挥其提高核芯混凝土抗压强度的作用，故《规范》规定只在 $l_0/d \leqslant 12$ 的轴心受压构件中采用，且不考虑稳定系数 φ。

（3）由于计算公式中只考虑核芯混凝土截面面积 A_{cor}，当外围混凝土较厚时，按上述公式算得的受压承载力有可能小于式（3-4）算得的承载力；或当间接钢筋的换算面积 A_{ss0} 小于全部纵向钢筋面积的 25% 时，太少的间接钢筋难以保证对混凝土发挥有效的约束作用，故这两种情况都不考虑间接钢筋的影响而应按式（3-4）进行计算。

（三）构造要求

在计算中考虑间接钢筋的作用时，其螺距（或环形箍筋间距）s 不应大于 80mm 及 $d_{cor}/5$，同时亦不应小于 40mm。

螺旋箍筋柱的截面尺寸常做成圆形或正多边形（如正八边形），纵向钢筋不宜少于 8 根，不应小于 6 根，沿截面周边均匀布置。

【例 3-4】 某大厅的钢筋混凝土圆形截面柱，直径 $d=400$mm，设计使用年限为 50 年，环境类别为一类，承受轴向压力设计值 $N=2775$kN。混凝土强度等级为 C30（$f_c=14.3$N/mm²），纵向受力钢筋采用 HRB400 热轧带肋钢筋、螺旋箍筋采用 HPB300 热轧光面钢筋，直径为 10mm，柱混凝土保护层厚 20mm。求柱的配筋量（已知 $l_0/d=11.5$）。

【解】 **1. 计算构件核芯截面面积 A_{cor}**

$$d_{cor} = d - 2 \times 30 = 400 - 60 = 340\text{mm}$$

$$A_{cor} = \frac{\pi}{4} d_{cor}^2 = \frac{\pi \times 340^2}{4} = 90792\text{mm}^2$$

2. 计算螺旋式间接钢筋的换算截面面积 A_{ss0}

选用螺旋钢筋的直径为 $\Phi 10$（$A_{ss1}=78.5$mm²），间距 $s=60$mm，则

$$A_{ss0} = \frac{\pi d_{cor} A_{ss1}}{s} = \frac{\pi \times 340 \times 78.5}{60} = 1397\text{mm}^2$$

3. 计算纵向受压钢筋面积 A_s'

本例中，轴力设计值已经给出，由式（3-9），且 $f_{yv}=270$N/mm²，$f_y'=360$N/mm²，$\alpha=1$，则

$$A_s' \geqslant \frac{\dfrac{N}{0.9} - f_c A_{cor} - 2\alpha f_{yv} A_{ss0}}{f_y'} = \frac{\dfrac{2775000}{0.9} - 14.3 \times 90792 - 2 \times 1 \times 270 \times 1397}{360}$$

$$= 2863\text{mm}^2$$

查附表 1-15，选用 8 Φ 22，实配 $A_s'=3041$mm²。

4. 验算

$$l_0/d = 11.5 < 12$$

$$A_{ss0} = 1397\text{mm}^2 > 25\% A_s' = 0.25 \times 3041 = 760\text{mm}^2$$

（1）按式（3-4）计算构件的承载力：

$$\rho' = \frac{A_s'}{A} = \frac{4 \times 3041}{\pi \times 400^2} = 2.42\% < 3\%$$

由表 3-1 查得 $\varphi=0.9575$，构件的承载力为：

$$N_1 = 0.9\varphi(f'_y A'_s + f_c A_c) = 0.9 \times 0.9575\left(360 \times 3041 + 14.3 \times \frac{\pi}{4} \times 400^2\right)$$
$$= 2492\text{kN}$$

（2）按式（3-9）计算构件的承载力：

$$N_2 = 0.9(f_c A_{\text{cor}} + f'_y A'_s + 2\alpha f_{yv} A_{ss0})$$
$$= 0.9(14.3 \times 90792 + 360 \times 3041 + 2 \times 1 \times 270 \times 1397)$$
$$= 2833\text{kN}$$

由上面的计算可知：$N_2 > N_1$ 且 $N_2 < 1.5N_1 = 3738\text{kN}$。

因此，本例可以按上述结果配筋。

5. 配筋断面图

如图 3-14 所示。

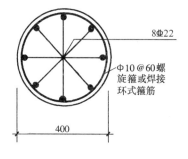

图 3-14 例 3-4 配筋断面图

小 结

（1）钢筋混凝土轴心受拉构件开裂前的应力可采用换算截面、利用材料力学公式进行分析；在混凝土进入弹塑性阶段后，由于塑性变形的影响，截面应力会发生重分布现象。开裂截面处裂缝贯通整个截面，该处拉力全部由钢筋承担，开裂前后的钢筋应力发生突变。

（2）配有普通箍筋的轴心受压短柱，钢筋和混凝土的共同工作可直到破坏为止，同样可用材料力学的方法分析混凝土和钢筋的应力，但应考虑混凝土塑性变形的影响；构件破坏时，混凝土达到极限压应变 ε_0，应力达到轴心抗压强度，纵向钢筋应力达到抗压屈服强度（低强度钢筋）或达到 $0.002E_s$（高强度钢筋，实际强度高于 $0.002E_s$ 时）。配有螺旋箍筋的柱，由于螺旋箍筋对混凝土的约束而可以提高柱的承载力。

（3）轴心受压构件由于纵向弯曲的影响将降低构件的承载力，因而在计算长柱时引入"稳定系数"φ，短柱的 $\varphi = 1.0$。

（4）在进行轴心受力构件的承载力计算时，除满足计算公式要求外，尚需符合有关构造要求，配筋不应小于最小配筋百分率，也不应超过最大配筋百分率的规定。

思 考 题

1. 在工程中，哪些结构构件可按轴心受拉构件计算？哪些可按轴心受压构件计算？
2. 轴心受拉构件有哪些受力特点（开裂前、开裂瞬间、开裂后和破坏时）？
3. 轴心受压短柱有哪些受力特点？
4. 在轴心受压构件中配置纵向钢筋和箍筋有何意义？为什么轴心受压构件宜采用较高强度等级的混凝土？
5. 轴心受压构件中的受压钢筋在什么情况下会屈服？什么情况下达不到？在设计中应如何考虑？
6. 轴心受压短柱的破坏与长柱有何区别？其原因是什么？影响 φ 的主要因素有哪些？
7. 试推导配有纵筋和普通箍筋的轴心受压柱的承载力公式。

8. 配置螺旋箍筋轴心受压柱承载力提高的原因是什么？

习　题

3-1　已知正方形截面轴心受压柱计算长度 $l_0=10.5\text{m}$，承受轴向力设计值 $N=1450\text{kN}$，设计使用年限为 50 年，环境类别为一类，采用混凝土强度等级为 C30，钢筋为 HRB400 级钢筋，试确定截面尺寸和纵向钢筋截面面积，并绘出配筋图。

3-2　已知矩形截面轴心受压构件 $b\times h=400\text{mm}\times500\text{mm}$，$l_0=8.8\text{m}$，设计使用年限为 50 年，环境类别为一类，混凝土强度等级为 C30，配有 HRB400 级纵向钢筋 8 Φ 20，承受轴向力设计值 $N=1200\text{kN}$，试校核截面承载力。

3-3　已知圆形截面轴心受压构件承受轴向力设计值 $N=3000\text{kN}$，计算长度 $l_0=4.5\text{m}$，设计使用年限为 100 年，环境类别为二 a 类，混凝土强度等级为 C30，配有 HRB400 级纵向钢筋 6 Φ 20，采用螺旋形箍筋，试求螺旋形箍筋截面面积（HPB300 级钢筋，取螺距 $s=50\text{mm}$）。

第四章　钢筋混凝土受弯构件正截面承载力计算

提　要

本章的重点是：

（1）了解配筋率对受弯构件破坏特征的影响，以及适筋受弯构件在各个工作阶段的受力特点；

（2）掌握单筋矩形截面、双筋矩形截面和 T 形截面正截面承载力的计算方法；

（3）熟悉受弯构件正截面的构造要求。

本章的难点是：T 形截面正截面承载力计算及构造要求。

第一节　概　　述

受弯构件是指承受弯曲构件的截面上通常有弯矩和剪力共同作用的构件。梁和板是典型的受弯构件。它们是工业与民用建筑中数量最多，使用面最广的一类构件。梁和板的区别在于：梁的截面高度一般大于其宽度，而板的截面高度则远小于其宽度。

钢筋混凝土梁、板可分为预制梁、板和现浇梁、板两大类。

钢筋混凝土预制板的截面形式很多，最常用的有平板、槽形板和多孔板三种（图 4-1）。钢筋混凝土预制梁最常用的截面形式为矩形和 T 形（图 4-2）。有时为了降低楼层高度将梁做成十字形，将预制板搁置在伸出的翼缘上，使预制板的顶面与梁的顶面齐平。

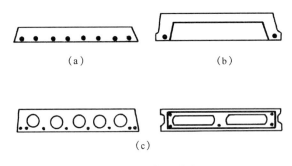

(a)　　　　　　　　　　(b)

(c)

图 4-1　板的截面形式

（a）平板；（b）槽形板；（c）多孔板

钢筋混凝土现浇梁、板的形式也很多。当板与梁一起浇灌时（图 4-3），板不但将其上的荷载传递给梁，而且和梁一起构成 T 形或倒 L 形截面共同承受荷载。

受弯构件在荷载等因素的作用下，截面上可能产生弯矩和剪力。试验表明，钢筋混凝土受弯构件可能沿弯矩最大的截面发生破坏，也可能沿剪力最大或弯矩和剪力都较大的截面发生破坏。图 4-4（a）所示为钢筋混凝土简支梁沿弯矩最大截面的破坏情况，图 4-4（b）所示为钢筋混凝土简支梁沿剪力最大截面破坏的情况。由图 4-4 可见，当受弯构件沿弯矩最大的截面破坏时，破坏截面与构件的轴线垂直，故称为沿正截面破坏；当受弯构件沿剪力最大的截面破坏时，破坏截面与构件的轴线斜交，称为沿斜截面破坏。

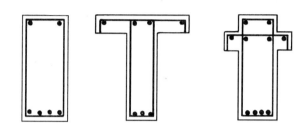

图 4-2　梁常用的截面形式

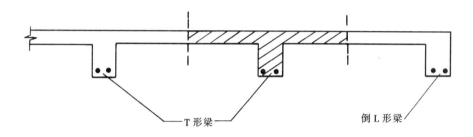

图 4-3　板与梁一起浇灌的梁板结构

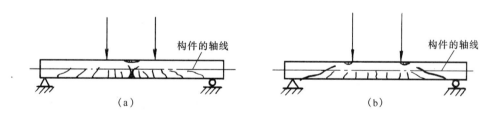

图 4-4　受弯构件沿正截面和沿斜截面破坏的形式

　　进行受弯构件设计时，既要保证构件不得沿正截面发生破坏，又要保证构件不得沿斜截面发生破坏，因此要进行正截面承载力和斜截面承载力计算。本章讨论受弯构件的正截面承载力计算。斜截面承载力的计算问题，将在下一章中介绍。

第二节　受弯构件的受力特性

一、配筋率对构件破坏特征的影响

　　下面通过图 4-5 所示承受两个对称集中荷载的矩形截面简支梁说明配筋率对构件破坏特征的影响。梁的截面宽度为 b，截面高度为 h，纵向受力钢筋截面面积为 A_s，从受压边缘至纵向受力钢筋截面重心的距离 h_0 为截面的有效高度，截面宽度与截面有效高度的乘积 bh_0 为截面的有效面积。在受弯构件中，构件的截面配筋率是指纵向受力钢筋截面面积与截面有效面积的百分比，即

$$\rho = \frac{A_s}{bh_0} \tag{4-1}$$

构件的破坏特征取决于配筋率、混凝土的强度等级、截面形式等许多因素，但是以配筋率对构件破坏特征的影响最为明显。试验表明，随着配筋率的改变，构件的破坏特征将发生本质的变化。

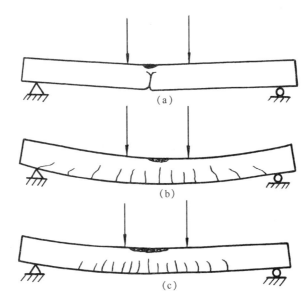

图 4-5 少筋梁、适筋梁和超筋梁的破坏形态
(a) 少筋梁；(b) 适筋梁；(c) 超筋梁

(1) 当配筋太少时，构件不但承载能力很低，而且只要其一开裂，裂缝就急速开展，裂缝截面处的拉力全部由钢筋承受，钢筋由于突然增大的应力而屈服，构件亦立即发生破坏（图 4-5a）。这种破坏呈脆性性质，破坏前无明显预兆，破坏是突然发生的，也称为少筋破坏。

(2) 当配筋不是太少也不是太多时，构件的破坏首先是由于受拉区纵向受力钢筋屈服，然后受压区混凝土被压碎，钢筋和混凝土的强度都能得到充分利用。构件破坏前有明显的塑性变形和裂缝预兆，破坏不是突然发生的，呈塑性性质，也称为适筋破坏（图 4-5b）。

(3) 当配筋太多时，构件的破坏特征又发生质的变化。构件的破坏是由于受压区的混凝土被压碎而引起，受拉区纵向受力钢筋不屈服，构件在破坏前虽然也有一定的变形和裂缝预兆，但不像拉压破坏那样明显，而且当混凝土压碎时，破坏突然发生，钢筋的强度得不到充分利用，破坏带有脆性性质，也称为超筋破坏（图 4-5c）。

由上所述可见，少筋破坏和超筋破坏都具有脆性性质，破坏前无明显预兆，破坏时将造成严重后果，材料的强度得不到充分利用。因此应避免将受弯构件设计成少筋构件和超筋构件，只允许设计成适筋构件。在后面的讨论中，我们将讨论的范围限制

在适筋构件以内，并且将通过控制配筋率或控制受压区高度等措施使设计的构件成为适筋构件。

二、适筋受弯构件截面受力的几个阶段

试验表明，对于配筋量适中的受弯构件，从开始加载到正截面完全破坏，截面的受力状态可以分为下面三个大的阶段：

（一）第一阶段——截面开裂前的阶段

荷载很小时，截面上的内力很小，应力与应变成正比，截面的应力分布为直线（图 4-6a），这种受力阶段称为第 I 阶段。

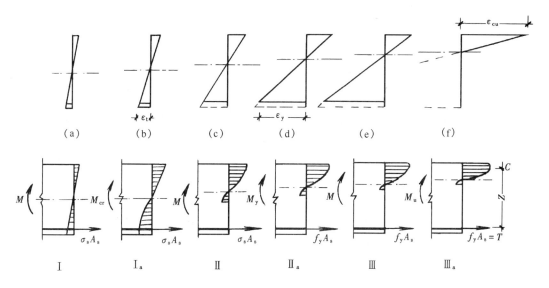

图 4-6 梁在各受力阶段的应力、应变图

荷载不断增大时，截面上的内力也不断增大，由于受拉区混凝土出现塑性变形，使受拉区的应力图形呈曲线。当荷载增大到某一数值时，受拉区边缘的混凝土可达其实际的抗拉强度和抗拉极限应变值 ε_t。截面处在开裂前的临界状态（图 4-6b），这种受力状态称为第 I_a 阶段。

（二）第二阶段——从截面开裂到受拉区纵向受力钢筋开始屈服的阶段

截面受力达 I_a 阶段后，荷载只要稍许增加，截面立即开裂，截面上应力发生重分布，裂缝处混凝土不再承受拉应力，钢筋的拉应力突然增大，受压区混凝土出现明显的塑性变形，应力图形呈曲线（图 4-6c），这种受力阶段称为第 II 阶段。

荷载继续增加，裂缝进一步开展，钢筋和混凝土的应力不断增大。当荷载增加到某一数值时，受拉区纵向受力钢筋开始屈服，钢筋应力达到其屈服强度（图 4-6d），这种特定的受力状态称为 II_a 阶段。

（三）第三阶段——破坏阶段

受拉区纵向受力钢筋屈服后，截面的承载力无明显的增加，但塑性变形急速发展，裂缝迅速开展，并向受压区延伸，受压区面积减小，受压区混凝土压应力迅速增大，这是截面受力的第 III 阶段（图 4-6e）。

在荷载几乎保持不变的情况下，裂缝进一步急剧开展，受压区混凝土出现纵向裂缝，混凝土被完全压碎，截面发生破坏（图 4-6f），这种特定的受力状态称为第Ⅲ$_a$阶段。

试验同时表明，从开始加载到构件破坏的整个受力过程中，变形前的平面，变形后仍保持平面。

进行受弯构件截面受力工作阶段的分析，不但可以使我们详细地了解截面受力的全过程，而且为裂缝、变形以及承载力的计算提供了依据。往后将会看到，截面抗裂验算是建立在第Ⅰ$_a$阶段的基础之上，构件使用阶段的变形和裂缝宽度验算是建立在第Ⅱ阶段的基础之上，而截面的承载力计算则是建立在第Ⅲ$_a$阶段的基础之上的。

第三节 单筋矩形截面承载力计算

矩形截面通常分为单筋矩形截面和双筋矩形截面两种形式。只在截面的受拉区配有纵向受力钢筋的矩形截面，称为单筋矩形截面（图 4-7a）。不但在截面的受拉区，而且在截面的受压区也配有纵向受力钢筋的矩形截面，称为双筋矩形截面（图 4-7b）。需要说明的是，为了构造上的原因（例如为了形成钢筋骨架），梁的受压区通常也需要配置纵向钢筋。这种纵向钢筋称为架立钢筋。架立钢筋与受力钢筋的区别是：架立钢筋是根据构造要求设置，通常直径较细、根数较少；而受力钢筋则是根据受力要求按计算设置，通常直径较粗、根数较多。受压区配有架立钢筋的截面，不属于双筋截面。

本节只讨论单筋矩形截面承载力的计算，双筋矩形截面承载力的计算将在下一节介绍。

一、基本假定

如前所述，进行受弯构件正截面承载力计算时，应该以图 4-6（f）（即第Ⅲ$_a$阶段）的受力状态为依据。为了简化起见，计算中引入下面几个假定：

（1）截面应变保持平面。

（2）不考虑混凝土的抗拉强度。

（3）混凝土受压的应力与应变关系曲线按下列规定取用（图 4-8）：

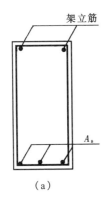

（a）

（b）

图 4-7 矩形截面的配筋形式

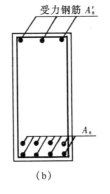

$$\sigma_c = f_c\left[1 - \left(1 - \frac{\varepsilon_c}{\varepsilon_0}\right)^n\right]$$

图 4-8 混凝土应力-应变曲线图

当 $\varepsilon_c \leqslant \varepsilon_0$ 时

$$\sigma_c = f_c \left[1 - \left(1 - \frac{\varepsilon_c}{\varepsilon_0} \right)^n \right] \tag{4-2}$$

当 $\varepsilon_0 < \varepsilon_c \leqslant \varepsilon_{cu}$ 时

$$\sigma_c = f_c \tag{4-3}$$

$$n = 2 - \frac{1}{60}(f_{cu,k} - 50) \tag{4-4}$$

$$\varepsilon_0 = 0.002 + 0.5(f_{cu,k} - 50) \times 10^{-5} \tag{4-5}$$

$$\varepsilon_{cu} = 0.0033 - (f_{cu,k} - 50) \times 10^{-5} \tag{4-6}$$

式中　　σ_c——混凝土压应变为 ε_c 时的混凝土压应力；

f_c——混凝土轴心抗压强度设计值，按附表 1-8 采用；

ε_0——混凝土压应力刚达到 f_c 时的混凝土压应变，当计算的 ε_0 值小于 0.002 时，取为 0.002；

ε_{cu}——正截面的混凝土极限压应变，当处于非均匀受压时，按公式（4-6）计算，如计算的 ε_{cu} 值大于 0.0033，取为 0.0033；当处于轴心受压时取为 ε_0；

$f_{cu,k}$——混凝土立方体抗压强度标准值；

n——系数，当计算的 n 值大于 2.0 时，取为 2.0。

（4）纵向受拉钢筋的极限拉应变取为 0.01。

（5）纵向钢筋的应力取等于钢筋应变与其弹性模量的乘积，但其绝对值不应大于其相应的强度设计值。

根据上述五点基本假定，单筋矩形截面的计算简图如图 4-9 所示。

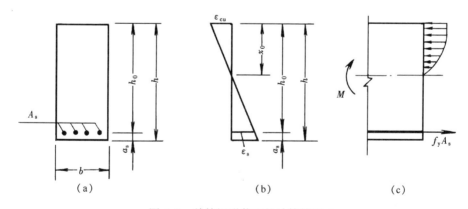

图 4-9　单筋矩形截面的计算简图

为了简化计算，受压区混凝土的应力图形可进一步用一个等效的矩形应力图代替。矩形应力图的应力取为 $\alpha_1 f_c$（图 4-10）。所谓"等效"，是指这两个图不但压应力合力的大小相等，而且合力的作用位置完全相同。图中，f_y 为受拉钢筋的抗拉强度设计值，f_c 为混凝土轴心抗压强度设计值，α_1 为受压区混凝土矩形应力图的应力值与混凝土轴心抗压强度设计值的比值。

根据上述简化假定，可以求得按等效矩形应力图计算的受压区高度 x，与按平截面假定确定的受压区高度 x_0 之间存在下列关系：

$$x = \beta_1 x_0 \tag{4-7}$$

系数 α_1 和 β_1 的取值见表 4-1。

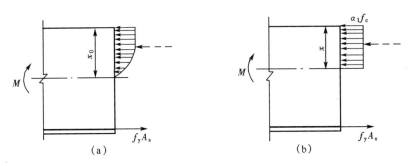

图 4-10　单筋矩形截面受压区混凝土的等效应力图

系数 α_1 和 β_1　　　　　　　　　　　　　　　　　表 4-1

	≤C50	C55	C60	C65	C70	C75	C80
α_1	1.00	0.99	0.98	0.97	0.96	0.95	0.94
β_1	0.80	0.79	0.78	0.77	0.76	0.75	0.74

二、基本计算公式

由于截面在破坏前的一瞬间处于静力平衡状态，所以，对于图 4-10（b）的受力状态可建立两个平衡方程：一个是所有各力在水平轴方向上的合力为零，即：

$$\sum X = 0 \qquad \alpha_1 f_c b x = f_y A_s \tag{4-8}$$

式中　b——矩形截面宽度；

A_s——受拉区纵向受力钢筋的截面面积。

另一个是所有各力对截面上任何一点的合力矩为零。当对受拉区纵向受力钢筋的合力作用点取矩时，有：

$$\sum M_s = 0 \qquad M \leqslant \alpha_1 f_c b x \left(h_0 - \frac{x}{2} \right) \tag{4-9a}$$

当对受压区混凝土压应力合力的作用点取矩时，有：

$$\sum M_c = 0 \qquad M \leqslant f_y A_s \left(h_0 - \frac{x}{2} \right) \tag{4-9b}$$

式中　M——荷载在该截面上产生的弯矩设计值；

h_0——截面的有效高度，按下式计算：

$$h_0 = h - a_s \tag{4-10}$$

h 为截面高度，a_s 为受拉区边缘到受拉钢筋合力作用点的距离。

混凝土的保护层厚度是指从构件边缘到最外边钢筋（含纵向受力钢筋、箍筋、架立钢筋、分布钢筋）边缘的距离。混凝土保护层的厚度与构件类型和环境类别有关，具体规定见附表 1-19。本例按构造要求，当环境类别为一类时，由附表 1-19 查得梁内钢筋的混凝土保护层厚度不应小于 20mm，板内钢筋的混凝土保护层不应小于 15mm，假定梁的受力钢筋直径为 20mm，板的受力钢筋直径为 10mm，箍筋的直径为 8mm，纵筋的净距为 25mm，因此截面的有效高度在构件设计时可按下面方法估算（图 4-11）：

梁的纵向受力钢筋按一排布置时，$h_0 = h - 20 - 8 - \dfrac{20}{2} \approx h - 40\text{mm}$；

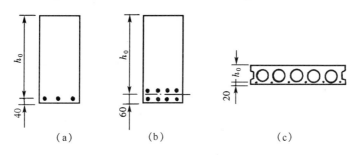

$$(a) \qquad (b) \qquad (c)$$

图 4-11 梁板有效高度的确定方法

梁的纵向受力钢筋按两排布置时，$h_0 = h - 20 - 8 - 20 - \dfrac{25}{2} \approx h - 60\text{mm}$；

板的截面有效高度 $h_0 = h - 15 - \dfrac{10}{2} = h - 20\text{mm}$。

当混凝土的强度为 C25 时，混凝土保护层的厚度要增加 5mm，即梁和板的有效高度要比上面减少 5mm。h_0 相差几个 mm 对配筋计算结果影响较小，所以实际配筋情况与上述假定相差不大时，不必重新计算。

式（4-8）是受压区混凝土抗力与受拉区钢筋抗力的关系，是截面上抗力的平衡，用等号。式（4-9）表示作用效应与结构抗力的关系，用"$\leqslant$"号。M 相当于式（2-1）中的 $\gamma_0 S$，不等式右边相当于式（2-1）中的 R。

式（4-8）和式（4-9）是单筋矩形截面受弯构件正截面承载力的基本计算公式。但是应该注意，图 4-10 的受力情况只能列两个独立方程，式（4-9a）和式（4-9b）不是相互独立的，只能任意选用其中的一个与式（4-8）一起进行计算。

三、基本计算公式的适用条件

式（4-8）和式（4-9）是根据适筋构件的破坏简图推导出的。它们只适用于适筋构件计算，不适用少筋构件和超筋构件计算。在前面的讨论中已经指出，少筋构件和超筋构件的破坏都属脆性破坏，设计时应避免将构件设计成这两类构件。为此，《规范》规定，任何受弯构件必须满足下列两个适用条件：

（1）为了防止将构件设计成少筋构件，要求构件的配筋率不得低于其最小配筋率。最小配筋率是少筋构件与适筋构件的界限配筋率，它是根据受弯构件的破坏弯矩等于其开裂弯矩确定的。需要注意的是，受弯构件的最小配筋率 $\rho_{\min}$ 要按构件全截面面积扣除位于受压边的翼缘面积 $(b'_f - b) h'_f$ 后的截面面积计算，即：

$$\rho_{\min} = \frac{A_{s,\min}}{A - (b'_f - b) h'_f} \tag{4-11}$$

式中 A——构件全截面面积，对矩形截面而言，$A = bh$；

b'_f、h'_f——分别为截面受压边缘的宽度和翼缘高度，对于矩形截面而言，$b'_f = b$，$h'_f = 0$；

$A_{s,\min}$——按最小配筋率计算的钢筋面积。

$\rho_{\min}$ 取 0.2% 和 $45 f_t / f_y$（%）中的较大值。$\rho_{\min}$（%）的值见表 4-2。

受弯构件最小配筋百分率 ρ_{min} 值（％）　　　　表 4-2

	C20	C25	C30	C35	C40	C45	C50	C55	C60	C65	C70	C75	C80
HPB300	0.200	0.212	0.238	0.262	0.285	0.300	0.315	0.327	0.340	0.348	0.357	0.363	0.370
HRB335	0.200	0.200	0.215	0.236	0.257	0.270	0.284	0.294	0.306	0.314	0.321	0.327	0.333
HRB400 HRBF400 RRB400	0.200	0.200	0.200	0.200	0.214	0.225	0.236	0.245	0.255	0.261	0.268	0.273	0.278
HRB500 HRBF500	0.200	0.200	0.200	0.200	0.200	0.200	0.200	0.203	0.211	0.216	0.221	0.226	0.230

由表 4-2 可见，在大多数情况下，受弯构件的最小配筋率均大于 0.2％，即大多数情况下由 $45f_t/f_y$ 条件控制。

（2）为了防止将构件设计成超筋构件，要求构件截面的相对受压区高度 ξ 不得超过其相对界限受压区高度 ξ_b，即：

$$\xi \leqslant \xi_b \qquad (4-12)$$

相对界限受压区高度 ξ_b 是适筋构件与超筋构件相对受压区高度的界限值，它需要根据截面平面变形等假定来求，现推导如下：

1）有明显屈服点钢筋配筋的受弯构件

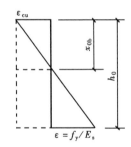

图 4-12　界限配筋时的应变情况

由图 4-12 可得：

$$\xi_b = \frac{x_b}{h_0} = \frac{\beta_1 x_{0b}}{h_0} = \frac{\beta_1 \varepsilon_{cu}}{\varepsilon_{cu}+\varepsilon_y} = \frac{\beta_1}{1+\frac{\varepsilon_y}{\varepsilon_{cu}}}$$

$$\therefore \quad \xi_b = \frac{\beta_1}{1+\frac{f_y}{\varepsilon_{cu}E_s}} \qquad (4-13)$$

为了方便使用，对于常用的有明显屈服点的 HPB300、HRB335、HRB400、RRB400 和 HRB500 等钢筋，将其抗拉强度设计值 f_y 和弹性模量 E_s 代入式（4-13）中，可算得有明显屈服点钢筋配筋受弯构件的相对界限受压区高度 ξ_b（表 4-3），设计时可直接查用。当 $\xi \leqslant \xi_b$ 时，受拉钢筋屈服，为适筋构件。当 $\xi > \xi_b$ 时，受拉钢筋不屈服，为超筋构件。

受弯构件有屈服点钢筋配筋时的 ξ_b 值　　　　表 4-3

	≤C50	C55	C60	C65	C70	C75	C80
HPB300	0.5757	0.5661	0.5564	0.5468	0.5372	0.5276	0.5180
HRB335	0.5500	0.5405	0.5311	0.5216	0.5122	0.5027	0.4933
HRB400 HRBF400 RRB400	0.5176	0.5084	0.4992	0.4900	0.4808	0.4176	0.4625
HRB500 HRBF500	0.4822	0.4733	0.4644	0.4555	0.4466	0.4378	0.4290

2）无明显屈服点钢筋的受弯构件

对于碳素钢丝、钢绞线、热处理钢筋以及冷轧带肋钢筋等无明显屈服点的钢筋，取对应于残余应变为 0.2% 时的应力 $\sigma_{0.2}$ 作为条件屈服点，并以此作为这类钢筋的抗拉强度设计值。对应于条件屈服点 $\sigma_{0.2}$ 时的钢筋应变为（图 4-13）。

$$\varepsilon_s = 0.002 + \varepsilon_y = 0.002 + \frac{f_y}{E_s} \tag{4-14}$$

式中　f_y——无明显屈服点钢筋的抗拉强度设计值；

　　　E_s——无明显屈服点钢筋的弹性模量。

根据截面平面变形等假设，将推导式（4-13）时的 ε_y 用式（4-14）的 ε_s 代替，可以求得无明显屈服点钢筋配筋受弯构件相对界限受压区高度 ξ_b 的计算公式为：

$$\xi_b = \frac{\beta_1}{1 + \frac{0.002}{\varepsilon_{cu}} + \frac{f_y}{E_s \varepsilon_{cu}}} \tag{4-15}$$

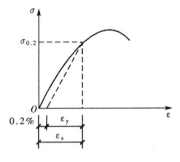

图 4-13　无明显屈服点
钢筋应力-应变关系

设计经验表明，当梁、板的配筋率为：

实心板　　　$\rho = 0.4\% \sim 1.0\%$

矩形梁　　　$\rho = 0.6\% \sim 1.5\%$

T 形梁　　　$\rho = 0.9\% \sim 1.8\%$

时，构件的用钢量和造价都较经济，施工比较方便，受力性能也比较好。因此，常将梁、板的配筋率设计在上述范围之内。梁、板的上述配筋率称为常用配筋率，也有人称它们为经济配筋率。

四、计 算 例 题

在受弯构件设计中，通常会遇见下列两类问题：一类是截面选择问题，即假定构件的截面尺寸、混凝土的强度等级、钢筋的品种以及构件上作用的荷载或截面上的内力等都是已知的（或某种因素虽然暂时未知，但可根据实际情况和设计经验假定），要求计算受拉区纵向受力钢筋所需的面积，并且参照构造要求，选择钢筋的根数和直径。另一类是承载能力校核问题，即构件的尺寸、混凝土的强度等级、钢筋的品种、数量和配筋方式等都已确定，要求验算截面是否能够承受某一已知的荷载或内力设计值。利用式（4-8）、式（4-9）以及它们的适用条件式，便可以求得上述两类问题的答案。

【**例 4-1**】 某教学大楼的内廊为现浇简支在砖墙上的钢筋混凝土平板（图 4-14a），板上作用的均布活荷载标准值为 $q_k = 2.0 \mathrm{kN/m}$。水磨石地面及细石混凝土垫层共 30mm 厚（重力密度为 22kN/m³），板底粉刷白灰砂浆 12mm 厚（重力密度为 17kN/m³）。板厚 80mm，混凝土强度等级选用 C30，纵向受拉钢筋采用 HRB335 级钢筋。设计使用年限为 50 年，环境类别的一类。试确定受拉钢筋截面面积。

【**解**】 **1. 截面尺寸**

内廊长度可能很长，设计时不必将整个内廊取出计算。只需沿内廊长度方向取 1m 宽的板带计算，并对其配筋，内廊未取出计算的部分，按此 1m 宽板带配置相同钢筋。$b = 1000\mathrm{mm}$，板厚 $h = 80\mathrm{mm}$（图 4-14b）。混凝土强度等级为 C30，板的保护层厚取 15mm，取 $a_s = 20\mathrm{mm}$，则 $h_0 = h - a_s = 80 - 20 = 60\mathrm{mm}$。

2. 计算跨度

单跨梁、板的计算跨度可按附表 1-18 的规定计算。对于此走道板，计算跨度等于板的

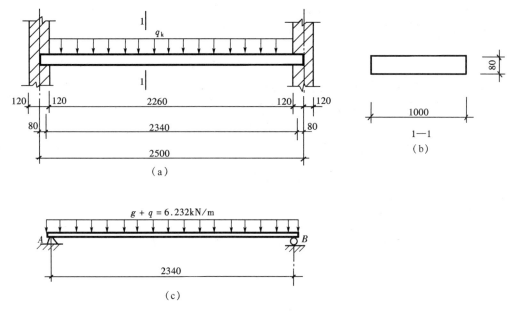

图 4-14　例 4-1 钢筋混凝土平板

净跨加板的厚度。因此有

$$l_0 = l_n + h = 2260 + 80 = 2340\text{mm}$$

3. 荷载设计值

板上荷载分恒载和活荷载，荷载又分为标准值和设计值，承载力计算采用荷载的设计值。计算荷载时，可先计算恒载和活荷载标准值，再计算其设计值。计算恒载标准值时，可从板面至板底逐项计算，防止漏项。

由附表 4-1 查得教室楼面的活荷载标准值为 2.5kN/m^2。由表 4-2 查得 $\rho_{\min}=0.215\%$。设计使用年限为 50 年：$\gamma_0=1.0$，$\gamma_L=1.0$。

恒载标准值：水磨石地面　　　　$0.03 \times 22 = 0.66\text{kN/m}$

钢筋混凝土板自重

（重力密度为 25kN/m^3）$0.08 \times 25 = 2.0\text{kN/m}$

白灰砂浆粉刷　　　　　$0.012 \times 17 = 0.2040\text{kN/m}$

$g_k = 0.66 + 2.0 + 0.204 = 2.864\text{kN/m}$

活荷载标准值：　　　　$q_k = 2.5\text{kN/m}$

恒载设计值：　　　　$g = \gamma_G g_k = 1.3 \times 2.864 = 3.7232\text{kN/m}$

活荷载设计值：　　　　$q = \gamma_Q \gamma_L q_k = 1.5 \times 1.0 \times 2.5 = 3.75\text{kN/m}$

4. 弯矩设计值 *M*（图 4-14c）

走道板搁置在砖墙上，砖墙对其约束较小，可视为简支（图 4-14c）。

$$M_1 = \gamma_0 \times \frac{1}{8}(\gamma_G g_k + \gamma_Q \gamma_L q_k)l_0^2$$

$$= 1.0 \times \frac{1}{8}(3.7232 + 3.75) \times 2.34^2$$

$$= \frac{1}{8} \times 7.4732 \times 2.34^2 = 5.115\text{kN} \cdot \text{m}$$

5. 钢筋、混凝土强度设计值

由附表 1-3 和附表 1-8 查表查得：

C30 混凝土 $\quad f_c = 14.3\text{N/mm}^2 \qquad \alpha_1 = 1.0$

HRB335 级钢筋 $\quad f_y = 300\text{N/mm}^2$

6. 求 x 及 A_s 值

由于钢筋强度和混凝土的强度计量单位都是 N/mm^2，计算时应将弯矩设计值的 kN 换算成 N，将 m 换算成 mm。由式（4-9a）和式（4-8）得：

$$x = h_0\left(1 - \sqrt{1 - \frac{2M}{\alpha_1 f_c b h_0^2}}\right) = 60\left(1 - \sqrt{1 - \frac{2 \times 5115000}{14.3 \times 1000 \times 60^2}}\right) = 6.29\text{ mm}$$

$$A_s = \frac{x b \alpha_1 f_c}{f_y} = \frac{6.29 \times 1000 \times 14.3}{300} = 299.88\text{mm}^2$$

7. 验算适用条件

由表 4-3 查得 $\xi_b = 0.5500$，由表 4-2 查得 $\rho_{min} = 0.215\%$。

本例中： $\qquad \xi = \frac{x}{h_0} = \frac{6.29}{60} = 0.1048 < \xi_b = 0.5500$

$$\rho_{min} bh = 0.215\% \times 1000 \times 80 = 172\text{mm}^2 < A_s = 299.88\text{mm}^2。$$

本题既不属超筋构件，也不属少筋构件。

8. 选用钢筋及绘配筋图

选用直径 8mm、间距为 160mm 的 HRB335 热轧带肋钢筋配筋，记作 Φ8@160mm，@代表钢筋的间距，单位为 mm。由附表 1-20 查得此时实际配筋面积为 $A_s = 314\text{mm}^2$，大于计算所需面积。分布钢筋采用直径 8mm、间距 250mm 的 HPB300 钢筋配筋，记作 Φ8@250。配筋见图 4-15。

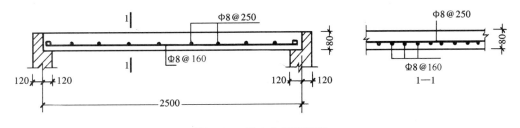

图 4-15 例 4-1 板配筋图

【例 4-2】 某教学楼中的一矩形截面钢筋混凝土简支梁，计算跨度 $l_0 = 6.0\text{m}$，板传来的永久荷载及梁的自重标准值为 $g_k = 25\text{kN/m}$，板传来的楼面活荷载标准值为 $q_k = 14\text{kN/m}$，梁的截面尺寸为 $200\text{mm} \times 600\text{mm}$（图 4-16），混凝土的强度等级为 C30，钢筋为 HRB400 级钢筋。$\gamma_0 = 1.0$，$\gamma_L = 1.0$，一类环境，试求纵向受力钢筋所需面积。

【解】 1. 内力计算

由第二章第二节可知，永久荷载的分项系数为 1.3，楼面活荷载的分项系数为 1.5。设计使用年限为 50 年，$\gamma_L = 1.0$，结构的重要性系数为 1.0。因此，梁的跨中截面的弯矩最大设计值为：

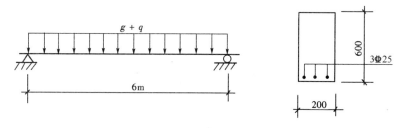

图 4-16 例 4-2 附图

$$M_1 = \gamma_0(\gamma_G M_{Gk} + \gamma_Q \gamma_L M_{Qk}) = 1.0\left(1.3 \times \frac{1}{8} \times 25 \times 6^2 + 1.5 \times 1.0 \times \frac{1}{8} \times 14 \times 6^2\right)$$
$$= 240.75 \text{kN} \cdot \text{m}$$

2. 配筋计算

由附表 1-8 查得当混凝土的强度等级为 C30 时的 $f_c = 14.3 \text{N/mm}^2$，$\alpha_1 = 1.0$。由附表 1-3 查得 HRB400 级钢筋的 $f_y = 360 \text{N/mm}^2$。先假定受力钢筋按一排布置，则

$$h_0 = 600 - 40 = 560 \text{mm}$$

由式 (4-8)：

$$14.3 \times 200 \times x = 360 A_s$$

由式 (4-9a)：

$$240.75 \times 10^6 = 14.3 \times 200 \times x \left(560 - \frac{x}{2}\right)$$

联立求解上述二式，得

$$x = 179 \text{mm}, A_s = 1422 \text{mm}^2$$

3. 适用条件验算

由表 4-2 查得 $\rho_{min} = 0.20\%$，由表 4-3 查得 $\xi_b = 0.5176$。

（1）验算是否为少筋构件

本例中按最小配筋率计算的钢筋面积为

$$\rho_{min} bh = 0.20\% \times 200 \times 600 = 240 \text{mm}^2 < A_s = 1422 \text{mm}^2$$

（2）验算是否为超筋构件

本题实际的相对受压区高度为：

$$\xi = \frac{x}{h_0} = \frac{179}{560} = 0.3196 < \xi_b = 0.5176$$

因此，两项适用条件均能满足，既不属超筋，也不为少筋，可以根据计算结果选用钢筋的直径和根数。选择钢筋的直径和根数时，希望选用的钢筋截面面积尽可能接近计算截面面积，尽可能地使误差保持在 ±5% 以内。所选的钢筋直径和根数还应满足构造上的有关规定。附表 1-15 中给出了国内常规供货直径的各种钢筋在不同根数时的计算截面面积及公称质量，根据此表，本例选用三根直径为 25mm 的 HRB400 级钢筋，记作 3Φ25，一排配置，见图 4-16，实际的配筋截面面积 $A_s = 1473 \text{mm}^2$，满足计算时钢筋设计强度取值和截面有效高度的假定，配筋面积符合计算要求。

【例 4-3】 一钢筋混凝土矩形截面简支梁，跨中最大弯矩设计值 $M = 95 \text{kN} \cdot \text{m}$，梁的截面尺寸为 200mm×500mm，混凝土强度等级为 C25，受拉区配有 4 根直径为 16mm 的 HRB400 级钢筋（图 4-17），混凝土保护层厚度为 25mm，箍筋直径 6mm，设计使用年限为 50 年，环境类别为一类。试校核配筋量是否足够。

【解】

由附表 1-8 查得 C25 混凝土: $f_c = 11.9 \text{N/mm}^2$

$$\alpha_1 = 1.0$$

由附表 1-3 查得 HRB400 级钢筋: $f_y = 360 \text{N/mm}^2$

由附表 1-15 查得 $A_s = 804 \text{mm}^2$

截面有效高度 $h_0 = 500 - 25 - 6 - \dfrac{16}{2} = 461 \text{mm}$

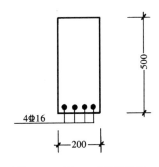

图 4-17 例 4-3 梁配筋图

1. 计算受压区高度 x

由式 (4-8) 得出:

$$x = \frac{f_y A_s}{\alpha_1 f_c b} = \frac{360 \times 804}{1.0 \times 11.9 \times 200} = 121.6 \text{mm}$$

2. 计算截面能够抵抗的弯矩

由式 (4-9b): $M = f_y A_s \left(h_0 - \dfrac{x}{2} \right) = 360 \times 804 \times \left(461 - \dfrac{121.6}{2} \right)$

$$= 115.83 \times 10^6 \text{N} \cdot \text{mm} = 115.83 \text{kN} \cdot \text{m}$$

$$> 95 \text{kN} \cdot \text{m}$$

因此,截面的配筋量足够抵抗由荷载产生的弯矩最大值。

五、计算表格的制作及使用

(一) 计算表格的制作

由上面的例题可见,利用计算公式进行截面选择时,需要解算二次方程式和联立方程式,还要验算适用条件,颇为麻烦。如果将计算公式制成表格,便可以使计算工作得到简化。

计算表格的形式有两种:一种是对于各种混凝土强度等级以及各种钢筋配筋的梁板都适用的表格,另一种是对于某种混凝土强度等级和某种钢筋的梁板专门制作的表格。前一种表格通用性好,后一种表格使用上较简便。下面只介绍通用表格的制作及使用方法。

式 (4-9a) 可写成:

$$M = \alpha_1 f_c bx \left(h_0 - \frac{x}{2} \right) = \alpha_1 f_c b \xi h_0 \left(h_0 - \frac{\xi h_0}{2} \right) = \alpha_1 f_c b h_0^2 [\xi(1 - 0.5\xi)] \qquad (4\text{-}16)$$

令

$$\alpha_s = \xi(1 - 0.5\xi) \qquad (4\text{-}17)$$

则式 (4-16) 可写成:

$$M = \alpha_s b h_0^2 \alpha_1 f_c \qquad (4\text{-}18)$$

式中,$\alpha_s b h_0^2$ 是截面在极限状态时的抵抗矩,α_s 称为截面的抵抗矩系数。

同样,式 (4-9b) 可写成:

$$M = f_y A_s \left(h_0 - \frac{x}{2} \right) = f_y A_s h_0 \left(1 - 0.5 \frac{x}{h_0} \right) = f_y A_s h_0 (1 - 0.5\xi) \qquad (4\text{-}19)$$

令

$$\gamma_s = (1 - 0.5\xi) \qquad (4\text{-}20)$$

则式 (4-19) 可写成:

$$M = f_y A_s h_0 \gamma_s \qquad (4\text{-}21)$$

式中 γ_s ——内力臂系数。

由式（4-17）可得：

$$\xi = 1 - \sqrt{1 - 2\alpha_s} \tag{4-22}$$

代入式（4-20）可得：

$$\gamma_s = \frac{1 + \sqrt{1 - 2\alpha_s}}{2} \tag{4-23}$$

式（4-22）和式（4-23）表明，ξ 和 γ_s 与 α_s 之间存在一一对应的关系，给定一个 α_s 值，便有一个 ξ 值和一个 γ_s 值与之对应。因此，可以事先给出一串 α_s 值，算出与它们对应的 ξ 值和 γ_s 值，并且将它们列成表格（附表 1-12 和附表 1-13）。这便是受弯构件正截面承载力的计算表格。设计时查用这些表格，便可以避免解算二次方程式和联立方程式，只要 ξ 值和 γ_s 不是很小或很大时，还可不必验算是属少筋构件还是属超筋构件。因而使计算工作得到简化。

（二）计算表格的使用

利用附表 1-12 和附表 1-13 进行截面配筋计算的步骤可用下列框图表示：

$$\boxed{\alpha_s = \frac{M}{\alpha_1 f_c b h_0^2}} \rightarrow \boxed{\begin{array}{c} \text{由附表 1-12} \\ \text{查得 } \xi \text{ 值} \end{array}} \rightarrow \boxed{A_s = \xi b h_0 \frac{\alpha_1 f_c}{f_y}}$$

或

$$\boxed{\alpha_s = \frac{M}{\alpha_1 f_c b h_0^2}} \rightarrow \boxed{\begin{array}{c} \text{由附表 1-13} \\ \text{查得 } \gamma_s \text{ 值} \end{array}} \rightarrow \boxed{A_s = \frac{M}{f_y \gamma_s h_0}}$$

考试时一般不允许考生携带文字资料的图表，如果你能记住式（4-22）或式（4-23），按照下列框图同样可以很快地进行受弯构件正截面配筋计算：

$$\boxed{\alpha_s = \frac{M}{\alpha_1 f_c b h_0^2}} \rightarrow \boxed{\xi = 1 - \sqrt{1 - 2\alpha_s}} \rightarrow \boxed{A_s = \xi b h_0 \frac{\alpha_1 f_c}{f_y}}$$

或

$$\boxed{\alpha_s = \frac{M}{\alpha_1 f_c b h_0^2}} \rightarrow \boxed{\gamma_s = \frac{1 + \sqrt{1 - 2\alpha_s}}{2}} \rightarrow \boxed{A_s = \frac{M}{f_y \gamma_s h_0}}$$

下面通过一个例题来说明计算表格的使用方法。

【例 4-4】　某实验室一楼面大梁的尺寸为 $250\text{mm} \times 500\text{mm}$，跨中最大弯矩设计值为 $M = 165000\text{N} \cdot \text{m}$，采用强度等级 C25 的混凝土和 HRB400 级钢筋配筋，设计使用年限为 50 年，环境类别为一类。求所需纵向受力钢筋的面积。

【解】　先利用附表 1-12 求 A。

先假定受力钢筋按一排布置，混凝土强度等级为 C25，混凝土保护层厚度取 25mm，则：

$$h_0 = h - 45 = 500 - 45 = 455\text{mm}$$

查附表 1-8 和附表 1-3 得：

$f_c = 11.9\text{N/mm}^2$　$f_y = 360\text{N/mm}^2$

$\alpha_1 = 1.0$

由式（4-18）得：

$$\alpha_s = \frac{M}{\alpha_1 f_c b h_0^2} = \frac{165000000}{1 \times 11.9 \times 250 \times 455^2} = 0.268$$

由附表 1-12 查得相应的 ξ 值为

$$\xi = 0.3188$$

此值不接近表中 ξ 的最小值，也不接近表中 ξ 的最大值，此梁应为适筋梁，不必验算少筋或超筋条件，故：

$$A_s = \xi b h_0 \frac{\alpha_1 f_c}{f_y} = 0.3188 \times 250 \times 455 \frac{11.9}{360} = 1199 \text{mm}^2$$

查附表 1-15，选用 4 Φ 20（实配 $A_s = 1256 \text{mm}^2$），一排可以布置得下。

此题也可以查附表 1-13 求解。前面已经算得 $\alpha_s = 0.268$，由附表 1-13 查得 $\gamma_s = 0.8406$，则：

$$A_s = \frac{M}{f_y \gamma_s h_0} = \frac{165000000}{360 \times 0.8406 \times 455} = 1198 \text{mm}^2$$

计算结果与查附表 1-12 的相同。因此，以后可以任意选用其中的一个附表进行计算。由本例可以看出，利用表格进行计算比求解二次方程式和联立方程要简便得多。

第四节 双筋矩形截面承载力计算

如前所述，不但在截面的受拉区，而且在截面的受压区同时配有纵向受力钢筋的矩形截面，称为双筋矩形截面。双筋矩形截面适用于下面几种情况：

（1）结构或构件承受某种交变的作用（如地震），使截面上的弯矩改变方向；

（2）截面承受的弯矩设计值大于单筋截面所能承受的最大弯矩，而截面尺寸和材料品种等由于某些原因又不能改变；

（3）结构或构件的截面由于某种原因，在截面的受压区预先已经布置了一定数量的受力钢筋（如连续梁的某些支座截面）。

双筋截面的用钢量比单筋截面的多，因此，为了节约钢材，应尽可能地不要将截面设计成双筋截面。

一、计算公式及适用条件

双筋矩形截面受弯构件正截面承载力计算中，除了引入单筋矩形截面受弯构件承载力计算中的各项假定以外，还补充假定当受压钢筋离开中和轴的距离满足条件式 $x \geqslant 2a_s'$ 时，受压钢筋的应力等于其抗压强度设计值 f_y'（图 4-18c）。

对于图 4-18（c）的受力情况，可以像单筋矩形截面一样列出下面两个静力平衡方程式：

$$\sum X = 0 \qquad f_y A_s = f_y' A_s' + \alpha_1 f_c b x \tag{4-24}$$

$$\sum M = 0 \qquad M \leqslant f_y' A_s'(h_0 - a_s') + \alpha_1 f_c b x \left(h_0 - \frac{x}{2}\right) \tag{4-25}$$

式中 A_s'——受压区纵向受力钢筋的截面面积；

       a_s'——从受压区边缘到受压区纵向受力钢筋合力作用点之间的距离。对于梁，当混凝土的强度等级大于 C30，且受压钢筋按一排布置时，可取 $a'_s = 40$mm；当受压钢筋按两排布置时，可取 $a'_s = 60$mm。对于板，可取 $a'_s = 20$mm。混凝土强度等级不大于 C30 时，a'_s 增加 5mm。

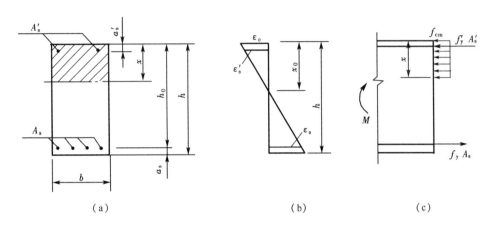

图 4-18 双筋矩形截面计算简图

式（4-24）和式（4-25）是双筋矩形截面受弯构件的计算公式。受压区高度应符合：

$$x \leqslant \xi_b h_0 \tag{4-26}$$

$$x \geqslant 2a'_s \tag{4-27}$$

满足条件式（4-26），可防止受压区混凝土在受拉区纵向受力钢筋屈服前压碎。满足条件式（4-27），可防止受压区纵向受力钢筋在构件破坏时达不到抗压强度设计值。因为当 $x < 2a'_s$ 时，由图 4-18（b）可知，受压钢筋的应变 ε'_s 很小，受压钢筋不可能屈服。

当不满足条件式（4-27）时，受压钢筋的应力达不到 f'_y 而成为未知数，这时可近似地取 $x = 2a'_s$，并将各力对受压钢筋的合力作用点取矩，得

$$M = f_y A_s (h_0 - a'_s) \tag{4-28}$$

用式（4-28）可以直接确定纵向受拉钢筋的截面面积 A_s。这样有可能使求得的 A_s 比不考虑受压钢筋的存在而按单筋矩形截面计算的 A_s 还大，这时应按单筋截面的计算结果配筋。

二、计算公式的应用

利用式（4-24）和式（4-25），可进行双筋矩形截面正截面的截面选择和承载力校核。

（一）钢筋截面面积选择

双筋矩形截面正截面的截面选择中，通常可遇见下面两种情况：一种情况是受压钢筋的截面面积 A'_s 未知，要求在确定受拉钢筋截面面积 A_s 的同时，确定受压钢筋的截面面积 A'_s；另一种情况是受压钢筋的截面面积 A'_s 已知，只要求确定受拉钢筋的截面面积 A_s。下面将分别叙述如何应用计算公式对两种情况求解。

（1）已知截面的弯矩设计值 M、截面尺寸 $b \times h$、钢筋种类和混凝土的强度等级，要求确定受拉钢筋截面面积 A_s 和受压钢筋截面面积 A'_s。

计算公式为式（4-24）和式（4-25）。但是，在这两个公式中，有三个未知数 A_s、A'_s 和 x，从数学上来说不能求解。为了要求解，必须要补充一个方程式。此时，为了节约钢材，充分发挥混凝土的承载能力，可以假定受压区的高度等于其界限高度，即

$$x = \xi_b h_0 \tag{4-29}$$

补充了这个方程式后，便可求得问题的解答。

由式（4-25）和式（4-29）可得：

$$A'_s = \frac{M - \alpha_1 f_c bx \left(h_0 - \dfrac{x}{2}\right)}{f'_y(h_0 - a'_s)}$$

$$= \frac{M - \alpha_1 f_c b \xi_b h_0 \left(h_0 - \dfrac{\xi_b h_0}{2}\right)}{f'_y(h_0 - a'_s)} \tag{4-30}$$

由式（4-24）和式（4-29）有

$$A_s = \frac{f'_y A'_s + \alpha_1 f_c bx}{f_y} = \frac{f'_y A'_s + \alpha_1 f_c b \xi_b h_0}{f_y} \tag{4-31}$$

（2）已知截面的弯矩设计值 M、截面尺寸 $b \times h$、钢筋种类、混凝土的强度等级以及受压钢筋截面面积 A'_s，要求确定受拉钢筋截面面积 A_s。

计算公式仍为式（4-24）和式（4-25），由于 A'_s 现在已知，只有两个未知数 A_s 和 x，可以求解。由式（4-25）可得：

$$x = h_0 - \sqrt{h_0^2 - 2\frac{M - f'_y A'_s(h_0 - a'_s)}{\alpha_1 f_c b}} \tag{4-32}$$

由式（4-24）可得：

$$A_s = \frac{f'_y A'_s + \alpha_1 f_c bx}{f_y} \tag{4-33}$$

应该注意的是，按式（4-32）求出受压区的高度以后，要按式（4-26）和式（4-27）验算适用条件是否能够满足。如果条件式（4-26）不满足，说明给定的受压钢筋截面面积 A'_s 太小，这时应按第一种情况即按式（4-30）和式（4-31）分别求 A'_s 和 A_s。如果条件式（4-27）不满足，应按式（4-28）计算受拉钢筋截面面积，计算公式为：

$$A_s = \frac{M}{f_y(h_0 - a'_s)} \tag{4-34}$$

（二）截面校核

承载力校核时，截面的弯矩设计值 M、截面尺寸 $b \times h$、钢筋种类、混凝土的强度等级、受拉钢筋截面面积 A_s 和受压钢筋截面面积 A'_s 都是已知的，要求确定截面能否抵抗给定的弯矩设计值。

先按式（4-24）计算受压区高度 x：

$$x = \frac{f_y A_s - f'_y A'_s}{\alpha_1 f_c b} \tag{4-35}$$

如果 x 能够满足条件式（4-26）和式（4-27），则由式（4-25）可知其能够抵抗的弯矩为：

$$M_u = f'_y A'_s(h_0 - a'_s) + \alpha_1 f_c bx \left(h_0 - \frac{x}{2}\right) \tag{4-36}$$

如果 $x \leqslant 2a'_s$，由式（4-28）可知：

$$M_u = f_y A_s(h_0 - a'_s) \tag{4-37}$$

如果 $x > \xi_b h_0$，只能取 $x = \xi_b h_0$ 计算，则

$$M_u = f'_y A'_s(h_0 - a'_s) + \alpha_1 f_c b \xi_b h_0 \left(h_0 - \frac{\xi_b h_0}{2}\right) \tag{4-38}$$

截面能够抵抗的弯矩 M_u 求出后，将 M_u 与截面的弯矩设计值 M 相比较，如果 $M \le M_u$，则截面承载力足够，截面工作可靠；反之，如果 $M > M_u$，则截面承载力不够，截面将失效。这时，可采取增大截面尺寸、增加钢筋截面面积 A_s 和 A'_s 或选用强度等级更高的混凝土和钢筋等措施来解决。

三、计 算 例 题

【例 4-5】　某大楼一楼面大梁截面尺寸 $b \times h = 250\text{mm} \times 600\text{mm}$，混凝土的强度等级为 C25，用 HRB400 热轧带肋钢筋配筋，截面承受的弯矩设计值 $M = 4 \times 10^8 \text{N} \cdot \text{mm}$，设计使用年限 50 年，安全等级为二级，环境类别为一类。当上述基本条件不能改变时，求截面所需受力钢筋截面面积。

【解】　**1. 判别是否需要设计成双筋截面**

查附表 1-8 和附表 1-3 得 $f_c = 11.9 \text{N/mm}^2$，$f_y = f'_y = 360 \text{N/mm}^2$，$\alpha_1 = 1.0$

查表 4-3 得 $\xi_b = 0.5176$。

$b = 250\text{mm}$，本例中混凝土的强度等级为 C25，小于 C30，根据附表 1-19 的规定，混凝土的保护层厚度应增加 5mm，$h_0 = 600 - 65 = 535\text{mm}$（两排布置）。

单筋矩形截面能够承受的最大弯矩为：

$$
\begin{aligned}
M_{\max} &= \xi_b (1 - 0.5\xi_b) b h_0^2 \alpha_1 f_c \\
&= 0.5176(1 - 0.5 \times 0.5176) \times 250 \times 535^2 \times 11.9 = 3.27 \times 10^8 \text{N} \cdot \text{mm} < M \\
&= 4 \times 10^8 \text{N} \cdot \text{mm}
\end{aligned}
$$

因此应将截面设计成双筋矩形截面。

2. 计算所需受拉和受压纵向受力钢筋截面面积

设受压钢筋按一排布置，则 $a'_s = 45\text{mm}$。由式（4-29）得：

$$
A'_s = \frac{M - \xi_b(1 - 0.5\xi_b)bh_0^2\alpha_1 f_c}{f'_y(h_0 - a'_s)} = \frac{4 \times 10^8 - 3.27 \times 10^8}{360(535 - 45)} = 414\text{mm}^2
$$

由式（4-31）得：

$$
A_s = \frac{f'_y A'_s + \alpha_1 f_c b \xi_b h_0}{f_y} = \frac{360 \times 414 + 11.9 \times 250 \times 0.5176 \times 535}{360} = 2702\text{mm}^2
$$

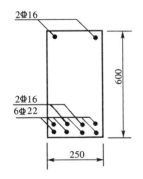

图 4-19　例 4-5 配筋图

查附表 1-15，钢筋的选用情况为：

受拉钢筋　6 Φ 22＋2 Φ 16 （$A_s = 2683\text{mm}^2$）

受压钢筋　2 Φ 16 （$A'_s = 402\text{mm}^2$）

截面的配筋情况如图 4-19 所示。

【例 4-6】　某梁截面尺寸为 200mm×500mm，混凝土强度等级为 C30，承受的弯矩设计值 $M = 1.65 \times 10^8 \text{N} \cdot \text{mm}$，采用 HRB400 级钢筋配筋，受压区预先已经配好 2 Φ 20 （$A'_s = 628\text{mm}^2$）的受压钢筋，设计使用年限为 50 年，环境类别为一类。求截面所需配置的受拉钢筋截面面积 A_s。

【解】　**1. 求受压区高度 x**

$h_0 = h - 40 = 500 - 40 = 460\text{mm}$。

由附表 1-3 和附表 1-8 查得 $f'_y = 360 \text{N/mm}^2$，$f_c = 14.3 \text{N/mm}^2$。

由表 4-2 和表 4-3 查得 $\rho_{min}=0.20\%$，$\xi_b=0.5176$。$a_s'=40$mm。由式（4-32）求得受压区高度 x 为：

$$x=h_0-\sqrt{h_0^2-2\frac{M-f_y'A'(h_0-a_s')}{\alpha_1 f_c b}}$$

$$=460-\sqrt{460^2-2\frac{1.65\times10^8-360\times628(460-40)}{14.3\times250}}$$

$$=44.8\text{mm}<\xi_b h_0=0.5176\times460=238\text{mm}$$

且

$$x<2a_s'=80\text{mm}$$

2. 求所需受拉钢筋面积 A_s

由式（4-34）得：

$$A_s=\frac{M}{f_y(h_0-a_s')}=\frac{165000000}{360(460-40)}=1091\text{mm}^2$$

$$>\rho_{min}bh=0.20\%\times250\times500=250\text{mm}^2$$

查附表 1-15，选用 3 Φ 22（$A_s=1140$mm²）。截面配筋情况如图 4-20 所示。

【**例 4-7**】　某商店一楼面梁截面尺寸及配筋如图 4-21 所示，混凝土的强度等级为 C30，设计弯矩值 $M=1.5\times10^8$N·mm，试计算梁的正截面承载力是否可靠。

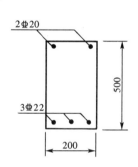

图 4-20　例 4-6 配筋图

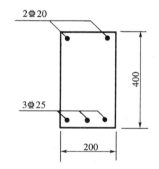

图 4-21　例 4-7 配筋图

【**解**】　**1. 计算受压区高度 x**

$b=200$mm，$h_0=360$mm，由附表 1-15 查得 $A_s=1473$mm²，$A_s'=628$mm²。由附表 1-3、附表 1-8 和表 4-3 查得：$f_y'=f_y=360$N/mm²，$f_c=14.3$N/mm²，$\xi_b=0.5176$。$a_s'=40$mm，$\alpha_1=1.0$。

由式（4-24）可得：

$$x=\frac{f_y A_s-f_y'A_s'}{\alpha_1 f_c b}=\frac{360\times1473-360\times628}{1.0\times14.3\times200}=106\text{mm}>2a_s'=2\times40=80\text{mm}$$

且

$$x<\xi_b h_0=0.5176\times360=186.3\text{mm}$$

2. 计算截面能够承受的极限弯矩

由式（4-36）可得：

$$M_u=f_y'A_s'(h_0-a_s')+\alpha_1 f_c bx\left(h_0-\frac{x}{2}\right)$$

$$=360\times628(360-40)+14.3\times200\times106\left(360-\frac{106}{2}\right)=1.654\times10^8\text{N}\cdot\text{mm}$$

3. 判断正截面承载力是否满足

$$M_u = 1.654 \times 10^8 \text{N} \cdot \text{mm} > M = 1.5 \times 10^8 \text{N} \cdot \text{mm} \quad \text{（满足）}$$

第五节　T形截面承载力计算

一、概　述

如前所述，在矩形截面受弯构件的承载力计算中，不考虑混凝土的抗拉强度。因此，对于尺寸较大的矩形截面构件，可将受拉区两侧混凝土去掉，形成如图4-22所示T形截面，以减轻结构自重，取得经济效果。

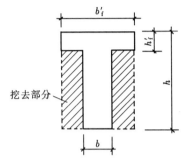

图4-22　T形截面梁

在图4-22中，T形截面的伸出部分称为翼缘，其宽度为b_f'，厚度为h_f'；中间部分称为肋或腹部，肋宽为b，高为h，有时为了需要，也采用翼缘在受拉区的倒T形截面或I形截面。由于不考虑受拉区翼缘混凝土受力（图4-23a），因此倒T形截面按宽度为b的矩形截面计算，I形截面按T形截面计算。对于现浇楼盖的连续梁（图4-23b），由于支座处承受负弯矩，梁截面下部受压（1-1截面），因此支座处按矩形截面计算，而跨中（2-2截面）则按T形截面计算。

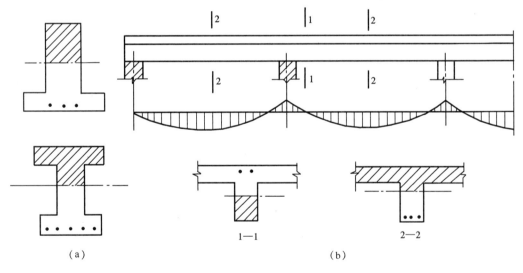

（a）　　　　　　　　　　　　　　　（b）

图4-23　T形、矩形截面的划分

在理论上，T形截面翼缘宽度b_f'越大，截面受力性能越好。因为在弯矩M作用下，b_f'越大则受压区高度x越小，内力臂增大，因而可减小受拉钢筋截面面积。但试验与理论研究证明，T形截面受弯构件翼缘的纵向压应力沿翼缘宽度方向分布不均匀，离肋部越远越小（图4-24a）。因此，对翼缘计算宽度b_f'应加以限制。

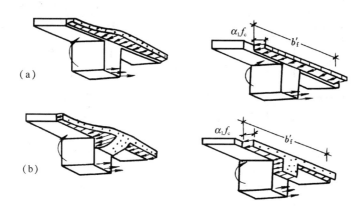

图 4-24　T 形截面的应力分布图

T 形截面翼缘计算宽度 b_f' 的取值，与翼缘厚度、梁跨度和受力情况等许多因素有关。《规范》规定按表 4-4 中有关规定的最小值取用。在规定范围内的翼缘，可认为压应力均匀分布（图 4-24b）。

T 形及倒 L 形截面受弯构件翼缘计算宽度 b_f'　　　　　　　　表 4-4

考虑情况	T 形截面		倒 L 形截面
	肋形梁（板）	独立梁	肋形梁（板）
按计算跨度 l_0 考虑	$\dfrac{1}{3} l_0$	$\dfrac{1}{3} l_0$	$\dfrac{1}{6} l_0$
按梁（肋）净距 S_n 考虑	$b + S_n$	—	$b + \dfrac{S_n}{2}$
按翼缘高度 h_f' 考虑	$b + 12 h_f'$	b	$b + 5 h_f'$

注：1. 表中 b 为梁的腹板宽度；
　　2. 如肋形梁在梁跨内设有间距小于纵肋间距的横肋时，则可不遵守表列第三种情况的规定；
　　3. 对有加腋的 T 形和 L 形截面，当受压区加腋的高度 $h_h \geqslant h_f'$ 且加腋的宽度 $b_h \leqslant 3h_h$ 时，则其翼缘计算宽度可按表列第三种情况规定分别增加 $2b_h$（T 形截面）和 b_h（倒 L 形截面）；
　　4. 独立梁受压区的翼缘板在荷载作用下经验算沿纵肋方向可能产生裂缝时，其计算宽度应取用腹板宽度 b。

二、基本计算公式

T 形截面受弯构件，按受压区的高度不同，可分为下述两种类型：

第一类 T 形截面：中和轴在翼缘内，即 $x \leqslant h_f'$（图 4-25a）。

第二类 T 形截面：中和轴在梁肋部，即 $x > h_f'$（图 4-25b）。

两类 T 形截面的判别：当中和轴通过翼缘底面，即 $x = h_f'$ 时（图 4-25c），为两类 T 形截面的界限情况。由平衡条件：

$$\sum X = 0 \qquad \alpha_1 f_c b_f' h_f' = f_y A_s \tag{4-39}$$

$$\sum M = 0 \qquad M \leqslant \alpha_1 f_c b_f' h_f' \left(h_0 - \frac{h_f'}{2} \right) \tag{4-40}$$

上式为两类 T 形截面界限情况所能承受的最大内力。因此，若：

$$f_y A_s \leqslant \alpha_1 f_c b_f' h_f' \tag{4-41a}$$

或

$$M \leqslant \alpha_1 f_c b_f' h_f' \left(h_0 - \frac{h_f'}{2} \right) \tag{4-41b}$$

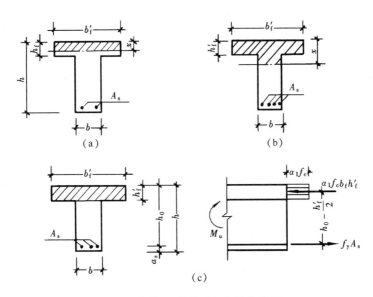

图 4-25　各类 T 形截面中和轴的位置

此时中和轴在翼缘内，即 $x \leqslant h'_f$，故属于第一类 T 形截面。式（4-41）为该类截面的判别条件。

同理，若：

$$f_y A_s > \alpha_1 f_c b'_f h'_f \tag{4-42a}$$

或

$$M > \alpha_1 f_c b'_f h'_f \left(h_0 - \frac{h'_f}{2} \right) \tag{4-42b}$$

此时中和轴必在肋内，即 $x > h'_f$，这属于第二类 T 形截面。式（4-42）为该类截面的判别条件。

上述判别条件可分别应用于不同场合。

在截面设计时：

$$M \leqslant \alpha_1 f_c b'_f h'_f \left(h_0 - \frac{h'_f}{2} \right) \text{为第一类 T 形截面}$$

$$M > \alpha_1 f_c b'_f h'_f \left(h_0 - \frac{h'_f}{2} \right) \text{为第二类 T 形截面}$$

在截面校核时：

$$f_y A_s \leqslant \alpha_1 f_c b'_f h'_f \text{为第一类 T 形截面}$$

$$f_y A_s > \alpha_1 f_c b'_f h'_f \text{为第二类 T 形截面}$$

（一）第一类 T 形截面的计算公式

在计算截面的正截面承载力时，不考虑受拉区混凝土参加受力。因此，第一类 T 形截面（图 4-26）相当于宽度 $b = b'_f$ 的矩形截面，可用 b'_f 代替 b 按矩形截面的公式计算：

$$\alpha_1 f_c b'_f x = f_y A_s \tag{4-43}$$

$$M \leqslant M_u = \alpha_1 f_c b'_f x \left(h_0 - \frac{x}{2} \right) \tag{4-44}$$

适用条件：

(1) $\xi \leqslant \xi_b$

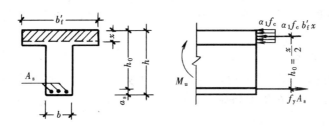

图 4-26 第一类 T 形截面计算简图

此项条件一般均能满足，可不必验算。因为 h'_f/h_0 一般都不大，而 $x < h'_f$，故 $x/h_0 = \xi$ 更小于 ξ_b。

（2）最小配筋面积验算

最小配筋截面面积按腹板面积为基准计算：

$$A_s \geqslant \rho_{\min} bh \tag{4-45}$$

（二）第二类 T 形截面的计算公式

第二类 T 形截面（图 4-27）的计算公式，可由下列平衡条件求得：

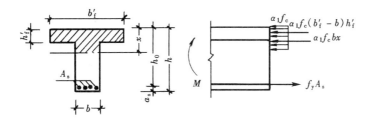

图 4-27 第二类 T 形截面计算简图

$$\Sigma X = 0 \quad \alpha_1 f_c (b'_f - b) h'_f + \alpha_1 f_c bx = f_y A_s \tag{4-46}$$

$$\Sigma M = 0 \quad M \leqslant \alpha_1 f_c (b'_f - b) h'_f \left(h_0 - \frac{h'_f}{2} \right) + \alpha_1 f_c bx \left(h_0 - \frac{x}{2} \right) \tag{4-47}$$

适用条件：

（1） $\qquad\qquad x \leqslant \xi_b h_0$

（2） $\qquad\qquad A_s \geqslant \rho_{\min} bh$

后面一个条件一般均能满足，不必验算。

三、基本计算公式的应用

（一）截面选择

已知截面尺寸、弯矩设计值 M 及钢筋级别、混凝土的强度等级，需计算受拉钢筋截面面积 A_s。

先用判别式鉴别截面类别，然后用相应公式进行计算。

当 $M \leqslant \alpha_1 f_c b'_f h'_f \left(h_0 - \dfrac{h'_f}{2} \right)$ 时，为第一类 T 形截面，按宽度 b'_f 的矩形截面计算。

当 $M > \alpha_1 f_c b'_f h'_f \left(h_0 - \dfrac{h'_f}{2} \right)$ 时，为第二类 T 形截面，按式（4-46）和式（4-47）计算。

【例 4-8】 已知一 T 形截面梁截面尺寸 $b_f'=600mm$、$h_f'=120mm$、$b=250mm$、$h=650mm$，混凝土强度等级 C30，采用 HRB400 级钢筋，梁所承受的弯矩设计值 $M=565kN\cdot m$。试求所需受拉钢筋截面面积 A_s。

【解】 **1. 已知条件**

由附表 1-8 和附表 1-3 分别查得混凝土强度等级 C30，$f_c=14.3N/mm^2$；HRB400 级钢筋 $f_y=360N/mm^2$；考虑布置两排钢筋，$a_s=60mm$，$h_0=h-a_s=650-60=590mm$，$\alpha_1=1.0$，由表 4-3 查得 $\xi_b=0.5176$。

2. 判别截面类型

本例中，截面翼缘宽度不大，可按 $b_f'=600mm$ 计算。

$$\alpha_1 f_c b_f' h_f'\left(h_0-\frac{h_f'}{2}\right)=14.3\times600\times120\times\left(590-\frac{120}{2}\right)$$
$$=545688000N\cdot mm=545.688kN\cdot m<M=565kN\cdot m$$

属第二类 T 形截面。

3. 计算 x

由式（4-47）得：

$$x=h_0\left\{1-\sqrt{1-\frac{2[M-\alpha_1 f_c(b_f'-b)b_f'(h_0-h_f'/2)]}{\alpha_1 f_c b h_0^2}}\right\}$$
$$=590\times\left\{1-\sqrt{1-\frac{2\left[565\times10^6-14.3(600-250)120\left(590-\frac{120}{2}\right)\right]}{14.3\times250\times590^2}}\right\}$$
$$=132mm<\xi_b h_0=0.5176\times590=305.38mm$$

4. 计算 A_s

将 x 代入式（4-46）得：

$$A_s=\frac{\alpha_1 f_c(b_f'-b)h_f'+\alpha_1 f_c b x}{f_y}$$
$$=\frac{14.3(600-250)120+14.3\times250\times132}{360}=2979\ mm^2$$

5. 选用钢筋及绘配筋图

查附表 1-15，选用 6 Φ 25（实配 $A_s=2945mm$），配筋如图 4-28 所示。

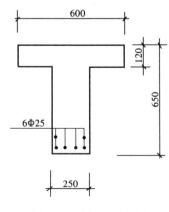

图 4-28 例 4-8 配筋图

（二）截面校核

已知截面尺寸，受拉钢筋面积，混凝土强度等级，钢筋级别，要求计算所能承受的弯矩设计值 M，即校核梁是否安全。

对第一类 T 形截面，$f_y A_s\leqslant\alpha_1 f_c b_f' h_f'$，按 $b_f'\times h$ 的矩形截面受弯构件校核方法进行。

对第二类 T 形截面，$f_y A_s>\alpha_1 f_c b_f' h_f'$，由式（4-46）

$$x=\frac{f_y A_s-\alpha_1 f_c(b_f'-b)h_f'}{\alpha_1 f_c b}$$

将 x 代入式（4-47）得 M_u，当 $M_u>M$ 时，截面安全。

【例 4-9】 已知一 T 形截面梁（图 4-29）的截面尺寸

为 $h=700\text{mm}$，$b=250\text{mm}$，$h_f'=100\text{mm}$，$b_f'=600\text{mm}$，截面配有受拉钢筋 8 Φ 22（$A_s=3041\text{mm}^2$），混凝土强度等级 C30，采用 HRB400 级钢筋配筋。梁截面的最大弯矩设计值 $M=500\text{kN}\cdot\text{m}$。试校核该梁是否安全？

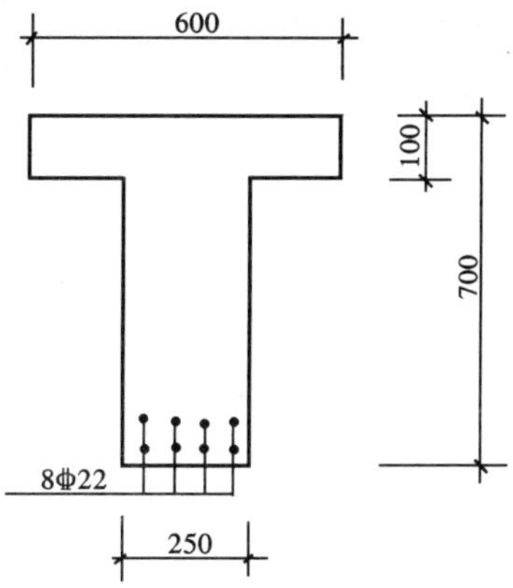

【解】 1. 已知条件

由附表 1-8 和附表 1-3 分别查得混凝土强度等级 C30，$f_c=14.3\text{N/mm}^2$；HRB400 热轧带肋钢筋，$f_y=360\text{N/mm}^2$；$h_0=700-60=640\text{mm}$，$\alpha_1=1.0$，由附表 4-3 查得 $\xi_b=0.5176$。

2. 判别截面类型

$$f_y A_s = 360 \times 3041 = 1094760\text{N} > \alpha_1 f_c b_f' h_f'$$
$$= 14.3 \times 600 \times 100 = 858000\text{N}$$

属第二类 T 形截面。

3. 计算 x

$$x = \frac{f_y A_s - \alpha_1 f_c (b_f' - b)h_f'}{\alpha_1 f_c b} = \frac{360 \times 3041 - 1.0 \times 14.3(600-250) \times 100}{1.0 \times 14.3 \times 250}$$

$$= 166.23\text{mm} < \xi_b h_0 = 0.5176 \times 640 = 331\text{mm}$$

4. 计算极限弯矩 M_u

$$M_u = \alpha_1 f_c (b_f' - b)h_f'\left(h_0 - \frac{h_f'}{2}\right) + \alpha_1 f_c bx\left(h_0 - \frac{x}{2}\right)$$

$$= 14.3(600-250)100\left(640 - \frac{100}{2}\right) + 14.3 \times 250 \times 166.23\left(640 - \frac{166.23}{2}\right)$$

$$= 626236000\text{N}\cdot\text{mm} = 626.236\text{kN}\cdot\text{m} > M = 500\text{kN}\cdot\text{m}，安全。$$

图 4-29 例 4-9 附图

第六节 构造要求

受弯构件正截面承载力的计算通常只考虑荷载对截面抗弯能力的影响。有些因素，如温度、混凝土的收缩、徐变等对截面承载力的影响不容易详细计算。人们在长期实践经验的基础上，总结出一些构造措施，按照这些构造措施设计，可防止因计算中没有考虑的因素的影响而造成结构构件的破坏。同时，某些构造措施也是为了使用和施工上的可能和需要而采用的。因此，进行钢筋混凝土结构和构件设计时，除了要符合计算结果以外，还必须要满足有关的构造要求。

下面将与钢筋混凝土梁板正截面设计有关的主要构造要求分别叙述如下：

一、板截面的构造要求

（一）板的最小厚度

现浇钢筋混凝土板的厚度除应满足各项功能要求外，其厚度尚应符合表 4-5 的规定。

现浇钢筋混凝土板的最小厚度（mm）　　　　　　　　　　　　　表 4-5

板的类别			最小厚度
单向板		屋面板	60
		民用建筑楼板	60
		工业建筑楼板	70
		行车道下的楼板	80
双向板			80
密肋楼盖		面板	50
		肋高	250
悬臂板（根部）		悬臂长度不大于500mm	60
		悬臂长度1200mm	100
无梁楼板			150
现浇空心楼盖			200

预制板的最小厚度应满足钢筋保护层厚度的要求。

（二）板的受力钢筋

受力钢筋的直径通常采用 6mm、8mm、10mm。采用绑扎配筋时，受力钢筋的间距一般不小于 70mm；当板厚 $h \leqslant 150mm$ 时，不宜大于 200mm；当板厚 $h > 150mm$ 时，不宜大于 $1.5h$，且不宜大于 250mm。

板的混凝土保护层最小厚度取决于周围环境和混凝土的强度等级。处于一类环境中的板，混凝土保护层的最小厚度为 15mm。处于其他环境中的板，混凝土保护层的最小厚度应适当增加，具体规定见附表 1-19。

（三）板的分布钢筋

板的分布钢筋是指垂直于板的受力钢筋方向上布置的构造钢筋。分布钢筋与受力钢筋绑扎或焊接在一起，形成钢筋骨架。分布钢筋的作用是：将板面的荷载更均匀地传递给受力钢筋，施工过程中固定受力钢筋的位置，以及抵抗温度和混凝土的收缩应力等。分布钢筋的截面面积不应小于单位长度上受力钢筋截面面积的 15%，且不宜小于该方向板截面面积的 0.15%；分布钢筋的间距不宜大于 250mm，直径不宜小于 6mm；对于集中荷载较大的情况，分布钢筋的截面面积应适当增加，其间距不宜大于 200mm。对预制板，当有实践经验或可靠措施时，其分布钢筋可不受此限制，对处于经常温度变化较大处的板，其分布钢筋应适当增加。

二、梁的构造要求

（一）截面尺寸

独立的简支梁的截面高度与其跨度的比值可为 1/12 左右，独立的悬臂梁的截面高度与其跨度的比值可为 1/6 左右。

矩形截面梁的高宽比 h/b 一般取 2.0～2.5；T 形截面梁的 h/b 一般取为 2.5～4.0（此外 b 为梁肋宽）。为了统一模板尺寸，梁常用的宽度为 $b = 120mm$、150mm、180mm、200mm、220mm、250mm、300mm、350mm 等，而梁的常用高度则为 $h = 250mm$、

300mm、350mm······750mm、800mm、900mm、1000mm 等尺寸。

(二)纵向受力钢筋

梁中常用的纵向受力钢筋直径为 10~28mm，根数不得少于 2 根。梁高不小于 300mm 时，钢筋直径不应小于 10mm；梁高小于 300mm 时，钢筋直径不应小于 8mm。梁内受力钢筋的直径宜尽可能相同。当采用两种不同的直径时，它们之间相差至少应为 2mm，以便在施工时容易为肉眼识别，但相差也不宜超过 6mm。

为了便于浇灌混凝土，保证钢筋能与混凝土粘结在一起，以及保证钢筋周围混凝土的密实性，纵筋的净间距以及钢筋的最小保护层厚度应满足图 4-30 的要求。钢筋排成一行时梁的最小宽度见附表 1-20。为了解决施工的困难，构件中的钢筋可采用并筋的配筋形式。直径 28mm 及以下的钢筋并筋数量不应超过 3 根；直径 32mm 的钢筋并筋数量宜为 2 根；直径 36mm 及以上钢筋不应采用并筋。并筋应按单根等效钢筋进行计算，等效钢筋的等效直径应按截面面积相等的原则换算确定。

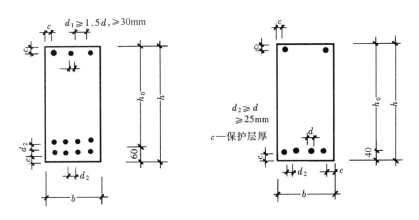

图 4-30 混凝土保护层和钢筋净距

(三)纵向构造钢筋

为了固定箍筋并与受力钢筋连成骨架，在梁的受压区应设置架立钢筋。

架立钢筋的直径与梁的跨度 l 有关。当 $l > 6m$ 时，架立钢筋的直径不宜小于 10mm；当 $l = 4~6m$ 时，不宜小于 8mm；当 $l < 4m$ 时，不宜小于 6mm。

简支梁架立钢筋一般伸至梁端；当考虑其受力时，架立钢筋两端在支座内应有足够的锚固长度。

梁的腹板高度 h_w 不小于 450mm 时，在梁的两个侧面应沿高度配置纵向构造钢筋。每侧纵向构造钢筋（不包括梁上、下部受力钢筋及架立钢筋）的间距不宜大于 200mm，截面面积不应小于腹板面积（bh_w）的 0.1%，但当梁宽较大时可以适当放松。

关于梁板的详细构造要求，可参阅有关的专门资料。

小　　结

(1) 钢筋混凝土梁由于配筋率不同，有超筋梁、少筋梁和适筋梁三种破坏形态，其中超筋梁和少筋梁在设计中不应采用。

（2）适筋梁的破坏经历三个阶段。第Ⅰ阶段末Ⅰ$_a$为受弯构件抗裂度的计算依据；第Ⅱ阶段是一般钢筋混凝土受弯构件的使用阶段，是裂缝宽度和变形的计算依据；第Ⅲ阶段末Ⅲ$_a$是受弯构件正截面承载力的计算依据。

（3）计算受弯构件正截面承载力时，混凝土的压应力图形以等效矩形应力图形代替。

（4）受弯构件分为单筋矩形截面、双筋矩形截面和T形截面。三种截面的截面选择和截面校核的方法及步骤见各框图所示。

（5）在绘制施工图时，钢筋直径、净距、保护层、锚固长度等应符合有关构造规定。

思　考　题

1. 受弯构件中适筋梁从加载到破坏经历哪几个阶段？各阶段正截面上应力-应变分布、中和轴位置、梁的跨中最大挠度的变化规律是怎样的？各阶段的主要特征是什么？每个阶段是哪种极限状态的计算依据？

2. 钢筋混凝土梁正截面应力-应变状态与匀质弹性材料梁（如钢梁）有什么主要区别？

3. 什么叫配筋率？配筋率对梁的正截面承载力有何影响？

4. 少筋梁、适筋梁与超筋梁的破坏特征有何区别？

5. 单筋矩形截面梁正截面承载力的计算应力图形如何确定？

6. 梁、板中混凝土保护层的作用是什么？其最小值是多少？对梁内受力主筋的直径、净距有何要求？

7. 试就图 4-31 所示 4 种受弯截面情况回答下列问题：

（1）它们破坏时属何种破坏？

（2）破坏时的钢筋应力情况如何？

（3）破坏时钢筋和混凝土的强度是否能充分利用？

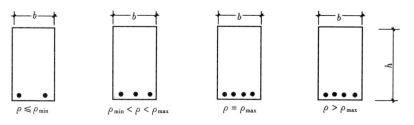

图 4-31　思考题 7 附图

8. 什么叫截面相对界限受压区高度 ξ_b？它在承载力计算中的作用是什么？

9. 钢筋混凝土梁正截面应力、应变发展至第Ⅲ$_a$阶段时，受压区的最大压应力在何处？最大压应变在何处？

10. 在什么情况下可采用双筋梁？其计算应力图形如何确定？在双筋截面中受压钢筋起什么作用？为什么双筋截面一定要用封闭箍筋？

11. 为什么在双筋矩形截面承载力计算中必须满足 $\xi \leqslant \xi_b$ 与 $x \geqslant 2a'_s$ 的条件？

12. 当矩形截面梁内已配有受压钢筋 A'_s，但计算的 $\xi < \xi_b$ 时，计算受拉钢筋 A_s 时是否要考虑 A'_s，为什么？

13. 截面为 200mm×500mm 的梁，混凝土强度等级 C30，HRB400 级钢筋，截面面积 $A_s=763$mm^2，设计使用年限为 50 年，环境类别为一类。求 α_s、γ_s 的值。说明 α_s、γ_s 物理意义是什么。

14. 某楼面大梁计算跨度为 6.2m，承受均布荷载设计值 26.5kN/m（包括自重），弯矩设计值 $M=127$kN·m，设计使用年限为 50 年，环境类别为一类。试计算下面 5 种情况的 A_s（表 4-6），并进行讨论：

	梁高（mm）	梁宽（mm）	混凝土强度等级	钢筋级别	钢筋面积A_s
					思考题 14 附表　　　　　表 4-6
1	500	200	C30	HRB400	
2	550	200	C30	HRB400	
3	600	200	C30	HRB400	
4	650	200	C30	HRB400	
5	700	250	C40	HRB500	

（1）提高混凝土的强度等级对配筋量的影响。

（2）提高钢筋级别对配筋量的影响。

（3）加大截面高度对配筋量的影响。

（4）加大截面宽度对配筋量的影响。

（5）提高混凝土强度等级或钢筋级别对受弯构件的破坏弯矩有什么影响？从中可得出什么结论？该结论在工程实践上及理论上有哪些意义？

15. 当构件承受的弯矩和截面高度都相同时，图 4-32 中 4 种截面的正截面承载力需要的钢筋截面面积 A_s 是否一样？为什么？

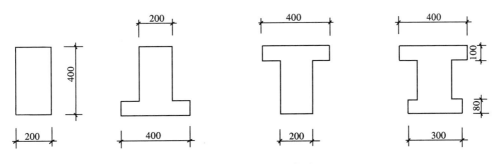

图 4-32　思考题 15 附图

16. 两类 T 形截面梁如何鉴别？在第二种 T 形截面梁的计算中混凝土压应力应如何取？

17. 当验算 T 形截面梁的最小配筋率 ρ_{min} 时，计算配筋率 ρ 为什么要用腹板宽 b 而不用翼缘宽度 b_f'？

18. 整浇楼盖中连续梁的跨中截面和支座截面各按何种截面形式计算？

习　题

4-1　一钢筋混凝土矩形梁截面尺寸 $b \times h = 250\text{mm} \times 500\text{mm}$，混凝土强度等级 C30，HRB400 级钢筋，弯矩设计值 $M = 125\text{kN} \cdot \text{m}$，设计使用年限为 50 年，环境类别为一类。试计算受拉钢筋截面面积，并绘配筋图。

4-2　一钢筋混凝土矩形梁截面尺寸 $b \times h = 200\text{mm} \times 500\text{mm}$，弯矩设计值 $M = 120\text{kN} \cdot \text{m}$，混凝土强度等级 C30。设计使用年限为 50 年，环境类别为一类。试计算其纵向受力钢筋截面面积 A_s：（1）当选用 HRB400 级钢筋时；（2）改用 HRB500 级钢筋时；（3）$M = 180\text{kN} \cdot \text{m}$ 时。最后，对三种结果进行对比分析。

4-3　某大楼中间走廊单跨简支板（图 4-33），设计使用年限为 50 年，环境类别为一类。计算跨度

$l=2.18\text{m}$，承受均布荷载标准值 $g_k=3.2\text{kN/m}$，$q_k=2\text{kN/m}$，恒载标准值中已包括板的自重。混凝土强度等级 C30，HPB300 级钢筋。试确定现浇板的厚度 h 及所需受拉钢筋截面面积 A_s，选配钢筋，并画钢筋配置图。计算时，取 $b=1.0\text{m}$，$a_s=20\text{mm}$。

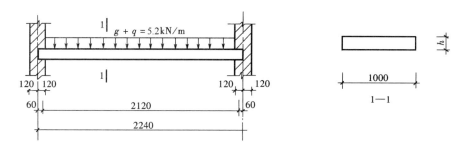

图 4-33　习题 4-3 附图

4-4　一钢筋混凝土矩形梁，承受弯矩设计值 $M=160\text{kN·m}$，混凝土强度等级 C30，HRB400 级钢筋。设计使用年限为 50 年，环境类别为二 a 类。试按正截面承载力要求确定截面尺寸及配筋。

4-5　一钢筋混凝土矩形梁截面尺寸 $b\times h=200\text{mm}\times500\text{mm}$，混凝土强度等级 C30，HRB400 级钢筋（2 Φ 18），$A_s=509\text{mm}^2$。设计使用年限为 50 年，环境类别为二 a 类。试计算梁截面上承受弯矩设计值 $M=80\text{kN·m}$ 时是否安全？

4-6　一钢筋混凝土矩形梁截面尺寸 $b\times h=250\text{mm}\times600\text{mm}$，配置 4 Φ 25 的 HRB400 级钢筋，分别选 C30、C35 与 C40 强度等级混凝土，设计使用年限为 50 年，环境类别为二 a 类。试计算梁能承担的最大弯矩设计值，并对计算结果进行分析。

4-7　计算表 4-7 所示钢筋混凝土矩形梁能承受的最大弯矩设计值，设计使用年限为 50 年，环境类别为二 a 类。并对计算结果进行讨论。

表 4-7

项目	截面尺寸 $b\times h$ (mm)	混凝土强度等级	钢筋级别	钢筋截面面积 A_s (mm²)	最大弯矩设计值 M (kN·m)
1	200×400	C30	HRB400	4 Φ 18	
2	200×450	C30	HRB400	4 Φ 18	
3	200×500	C30	HRB400	4 Φ 18	
4	200×500	C40	HRB400	4 Φ 18	
5	200×550	C40	HRB400	4 Φ 18	
6	300×600	C40	HRB400	4 Φ 18	

4-8　一简支钢筋混凝土矩形梁（图 4-34），承受均布荷载设计值 $g+q=15\text{kN/m}$，距支座 3m 处作用有一集中力设计值 $F=15\text{kN}$，混凝土强度等级 C30，HRB400 级钢筋。设计使用年限为 50 年，环境类别为一类。试确定截面尺寸 $b\times h$ 和所需受拉钢筋截面面积 A_s，并绘配筋图。

4-9　一钢筋混凝土矩形截面简支梁（图 4-35），承受均布荷载标准值 $q_k=20\text{kN/m}$，恒荷载标准值 $g_k=2.25\text{kN/m}$，HRB400 级钢筋，混凝土强度等级 C30，梁内配有 4 Φ 16 钢筋（荷载分项系数：均布活荷载 $\gamma_Q=1.4$，恒荷载 $\gamma_G=1.2$，计算跨度 $l_0=4960+240=5200\text{mm}$）。设计使用年限为 50 年，环境类别为一类。试验算梁正截面是否安全？

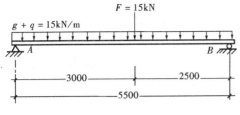

图 4-34 习题 4-8 附图

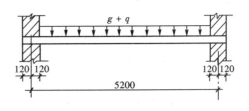

图 4-35 习题 4-9 附图

4-10 如图 4-36 所示雨篷板，板厚 $h=60$mm，板面上有 20mm 厚防水砂浆，板底抹 20mm 厚混合砂浆。板上活荷载标准值考虑 500N/m²。HPB300 级钢筋，混凝土强度等级 C30。设计使用年限为 50 年，环境类别为一类。试求受拉钢筋截面面积 A_s，并绘配筋图。

4-11 如图 4-37 所示试验梁，截面尺寸 $b\times h=120$mm$\times250$mm，其混凝土的立方体抗压强度 $f_{cu}=21.8$N/mm²，配有 2 Φ 16HRB400 级钢筋，钢筋试件的实测屈服强度为 $f_y=385$N/mm²，设计使用年限为 50 年，环境类别为一类。试计算该试验梁破坏时的荷载（应考虑自重）。

4-12 已知一矩形梁截面尺寸 $b\times h=200$mm$\times500$mm，弯矩设计值 $M=216$kN·m，混凝土强度等级 C30，在受压区配有 3 Φ 20 的受压钢筋，设计使用年限为 50 年，环境类别为二类 b。试计算受拉钢筋截面面积 A_s。（钢筋为 HRB400 级钢筋）。

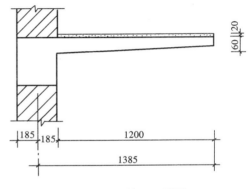

图 4-36 习题 4-10 附图

4-13 已知一矩形梁截面尺寸 $b\times h=120$mm$\times500$mm，承受弯矩设计值 $M=216$kN·m，混凝土强度等级 C30，已配 HRB400 级受拉钢筋 6 Φ 20，设计使用年限为 50 年，环境类别为二类 b。试复核该梁是否安全？若不安全，则重新设计，但不改变截面尺寸和混凝土强度等级（取 $a_s=60$mm）。

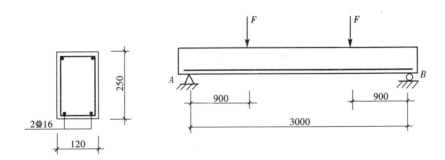

图 4-37 习题 4-11 附图

4-14 已知一双筋矩形梁截面尺寸 $b\times h=200$mm$\times450$mm，混凝土强度等级 C30，HRB400 级钢筋，配置 2 Φ 12 受压钢筋，3 Φ 25＋2 Φ 22 受拉钢筋，设计使用年限为 50 年，环境类别为二类 b。试求该截面所能承受的最大弯矩设计值 M。

4-15 某连续梁中间支座截面尺寸 $b\times h=250$mm$\times650$mm，承受支座负弯矩设计值 $M=239.2$kN·m，混凝土强度等级 C30，HRB400 级钢筋。现由跨中正弯矩计算的钢筋中弯起 2 Φ 18 伸入支座承受负弯矩，设计使用年限为 50 年，环境类别为二类 b。试计算支座负弯矩所需钢筋截面面积 A_s，如果不考虑弯起钢筋的作用时，支座需要钢筋截面面积 A_s 为多少？

4-16 某整体式肋梁楼盖的 T 形截面主梁，翼缘计算宽度 $b_f'=2200\text{mm}$、$b=300\text{mm}$、$h_f'=80\text{mm}$，选用混凝土强度等级 C30，HRB400 级钢筋，跨中截面承受最大弯矩设计值 $M=275\text{kN}\cdot\text{m}$，设计使用年限为 50 年，环境类别为一类。试确定该梁的高度 h 和受拉钢筋截面面积 A_s，并绘配筋图。

4-17 某 T 形截面梁翼缘计算宽度 $b_f'=500\text{mm}$，$b=250\text{mm}$，$h=600\text{mm}$，$h_f'=1000\text{mm}$，混凝土强度等级 C30，HRB400 级钢筋，承受弯矩设计值 $M=256\text{kN}\cdot\text{m}$，设计使用年限为 50 年，环境类别为一类。试求受拉钢筋截面面积，并绘配筋图。

4-18 某 T 形截面梁，翼缘计算宽度 $b_f'=1200\text{mm}$，$b=200\text{mm}$，$h=600\text{mm}$，$h_f'=80\text{mm}$，混凝土强度等级 C30，配有 4 ⫶ 20 受拉钢筋，承受弯矩设计值 $M=131\text{kN}\cdot\text{m}$，设计使用年限为 50 年，环境类别为一类。试复核梁截面是否安全。

4-19 某 T 形截面梁，翼缘计算宽度 $b_f'=400\text{mm}$、$b=200\text{mm}$、$h=600\text{mm}$、$h_f'=100\text{mm}$、$a_s=60\text{mm}$，混凝土强度等级 C30，受拉区配有 6 ⫶ 20 钢筋，设计使用年限为 50 年，环境类别为一类。试计算该梁能承受的最大弯矩 M。

第五章 钢筋混凝土受弯构件斜截面承载力计算

提　　要

本章的重点是：

（1）斜截面破坏的主要形态，影响斜截面抗剪承载力的主要因素；

（2）有腹筋梁斜截面受剪承载力的计算公式及适用条件，防止斜压破坏和斜拉破坏的措施；进行斜截面受剪承载力设计计算的步骤和方法；

（3）受弯承载力图（材料图）的作法，弯起钢筋的弯起位置和纵向受力钢筋的截断位置；

（4）纵向受力钢筋伸入支座的锚固要求和箍筋的构造要求。

本章的难点是：纵向受力钢筋的弯起与截断位置。

第一节　概　　述

前面讲述的轴心受力构件及受弯构件的正截面承载力问题，都是只考虑在单一的作用效应（N 或 M）下构件截面处于承载能力极限状态时的受力特征及计算问题。构件在轴心力 N 或弯矩 M 的作用下所发生的破坏是正截面破坏，即由于截面的正应力（法向应力）或应变达到某一限值时所引起的破坏。

在实际工程结构中，大多数钢筋混凝土构件还承受剪力 V，它所产生的剪应力与正应力是不相同的；并且，剪力总是和弯矩共同作用，或者还与轴向力、扭矩共同作用，因而构件截面处于复合受力状态，其受力和破坏特征都与正截面不同。本章所讨论的，就是受弯构件在剪力和弯矩共同作用下的计算和构造问题。

如图 5-1 所示的矩形截面简支梁，在对称集中荷载作用下（略去梁的自重），除区段 CD 仅有弯矩作用（称为纯弯区段）外，在支座附近的 AC 和 DB 区段内，都有弯矩和剪力的共同作用，该区段称为剪弯段。构件在跨中正截面抗弯承载力有保证的情况下，有可能在剪力和弯矩的联合作用下，在支座附近区段发生斜截面破坏（或称为剪切破坏）。

为了初步探讨斜截面破坏的原因，现按材料力学的方法绘出该梁在荷载作用下的主应力迹线如图 5-2 所示（其中实线为主拉应力迹线，虚线为主压应力迹线）。截面 1-1 上的微元体 1、2、3 分别处于不同的应力状态；位于中和轴处的微元体 1，其正应力为零，剪应力最大，主拉应力 σ_{tp} 和主压应力 σ_{cp} 与梁轴线呈 45° 角；位于受压区的微元体 2，由于压应力的存在，主拉应力 σ_{tp} 减少，主压应力 σ_{cp} 增大，主拉应力与梁轴线夹角大于 45°；位于受拉区的微元体 3，由于拉应力的存在，主拉应力 σ_{tp} 增大，主压应力 σ_{cp} 减小，主拉应力与梁轴线夹角小于 45°。对于匀质弹性体的梁来说，当主拉应力或主压应力达到材料的复合抗拉或抗压强度时，将引起构件截面的破坏。

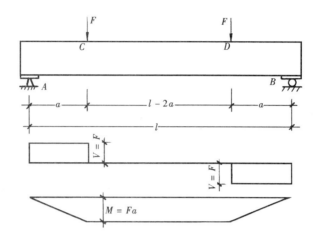

图 5-1　对称加载简支梁

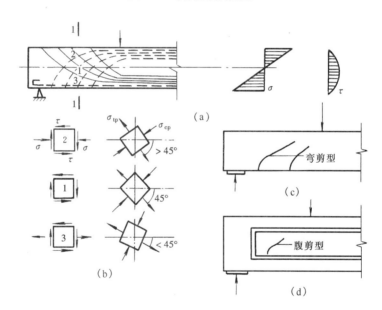

图 5-2　梁的应力状态和斜裂缝形态
（a）主应力迹线；（b）单元体应力；（c）弯剪型斜裂缝；（d）腹剪型斜裂缝

　　对于钢筋混凝土梁，由于混凝土的抗拉强度很低，因此随着荷载的增加，当主拉应力值超过混凝土复合受力下的抗拉强度时，将首先在达到该强度的部位产生裂缝，其裂缝走向与主拉应力的方向垂直，故剪弯段的裂缝是斜裂缝。在通常情况下，斜裂缝往往是由梁底的弯曲裂缝发展而成的，称为弯剪型斜裂缝；当梁的腹板很薄或集中荷载至支座距离很小时，斜裂缝可能首先在梁腹部出现，称为腹剪型斜裂缝（图 5-2c、d）。斜裂缝的出现和发展使梁内应力的分布和数值发生变化，最终导致在剪力较大的近支座区段内不同部位的混凝土被压碎或混凝土拉坏而丧失承载能力，即发生斜截面破坏。
　　斜截面破坏普遍带有脆性性质，在设计中应当避免。

为了防止斜截面破坏，首先应保证梁的斜截面受剪承载力满足要求，即应使梁具有合理的截面尺寸并配置适当的腹筋。腹筋包括箍筋和弯起钢筋。

施工时，箍筋和梁的纵向钢筋绑扎（或焊接）形成钢筋骨架，以保证各种钢筋的正确位置。箍筋在斜截面抗剪中起着非常重要的作用，密集配置的箍筋还可以约束混凝土，提高混凝土的强度和延性（这在抗震设计中尤为重要）。

当梁承受的剪力较大时，在优先采用箍筋的前提下，还可利用一部分梁的跨中受拉钢筋在支座附近弯起以承担部分剪力，这种钢筋称为弯起钢筋（图 5-3）。

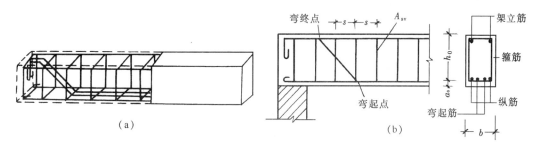

图 5-3　梁的箍筋和弯起钢筋

(a) 钢筋骨架；(b) 配筋示意

与纵向钢筋的配筋率类似，为了反映配箍量的大小，现引进箍筋配筋率 ρ_{sv}（以下简称配箍率）的概念：

$$\rho_{sv} = \frac{A_{sv}}{bs} \tag{5-1}$$

式中　A_{sv}——配置在同一截面内箍筋各肢的全部截面面积，$A_{sv}=nA_{sv1}$；其中，n 为在同一截面内箍筋的肢数，A_{sv1} 为单肢箍筋的截面面积；

　　　s——沿构件长度方向上箍筋的间距；

　　　b——矩形截面的宽度，T 形截面或 I 形截面的腹板宽度。

配箍率 ρ_{sv} 是有腹筋梁受力的一个重要特征参数。在图 5-3 中，若箍筋为 $\Phi 8@200$，则 $s=200\text{mm}$，$A_{sv1}=50.3\text{mm}^2$，且 $n=2$；当 $b=250\text{mm}$ 时，可算得 $\rho_{sv}=0.201\%$。

除满足斜截面受剪承载力要求外，还应使梁具有合理的配筋构造，以使梁的斜截面抗弯承载力不低于相应的正截面抗弯承载力。

第二节　无腹筋梁的抗剪性能

工程中的绝大多数梁都是配有箍筋（或箍筋和弯起钢筋）的有腹筋梁。但是，通过对无腹筋梁的试验研究，可以更清楚地了解受弯构件的斜截面抗剪性能。

一、集中荷载作用下的矩形截面梁

集中荷载作用下的矩形截面简支梁的受力情形已示于图 5-1（试件采用对称加载方式）。集中荷载至支座间的区段 AC 和 DB 是剪力和弯矩共同作用的区段，称为剪弯段；集中荷载至支座的距离 a 称为剪跨，剪跨与梁截面有效高度 h_0 之比称为剪跨比，记为 λ：

$$\lambda = a/h_0 \tag{5-2}$$

一般情况下，可将某一截面的弯矩和剪力的相对值 M/Vh_0 称为该截面的广义剪跨比。显然，简支梁在集中荷载作用截面，剪力和弯矩都达到最大值，该截面的广义剪跨比就是 λ。剪跨比 λ 也是集中荷载作用下梁受力的一个重要特征参数。

（一）剪弯段内梁的受力特点

1. 斜裂缝出现前

当荷载较小、裂缝尚未出现时，可将钢筋混凝土梁视为匀质弹性材料的梁，其受力特点可用材料力学方法分析。

2. 斜裂缝出现后

随着荷载增加，梁在剪跨内出现斜裂缝。现以斜裂缝 CB 为界，取出如图 5-4 所示的隔离体，其中 C 为斜裂缝起点，B 为该裂缝端点，斜裂缝上端截面 AB 称为剪压区。

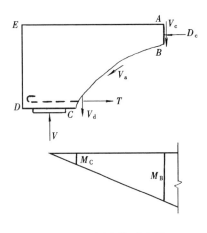

与剪力 V 平衡的力有：AB 面上的混凝土剪应力合力 V_c；由于开裂面 BC 两侧凹凸不平产生的骨料咬合力 V_a 的竖向分力；穿过斜裂缝的纵向钢筋在斜裂缝相交处的销栓力 V_d。

与弯矩 M 平衡的力矩主要是由纵向钢筋拉力 T 和 AB 面上混凝土压应力合力 D_c 组成的内力矩。

由于斜裂缝的出现，梁在剪弯段内的应力状态将发生很大变化，主要表现在：

（1）开裂前的剪力是由全截面承担的，开裂后则主要由剪压区承担，混凝土剪应力大大增加（随着荷载的增大，斜裂缝宽度增加，骨料咬合力也迅速减小），应力的分布规律不同于斜裂缝出现前的情形。

图 5-4　隔离体受力图

（2）混凝土剪压区面积因斜裂缝的出现和发展而减小，剪压区内的混凝土压应力将大大增加。

（3）与斜裂缝相交处的纵向钢筋应力，由于斜裂缝的出现而突然增大。因为该处的纵向钢筋拉力在斜裂缝出现前是由弯矩 M_C 决定的（图 5-4），而在斜裂缝出现后，根据力矩平衡的概念，纵向钢筋的拉力 T 则是由斜裂缝端点处截面 AB 的弯矩 M_B 所决定，M_B 比 M_C 要大很多。

（4）纵向钢筋拉应力的增大导致钢筋与混凝土间粘结应力的增大，有可能出现沿纵向钢筋的粘结裂缝（图 5-5a）或撕裂裂缝（图 5-5b）。

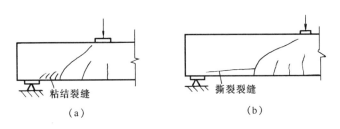

（a）　　　　　　　　　　　　（b）

图 5-5　粘结裂缝和撕裂裂缝

（a）粘结裂缝；（b）撕裂裂缝

所有这些受力特点，都不同于斜裂缝出现前的受力特点。

3. 破坏

荷载继续增加时，随着斜裂缝条数的增多和裂缝宽度变大，骨料咬合力下降；沿纵向钢筋的混凝土保护层也有可能被劈裂、钢筋的销栓力也逐渐减弱；斜裂缝中的一条发展成为主要斜裂缝，称为临界斜裂缝，无腹筋梁的荷载绝大部分将由"拉杆拱"承担（图5-6）；纵向钢筋成为拱的拉杆（但必须保证纵向钢筋的可靠锚固），混凝土拱体的破坏导致构件丧失承载能力。

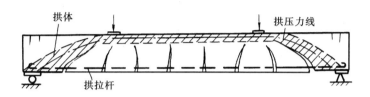

图 5-6　无腹筋梁的拱体受力机制

一种较常见的破坏情形是：临界斜裂缝的发展导致混凝土剪压区高度的不断减小，最后在剪应力和压应力的共同作用下，剪压区混凝土被压碎（拱顶破坏），梁发生破坏。破坏时纵向钢筋拉应力往往低于其屈服强度。

（二）斜截面破坏的主要形态

大量试验结果表明：无腹筋梁斜截面剪切破坏主要有三种形态。

1. 斜拉破坏（图 5-7a）

当剪跨比 λ 较大时（一般 $\lambda>3$），斜裂缝一旦出现，便迅速向集中荷载作用点延伸，并很快形成临界斜裂缝，梁随即破坏。

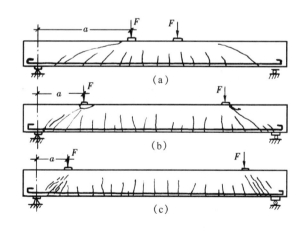

图 5-7　斜截面的破坏形态

整个破坏过程急速而突然，破坏荷载与出现斜裂缝时的荷载相当接近，破坏前梁的变形很小，并且往往只有一条斜裂缝，这种破坏是拱体混凝土被拉坏。破坏具有明显的脆性。

2. 剪压破坏（图 5-7b）

当剪跨比适中（一般 $1<\lambda\leqslant3$）时，常发生本节（一）中所述的破坏。斜裂缝中的某

一条发展成为临界斜裂缝；临界斜裂缝向荷载作用点缓慢发展，剪压区高度逐渐减小，最后剪压区混凝土被压碎，梁丧失承载能力。

这种破坏有一定的预兆，破坏荷载较出现斜裂缝时的荷载为高。但与适筋梁的正截面破坏相比，剪压破坏仍属于脆性破坏。

3. 斜压破坏（图 5-7c）

这种破坏发生在剪跨比很小（一般 $\lambda \leqslant 1$）或腹板宽度较窄的 T 形梁和 I 形梁上。其破坏过程是：首先在荷载作用点与支座间梁的腹部出现若干条平行的斜裂缝（即腹剪型斜裂缝）；随着荷载的增加，梁腹被这些斜裂缝分割为若干斜向"短柱"，最后因柱体混凝土被压碎而破坏。这实际上是拱体混凝土被压坏。

斜压破坏的破坏荷载很高，但变形很小，亦属于脆性破坏。

除上述主要的斜截面剪切破坏形态外，还有可能发生纵向钢筋在梁端锚固不足而引起的锚固破坏（即拱拉杆破坏）或混凝土局部受压破坏；也有可能发生斜截面弯曲破坏（见第六节）。

（三）影响梁斜截面受剪承载力的主要因素

1. 剪跨比

剪跨比是集中荷载作用下影响梁斜截面受剪承载力的主要因素。当剪跨比在一定范围内变化时，随着剪跨比的增加，斜截面受剪承载力降低。

2. 混凝土强度等级

从斜截面剪切破坏的几种主要形态可知，斜拉破坏主要取决于混凝土的抗拉强度，剪压破坏和斜压破坏则主要取决于混凝土的抗压强度。因此，在剪跨比和其他条件相同时，斜截面受剪承载力随混凝土抗拉强度 f_t 的提高而增大。试验表明，二者大致呈线性关系。

3. 纵向受拉钢筋配筋率

在其他条件相同时，纵向钢筋配筋率越大，斜截面承载力也越大。试验表明，二者也大致呈线性关系。这是因为，纵筋配筋率越大则破坏时的剪压区高度越大，从而提高了混凝土的抗剪能力；同时，纵筋可以抑制斜裂缝的开展，增大斜裂面间的骨料咬合作用；纵筋本身的横截面也能承受少量剪力（即销栓力）。

根据试验分析，纵向受拉钢筋的配筋率 ρ 对无腹筋梁受剪承载力 V_c 的影响可用系数 $\beta_\rho = (0.7 + 20\rho)$ 来表示；通常在 ρ 大于 1.5% 时影响才较为明显。

4. 截面尺寸和截面形状的影响

截面尺寸效应的影响可用系数 $\beta_h = (800/h_0)^{\frac{1}{4}}$ 来表示。当截面有效高度 h_0 超过 2000mm 后，其受剪承载力还会有所降低。而 T 形、I 形截面梁的受剪承载力则略高于矩形截面梁。

（四）受剪承载力 V_c

根据收集到在集中荷载作用下的无腹筋简支浅梁、无腹筋简支短梁、无腹筋简支深梁以及无腹筋连续浅梁、无腹筋连续深梁的众多试验数据，考虑到影响无腹筋梁受剪承载力的混凝土抗拉强度 f_t、剪跨比 λ（$= a/h_0$）、纵向受拉钢筋配筋率 ρ 和截面高度尺寸效应等主要因素，得出无腹筋梁在集中荷载作用下受剪承载力 V_c 的偏下值的计算公式为

$$V_c = \frac{1.75}{\lambda + 1}\beta_h\beta_\rho f_t bh_0 \tag{5-3}$$

式中剪跨比的适用范围为 $0.25 \leqslant \lambda \leqslant 3.0$，对高跨比不小于 5 的受弯构件，其适用范围为 $1.5 \leqslant \lambda \leqslant 3.0$。

二、均布荷载作用下的梁

均布荷载作用下梁的受力特点不同于集中荷载作用下的梁，它不存在剪力和弯矩同时都达到最大值的截面，斜截面的破坏位置往往是 M 和 V 都偏大的某一截面。

影响均布荷载作用下无腹筋梁受剪承载力的因素与集中荷载作用下的基本相同。根据收集到大量的均布荷载作用下无腹筋简支浅梁、无腹筋简支短梁、无腹筋简支深梁以及无腹筋连续浅梁的试验数据的分析，得到承受均布荷载为主的无腹筋一般受弯构件受剪承载力 V_c 偏下值的计算公式为

$$V_c = 0.7\beta_h\beta_\rho f_t bh_0 \tag{5-4}$$

第三节　无腹筋梁斜截面受剪承载力计算

一、一般板类受弯构件

对不配置箍筋和弯起钢筋的一般板类受弯构件，其斜截面的受剪承载力应符合下列规定：

$$V \leqslant 0.7\beta_h f_t bh_0 \tag{5-5}$$

式中　V——构件斜截面上的最大剪力设计值；

β_h——截面高度影响系数，$\beta_h = (800/h_0)^{\frac{1}{4}}$，当 $h_0 \leqslant 800\text{mm}$ 时，$\beta_h = 1.0$；当 $h_0 > 2000\text{mm}$ 时，取 $h_0 = 2000\text{mm}$；

f_t——混凝土轴心抗拉强度设计值。

式（5-5）实际上是式（5-4）的简化，即取 $\beta_\rho = 1.0$。因为只有在纵向受拉钢筋配筋率 $\rho > 1.5\%$ 时，其对受剪承载力的影响才较为明显，故在计算公式中没有列入。

二、梁类构件

对矩形、T 形和 I 形截面的一般梁，当满足下列公式要求时：

$$V \leqslant 0.7 f_t bh_0 \tag{5-6}$$

对集中荷载作用下的独立梁，当满足下列公式要求时：

$$V \leqslant \frac{1.75}{\lambda + 1} f_t bh_0 \tag{5-7}$$

均可不进行斜截面受剪承载力计算。但当截面高度 $h > 300\text{mm}$ 时，应沿梁全长设置箍筋；当截面高度 $h = 150 \sim 300\text{mm}$ 时，可仅在构件端部各四分之一跨度范围内设置箍筋；但当在构件中部二分之一跨度范围内有集中荷载作用时，则应沿梁全长设置箍筋；目的是避免斜裂缝突然形成可能导致脆性的斜拉破坏。只有当截面高度 $h < 150\text{mm}$ 时，可不设箍筋。箍筋的直径、间距等应满足相应构造要求。

第四节 有腹筋梁的抗剪承载力计算公式

一、仅配置箍筋的梁

(一) 剪力传递机理

配置箍筋可以有效地提高梁的斜截面受剪承载力。箍筋最有效的布置方式是与梁腹中的主拉应力方向一致，但为了施工方便，一般和梁轴线成 90° 布置。

在斜裂缝出现前，箍筋的应力很小，主要由混凝土传递剪力；斜裂缝出现后，与斜裂缝相交的箍筋应力增大，箍筋发挥作用。箍筋与斜裂缝之间的混凝土块体（斜压杆）形成"桁架体系"，共同把剪力传递到支座上（图 5-8）。此时，箍筋和混凝土斜压杆分别成为桁架的受拉腹杆和受压腹杆，纵向受拉钢筋成为桁架的受拉弦杆，剪压区混凝土则成为桁架的受压弦杆。

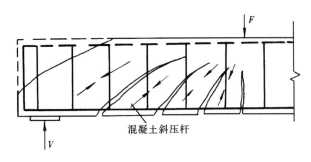

混凝土斜压杆

图 5-8　有腹筋梁的剪力传递

(二) 配箍梁的斜截面破坏形态

配置箍筋的梁，其斜截面破坏形态与无腹筋梁类似。

1. 斜拉破坏

当配箍率 ρ_{sv} 太小或箍筋间距太大并且剪跨比 λ 较大时，易发生斜拉破坏。破坏特征与无腹筋梁相同，破坏时箍筋被拉断。

2. 斜压破坏

当配置的箍筋太多或剪跨比很小（$\lambda<1$）时，发生斜压破坏，其特征是混凝土斜向柱体被压碎，但箍筋不屈服。

3. 剪压破坏

当配箍适量且剪跨比介于斜压破坏和斜拉破坏的剪跨比之间时，发生剪压破坏，其特征是箍筋受拉屈服，剪压区混凝土压碎，斜截面受剪承载力随配箍率 ρ_{sv} 及箍筋强度 f_{yv} 的增大而增大。

(三) 配箍梁的斜截面受剪承载力

在配置箍筋的梁中，箍筋不仅作为桁架的受拉腹杆承受斜裂缝截面的部分剪力，使斜裂缝顶部混凝土负担的剪力得以减轻，而且还能抑制斜裂缝的开展，延缓沿纵筋方向的粘结裂缝的发展，使骨料咬合力和纵筋销栓力有所提高。因此，箍筋对梁斜截面受剪承载力的提高是多方面的。

由于剪压破坏时的受剪承载力变化范围较大，故设计时要进行必要的计算。《规范》以剪压破坏的受力特征作为建立计算公式的基础。在有腹筋梁斜截面受剪承载力计算中，采用无腹筋梁混凝土所承担的剪力 V_c 和箍筋承担的剪力 V_s（实际上 V_s 包括了前述的箍筋综合影响）两项相加的形式：

$$V_{cs} = V_c + V_s \tag{5-8}$$

其中，V_c 采用式（5-6）或式（5-7）右端项，此时不再考虑 β_h 的影响并略去 β_p 的作用（参见式（5-3）和式（5-4））；V_s 的系数表示在配有箍筋的条件下，计算受剪承载力可以提高的程度。

对矩形、T 形和 I 形截面的受弯构件，当仅配置箍筋时，其斜截面受剪承载力计算公式为：

$$V \leqslant V_{cs} \tag{5-9}$$

$$V_{cs} = \alpha_{cv} f_t b h_0 + f_{yv} \frac{A_{sv}}{s} h_0 \tag{5-10}$$

式中　V_{cs}——构件斜截面上混凝土和箍筋的受剪承载力设计值；

　　　α_{cv}——斜截面混凝土受剪承载力系数，对于一般受弯构件取 0.7，对集中荷载作用下（包括作用有多种荷载，其中集中荷载对支座截面或节点边缘所产生的剪力值占总剪力的 75% 以上的情况）的独立梁，取 α_{cv} 为 $\frac{1.75}{\lambda+1}$，λ 为计算截面的剪跨比，可取 $\lambda = a/h_0$，当 λ 小于 1.5 时，取 1.5，当 λ 大于 3 时，取 3，a 为集中荷载作用点至支座截面或节点边缘的距离；

　　　A_{sv}——配置在同一截面内箍筋各肢的全部截面面积，$A_{sv} = n A_{sv1}$，此处，n 为在同一截面内箍筋的肢数，A_{sv1} 为单肢箍筋的截面面积；

　　　s——沿构件长度方向的箍筋间距；

　　　f_{yv}——箍筋抗拉强度设计值，按附表 1-3 取值，其数值大于 360N/mm² 时应取 360N/mm。

式（5-9）中的 V 相当于式（2-1）中的 $\gamma_0 S$；V_{cs} 相当于式（2-1）中的 R。

二、同时配置箍筋和弯起钢筋的梁

（一）弯起钢筋的作用

与斜裂缝相交的弯起钢筋起着和箍筋相似的作用，采用弯起钢筋也是提高梁斜截面受剪承载力的常用配筋方式。弯起钢筋通常由跨中部分纵向受拉钢筋在支座附近直接弯起。

（二）同时配有箍筋和弯起钢筋的受剪承载力

同时配置箍筋和弯起钢筋的梁发生剪压破坏时，其受剪承载力除 V_{cs} 外，还有弯起钢筋的受剪承载力 V_{sb}（图 5-9）。当与斜裂缝相交的弯起钢筋靠近剪压

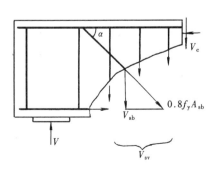

图 5-9　抗剪计算模式

区时，弯起钢筋有可能达不到受拉屈服强度，因此，同时配有箍筋和弯起钢筋的受弯构件斜截面承载力公式为：

$$V \leqslant V_{cs} + 0.8 f_y A_{sb} \sin\alpha \tag{5-11}$$

式中　V——与斜裂缝相交的弯起钢筋受剪承载力设计值；

　　　f_y——弯起钢筋的抗拉强度设计值；

　　　A_{sb}——弯起钢筋的截面面积；

　　　α——弯起钢筋与梁轴线夹角，一般取 $45°$，当梁高 $h>800mm$ 时取 $60°$；

　　　0.8——应力不均匀系数，用来考虑靠近剪压区的弯起钢筋在斜截面破坏时，可能达不到钢筋抗拉强度设计值。

箍筋和弯起钢筋的抗拉强度设计值 f_{yv} 应按附表 1-3 中的 f_y 的数值采用；当用作受剪、受扭、受冲切承载力计算时，其数值大于 $360kN/mm^2$ 时应取 $360kN/mm^2$。

第五节　有腹筋梁受剪承载力计算公式的适用条件

一、计算公式的适用范围

梁的斜截面受剪承载力按公式（5-9）～式（5-11）计算，式（5-9）～式（5-11）仅适用于剪压破坏情况。为防止斜压破坏和斜拉破坏，还应规定其上、下限值。

1. 上限值——最小截面尺寸

当发生斜压破坏时，梁腹的混凝土被压碎、箍筋不屈服，其受剪承载力主要取决于构件的腹板宽度、梁截面高度及混凝土强度。因此，只要保证构件截面尺寸不太小，就可以防止斜压破坏的发生。《规范》规定梁的最小截面尺寸应满足下列要求：

对于一般梁 $\left(\dfrac{h_w}{b}\leqslant 4\ \text{时}\right)$，取：

$$V \leqslant 0.25\beta_c f_c b h_0 \tag{5-12}$$

对于薄腹梁等构件 $\left(\dfrac{h_w}{b}\geqslant 6\ \text{时}\right)$，为了控制使用荷载下的斜裂缝宽度，应从严取：

$$V \leqslant 0.2\beta_c f_c b h_0 \tag{5-13}$$

式中　V——构件斜截面上的最大剪力设计值；

　　　β_c——混凝土强度影响系数：当混凝土强度等级不超过 C50 时，取 $\beta_c=1.0$，当混凝土强度等级为 C80 时，取 $\beta_c=0.8$；其间按线性内插法取用；

　　b、h_0——截面的腹板宽度和腹板高度，按图 5-10 取用。

在设计中，如果不满足式（5-12）和式（5-13）的条件时，应加大构件截面尺寸或提高混凝土强度等级，直到满足为止。对 T 形或 I 形截面的简支受弯构件，当有实践经验时，式（5-12）的系数可改用0.3。

2. 下限值——最小配箍率和箍筋最大间距

试验表明，若箍筋的配筋率过小或箍筋间距过大，在 λ 较大时一旦出现斜裂缝，可能使箍筋迅速屈服甚至拉断，斜裂缝急剧开展，导致发生斜拉破坏。此外，若箍筋直径过小，也不能保证钢筋骨架的刚度。

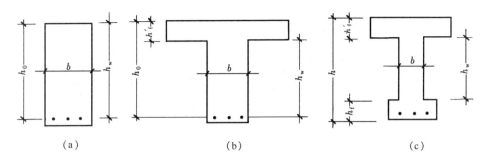

图 5-10 梁的腹板宽度 b 和高度 h_w

(a) $h_w = h_0$; (b) $h_w = h_0 - h'_f$; (c) $h_w = h - h'_f - h_f$

为了防止斜拉破坏，《规范》规定梁中箍筋的间距不应超过梁中箍筋的最大间距 s_{max}（表 5-1），直径不应小于表 5-2 规定。

梁中箍筋最大间距 s_{max}（mm） 表 5-1

梁高 h	$V > 0.7f_t bh_0$	$V \leqslant 0.7f_t bh_0$
$150 < h \leqslant 300$	150	200
$300 < h \leqslant 500$	200	300
$500 < h \leqslant 800$	250	350
$h > 800$	300	400

梁中箍筋最小直径（mm） 表 5-2

梁高 h	箍筋直径
$h \leqslant 800$	6
$h > 800$	8

注：梁中配有计算需要的纵向受压钢筋时，箍筋直径尚不应小于 $d/4$（d 为纵向受压钢筋的最大直径）。

《规范》还规定：$V > V_c$ 时，配箍率尚应满足最小配箍率要求，即

$$\rho_{sv} \geqslant \rho_{sv,min} = 0.24 \frac{f_t}{f_{yv}} \tag{5-14}$$

当采用最小配箍率 $\rho_{sv,min}$ 配置梁中箍筋时，可直接由式（5-14）求出箍筋截面面积（A_{sv}/s），并满足箍筋间距要求（表 5-1）及箍筋最小直径的要求（表 5-2）。最小配箍率、箍筋最大间和箍筋最小直径的规定是梁中箍筋设计的最基本的构造规定。

二、斜截面受剪承载力的计算位置

在计算梁斜截面受剪承载力时，其计算位置应按下列规定采用（图 5-11）：

（1）支座边缘处截面（图中 1-1 截面）。该截面承受的剪力值最大。在用材料力学方法计算支座反力也即支座剪力时，跨度一般是算至支座中心。但由于支座和构件连接在一起，可以共同承受剪力，因此受剪控制截面应是支座边缘截面。故计算该截面剪力设计值时，跨度取净跨长 l_n（即算至支座内边缘处）。用支座边缘的剪力设计值确定第一排弯起钢筋和 1-1 截面的箍筋。

（2）受拉区弯起钢筋弯起点处截面（图中 2-2 截面和 3-3 截面）。

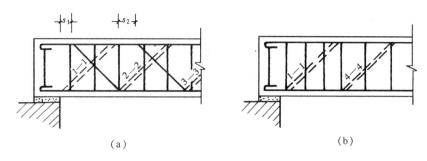

图 5-11 斜截面受剪承载力计算位置
(a) 弯起钢筋；(b) 箍筋

(3) 箍筋截面面积或间距改变处截面（图中 4-4 截面）。

(4) 腹板宽度改变处截面。

上述截面均为斜截面受剪承载力较薄弱的位置，在计算时应取其相应区段内的最大剪力值作为剪力设计值。具体做法详见例题。

在设计时，弯起钢筋距支座边缘距离 s_1 及弯起钢筋之间的距离 s_2（图 5-11a）均不应大于箍筋最大间距 s_{max}（表 5-1），以保证可能出现的斜裂缝与弯起钢筋相交。

三、设计计算步骤

一般先由梁的高跨比、高宽比等构造要求及正截面受弯承载力计算确定截面尺寸、混凝土强度等级及纵向钢筋用量，然后进行斜截面受剪承载力设计计算。其步骤为：

(1) 截面尺寸验算；

(2) 可否仅按构造配箍；

(3) 按计算和（或）构造选择腹筋。

四、计 算 例 题

梁斜截面受剪承载力和设计计算中遇到的是截面选择和承载力校核两类问题。这两类问题都包括计算和构造两方面的内容。构造方面的内容，除前面提到的箍筋的基本构造要求外，在本章第七节中还要进一步论述。

以下举例说明两类问题的计算方法。

【例 5-1】 某钢筋混凝土矩形截面简支梁，两端支承在砖墙上，净跨度 $l_n = 3660mm$（图 5-12）；截面尺寸 $b \times h = 200mm \times 500mm$。该梁承受均布荷载，其中恒荷载标准值 $g_K = 25kN/m$（包括自重），荷载分项系数 $\gamma_G = 1.3$，活荷载标准值 $q_K = 42kN/m$，荷载分项系数 $\gamma_Q = 1.5$；混凝土强度等级为 C30（$f_c = 14.3N/mm^2$，$f_t = 1.43N/mm^2$），箍筋为 HPB300 级钢筋（$f_{yv} = 270N/mm^2$），按正截面受弯承载力计算已选配 HRB400 级钢筋 3 Φ 25 为纵向受力钢筋（$f_y = 360N/mm^2$，$f_{yv} = 360N/mm^2$）。设计使用年限为 50 年，环境类别为一类。试根据斜截面受剪承载力要求确定腹筋。

【解】 取 $a_s = 40mm$，$h_0 = h - a_s = 500 - 40 = 460mm$，$\gamma_0 = 1.0$，$\gamma_L = 1.0$

1. 计算剪力设计值

支座边缘处：

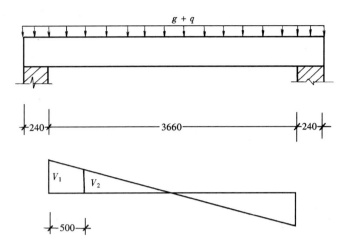

图 5-12　例 5-1 附图

斜裂缝通常出现在支座内边缘处，用净跨跨长 l_n 计算。

$\gamma_G = 1.3$，$\gamma_Q = 1.5$，剪力设计值为：

$$V_{11} = \gamma_0 \frac{1}{2}(\gamma_G g_k + \gamma_Q \gamma_L q_k)l_n = 1.0 \times \frac{1}{2}(1.3 \times 25 + 1.5 \times 1.0 \times 42) \times 3.66 =$$

174.765kN

2. 复核梁截面尺寸

$h_w = h_0 = 465\text{mm}$

$h_w/b = 465/200 = 2.3 < 4$，属一般梁，且 $\beta_c = 1.0$，则

$0.25\beta_c f_c b h_0 = 0.25 \times 1.0 \times 14.3 \times 200 \times 460 = 328.9\text{kN} > 162.5\text{kN}$

截面尺寸满足要求。

3. 可否按构造配箍

$0.7 f_t b h_0 = 0.7 \times 1.43 \times 200 \times 460 = 92.09\text{kN} < 162.5\text{kN}$

应按计算公式配置腹筋。

4. 腹筋计算

配置腹筋有两种办法，一种是只配箍筋，另一种是配置箍筋兼配弯起钢筋；计算时，一般都是优先选择箍筋。下面分述两种方法，以便于读者掌握。

（1）仅配箍筋：由 $V \leqslant 0.7 f_t b h_0 + f_{yv} \dfrac{A_{sv}}{s} h_0$ 得

$$\frac{nA_{svl}}{s} \geqslant \frac{174756 - 92090}{270 \times 460} = 0.666$$

选用双肢箍筋Φ8@140（@表示箍筋的间距，单位为 mm），则

$$\frac{nA_{svl}}{s} = \frac{2 \times 50.3}{140} = 0.719 > 0.666$$

满足计算要求及表 5-1、表 5-2 的构造要求。

也可这样计算：选用双肢箍Φ8，则 $A_{svl} = 50.3\text{mm}^2$，可求得

$$s \leqslant \frac{2 \times 50.3}{0.666} = 151\text{mm}，确定取 s = 140\text{mm} 箍筋沿梁长均匀布置（图 5-14a）。$$

（2）配置箍筋和弯起钢筋

按照构造要求（表 5-1 及表 5-2），箍筋的直径 $d \geqslant 6$mm，间距 $s \leqslant 200$mm，且

$$\rho_{sv,min} = 0.24 \frac{f_t}{f_{yv}} = 0.24 \times \frac{1.43}{270} = 0.127\%$$

初选Φ8@200，双肢箍，则

$$\rho_{sv} = \frac{A_{sv}}{bs} = \frac{2 \times 50.3}{200 \times 200} = 0.251\% > 0.127\% ，满足箍筋的构造要求。$$

则 $V_{cs} = 0.7 f_t b h_0 + f_{yv} \dfrac{A_{sv}}{s} h_0$

$$= 92090 + 270 \times \frac{2 \times 50.3}{200} \times 460$$

$$= 154563\text{N}$$

由式（5-11），并取弯起钢筋与梁轴线夹角 $\alpha = 45°$，有

$$V_1 - V_{cs} \leqslant 0.8 f_y A_{sb} \sin\alpha$$

$$A_{sb} \geqslant \frac{V_1 - V_{cs}}{0.8 f_y \sin\alpha} = \frac{174365 - 154563}{0.8 \times 360 \times \sin 45°} = 97.3\text{mm}^2$$

选中间一根纵向受力钢筋 1Φ25 在支座附近弯起，实弯 $A_{sb} = 491$mm²；它作为第一排弯起钢筋，弯终点距支座边的距离 s_1 应不超过箍筋最大间距 s_{max}（参见图 5-11），取 $s_1 = 50$mm，该弯起钢筋水平投影长度 $s_b = h - 50 = 450$mm，图 5-11 中斜截面 2-2 的剪力设计值可由相似三角形关系得出

$$V_2 = V_1 \left[1 - \frac{50 + 450}{0.5 \times 3660} \right] = 174765 \times 0.727 = 127054\text{N} < V_{cs}$$

故不需要第二排弯起钢筋。其配筋如图 5-13（b）所示。

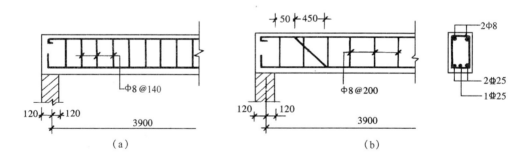

图 5-13　例 5-1 梁配筋图

(a) 仅配箍筋；(b) 配箍筋和弯起钢筋

【例 5-2】　某钢筋混凝土矩形截面简支梁，承受的荷载设计值如图 5-14 所示。其中，集中荷载设计值 $F = 92$kN，均布荷载设计值 $g + q = 7.5$kN/m（包括自重）。梁截面尺寸 $b \times h = 250$mm $\times$ 600mm，配有纵筋 4Φ25，混凝土强度等级为 C30，箍筋为 HPB300 级钢筋，设计使用年限为 50 年，环境类别为一类。试求所需箍筋数量并绘配筋图。

【解】　**1. 已知条件**

由附表 1-8 查得混凝土 C30，$f_c = 14.3$N/mm²；$f_t = 1.43$N/mm²；$\beta_c = 1.0$；

由附表 1-3 查得 HPB300 级钢箍，$f_{yv} = 270$N/mm²；

考虑到梁上荷载较大，纵向受力钢筋直径为 25mm，箍筋直径可能也会较大，因此，

取 $a_s=40$mm，$h_0=h-a_s=600-50=550$mm

2. 计算剪力设计值

剪力图见图 5-14。在支座边缘处的剪力设计值为：

$$V=\frac{1}{2}(g+q)l_n+F=\frac{1}{2}\times7.5\times5.75+92=113.56\text{kN}$$

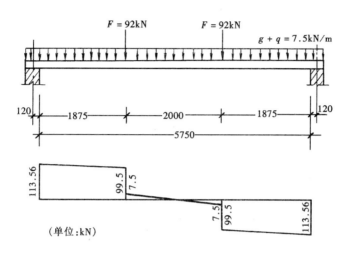

图 5-14 例 5-2 附图

集中荷载对支座截面产生剪力 $V_F=92$kN，则有 $92/113.56=81\%>75\%$，故对该矩形截面简支梁应考虑剪跨比的影响，$a=1875+120=1995$mm。

$$\lambda=\frac{a}{h_0}=\frac{1.995}{0.56}=3.56>3.0，取\lambda=3.0$$

3. 复核截面尺寸

$h_w=h_0=550$mm

$h_w/b=550/250=2.20<4$，属一般梁。

$0.25\beta_c f_c bh_0=0.25\times1.0\times14.3\times250\times550=491.56\text{kN}>113.56\text{kN}$

截面尺寸符合要求。

4. 可否按构造配箍

$$\frac{1.75}{\lambda+1}f_t bh_0=\frac{1.75}{3+1}\times1.43\times250\times550=86.023\text{kN}<V$$

需要按计算配置箍筋。

5. 钢箍配置

由式（5-9）和式（5-10）可得：

$$\frac{A_{sv}}{s}=\frac{V-\alpha_{cv}f_t bh_0}{f_{yv}h_0}=\frac{113560-86023}{270\times550}=0.185$$

假定选用 Φ8@200 箍筋配箍，则

$$\frac{A_{sv}}{s}=\frac{2\times50.3}{200}=0.503>0.185，可以。$$

因此，本例箍筋为 Φ8@200。

箍筋沿梁全长均匀配置，梁配筋如图 5-15 所示。

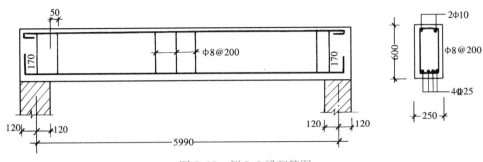

图 5-15　例 5-2 梁配筋图

第六节　受弯构件斜截面受弯承载力计算

斜截面上通常不但有剪力，而且有弯矩。因此，不但要保证斜截面不发生剪切破坏，而且要保证斜截面不发生弯曲破坏。

受弯构件斜截面的受弯承载力应符合下列规定（图 5-16）：

$$M \leqslant f_y A_s z + \Sigma f_y A_{sb} z_{sb} + \Sigma f_{yv} A_{sv} z_{sv} \tag{5-15}$$

此时，斜截面的水平投影长度 c 可按下列条件确定：

$$V = \Sigma f_y A_{sb} \sin\alpha_s + \Sigma f_{yv} A_{sv} \tag{5-16}$$

式中　V——斜截面受压区末端的剪力设计值；

z——纵向受拉钢筋的合力点至受压区合力点的距离，可近似取为 $0.9h_0$；

z_{sb}——同一弯起平面内的弯起钢筋的合力点至斜截面受压区合力点的距离；

z_{sv}——同一斜截面上箍筋的合力点至斜截面受压区合力点的距离。

受弯构件中配置的纵向钢筋和箍筋，当符合附录 2 的锚固要求和下一节的构造措施时，构件斜截面的受弯承载力一般可满足式（5-15）的要求，因此可不进行斜截面的受弯承载力计算（图 5-16）。

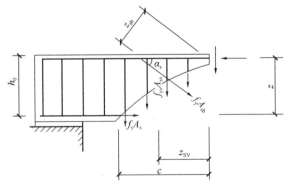

图 5-16　受弯构件斜截面受弯承载力计算

第七节　构　造　要　求

前面介绍的主要是梁的斜截面受剪承载力的计算问题。在剪力和弯矩共同作用下产生的斜裂缝，还会导致与其相交的纵向钢筋拉力增加，引起沿斜截面的受弯承载力不足及锚固不足的破坏，因此在设计中除了保证梁的正截面受弯承载力和斜截面受剪承载力外，在考虑纵向钢筋弯起、截断及钢筋锚固时，还需要在构造上采取措施，保证梁的斜截面受弯承载力不低于正截面受弯承载力及钢筋的可靠锚固。

<h2 style="text-align:center">一、正截面受弯承载力图（材料图）的概念</h2>

所谓正截面受弯承载力图，是指按实际配置的纵向钢筋按比例绘制的梁上各正截面所能承受的弯矩图。它反映了沿梁长各正截面上的抗力，也简称为材料图。图中竖标所表示的正截面受弯承载力设计值 M_u 简称为抵抗弯矩。

（一）材料图的做法

按梁正截面受弯承载力计算的纵向受力钢筋是以同符号弯矩区段内的最大弯矩为依据求得的，该最大弯矩处的截面称为控制截面。

以单筋矩形截面为例，若在控制截面处实际选定的纵向受拉钢筋面积为 A_s，则由受弯承载力计算公式可知

$$M_u = f_y A_s h_0 (1 - 0.5\xi) \tag{5-17}$$

截面的相对受压区高度 ξ 为：

$$\xi = \frac{f_y A_s}{\alpha_1 f_c b h_0} \tag{5-18}$$

式中　$\xi = x/h_0$；当 $\xi > \xi_b$ 时，取 $\xi = \xi_b$。

根据上述概念，下面具体说明材料图的做法。

1. 纵向受拉钢筋全部伸入支座

显然，各截面 M_u 相同，此时的材料图为一平直线。

以例 5-1 为例，该梁是均布荷载作用下的简支梁（设计弯矩图为抛物线），跨中（控制截面）弯矩设计值 $M = 168.83\text{kN·m}$，据此算得 $A_s = 1527\text{mm}^2$；当配置纵筋 3 Φ 25 时，$A_s = 1473\text{mm}^2$，与计算值相差 -3.1%，可近似取 $M_u = M$，则每根纵筋可分担的弯矩为 $M_u/3 \approx 56.28\text{kN·m}$；全部纵筋伸入支座时的材料图为图 5-17 中直线 aeb。

2. 部分纵向受拉钢筋弯起

在例 5-1 中，确定抗剪的箍筋和弯起钢筋时，考虑 1 Φ 25 在离支座的 C 点弯起（该点到支座边缘的距离为 500mm）；该钢筋弯起后，其内力臂逐渐减小，因而其抵抗弯矩变小直至等于零。假定该钢筋弯起后与梁轴线（取 1/2 梁高位置）的交点为 D，过 D 点后不再考虑该钢筋承受弯矩，则 CD 段的材料图为斜直线 cd（图 5-18）。

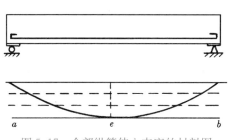

图 5-17　全部纵筋伸入支座的材料图

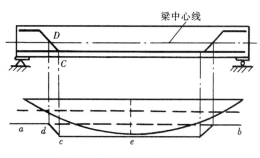

图 5-18　钢筋弯起的材料图

（二）材料图的作用

1. 反映材料利用的程度

显然，材料图越贴近弯矩图，表示材料利用程度越高。

2. 确定纵向钢筋的弯起数量和位置

设计中，将跨中部分纵向钢筋弯起的目的有两个：一是用于斜截面抗剪，其数量和位置由受剪承载力计算确定；二是抵抗支座负弯矩。只有当材料图全部覆盖住弯矩图，各正截面受弯承载力才有保证；而要满足斜截面受弯承载力的要求，也必须通过做材料图才能确定弯起钢筋的数量和位置。

3. 确定纵向钢筋的截断位置

通过绘制材料图还可确定纵向钢筋的理论截断点及其延伸长度，从而确定纵向钢筋的实际截断位置。

二、满足斜截面受弯承载力的纵向钢筋弯起位置

图 5-19 表示弯起钢筋弯起点与弯矩图形的关系。钢筋②在受拉区的弯起点为 1，按正

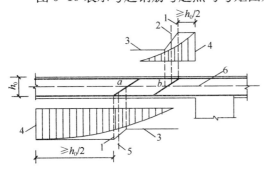

图 5-19　弯起钢筋弯起点与弯矩图的关系
1—受拉区的弯起点；2—按计算不需要钢筋 b 的截面；
3—正截面受弯承载力图；4—按计算充分利用钢筋
a 或 b 强度的截面；5—按计算不需要钢筋 a 的截面；
6—梁中心线

截面受弯承载力计算不需要该钢筋的截面为 2，该钢筋强度充分利用的截面为 3，它所承担的弯矩为图中阴影部分。则可以证明（略），当弯起点与按计算充分利用该钢筋的截面之间的距离不小于 $h_0/2$ 时，可以满足斜截面受弯承载力的要求（保证斜截面的受弯承载力不低于正截面受弯承载力）。自然，钢筋弯起后与梁中心线的交点应在该钢筋正截面抗弯的不需要点之外。

总之，若利用弯起钢筋抗剪，则钢筋弯起点的位置应同时满足抗剪位置（由抗剪计算确定）、正截面抗弯（材料图覆盖弯矩图）及斜截面抗弯（$s \geq h_0/2$）三项要求。在例 5-1 中，从

抗剪计算、材料图与弯矩图的关系可知钢筋弯起点的位置符合上述三项要求。

三、纵向受力钢筋的截断位置

钢筋混凝土连续梁、框架梁支座截面的负弯矩纵向钢筋不宜在受拉区截断。如必须截断时（图 5-20），其延伸长度 l_d 可按表 5-3 中 l_{d1} 和 l_{d2} 中取外伸长度较长者确定。其中 l_{d1} 是从"充分利用该钢筋强度的截面"延伸出的长度；而 l_{d2} 是从"按正截面承载力计算不需要该钢筋的截面"延伸出的长度。

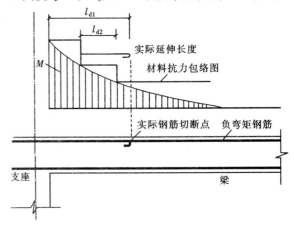

图 5-20　钢筋的延伸长度和切断点

负弯矩钢筋的延伸长度 l_d（mm）

表 5-3

截面条件	充分利用截面伸出 l_{d1}	计算不需要截面伸出 l_{d2}
$V \leqslant 0.7bh_0f_t$	$1.2l_a$	$20d$
$V > 0.7bh_0f_t$	$1.2l_a + h_0$	$20d$ 且 h_0
$V > 0.7bh_0f_t$ 且断点仍在负弯矩受拉区内	$1.2l_a + 1.7h_0$	$20d$ 且 $1.3h_0$

四、纵向钢筋在支座处的锚固

　　支座附近的剪力较大，在出现斜裂缝后，由于与斜裂缝相交的纵向钢筋应力会突然增大，若纵筋伸入支座的锚固长度不够，将使纵筋滑移，甚至被从混凝土中拔出引起锚固破坏。

　　为了防止这种破坏，纵向钢筋伸入支座的长度和数量应该满足下列要求。

　　（一）伸入梁支座的纵向受力钢筋根数

　　当梁宽 $\geqslant$ 100mm 时，不宜少于 2 根；当梁宽 < 100mm 时，可为 1 根。

　　（二）简支梁和连续梁简支端

　　梁下部纵筋伸入支座的锚固长度 l_{as}（图 5-21）应满足表 5-4 的规定。

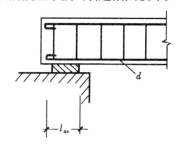

图 5-21　纵筋锚固长度

简支支座纵筋锚固长度 l_{as}

表 5-4

钢筋类型	$V \leqslant 0.7f_tbh_0$	$V > 0.7f_tbh_0$
光圆钢筋	$\geqslant 5d$	$\geqslant 15d$
带肋钢筋	$\geqslant 5d$	$\geqslant 12d$

　　当纵筋伸入支座的锚固长度不符合表 5-4 的规定时，应采取下述专门锚固措施，但伸入支座的水平长度不应小于 $5d$。

　　（1）在梁端将纵向受力钢筋上弯，并将弯折后长度计入 l_{as} 内（图 5-22）；

　　（2）在纵筋端部加焊横向锚固钢筋或锚固钢板（图 5-23），此时可将正常锚固长度减少 $5d$；

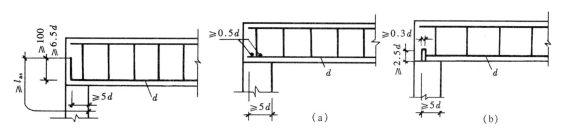

图 5-22　纵筋向上弯折　　　　　图 5-23　端部加焊钢筋或钢板

（d 为受力钢筋直径）

（a）焊横向锚固钢筋；（b）焊锚固钢板

（3）将钢筋端部焊接在梁端的预埋件上（图 5-24）。

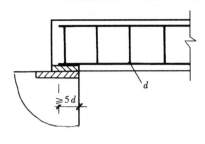

图 5-24　纵筋与预埋件焊接

对混凝土强度等级≤C25 的简支梁和连续梁的简支端，当距支座 1.5h 范围内作用有集中荷载且 $V>0.7f_tbh_0$ 时，对带肋钢筋应取锚固长度 $l_{as}\geq15d$ 或采取附加锚固措施。

对支承在砌体结构上的钢筋混凝土独立梁，在纵向受力钢筋的锚固长度 l_{as} 范围内应配置不少于两个箍筋，其直径不小于纵向受力钢筋最大直径的 0.25 倍，间距不大于纵向受力钢筋最小直径的 10 倍；当采用机械锚固措施时，箍筋间距尚不宜大于纵向受力钢筋最小直径的 5 倍。

五、弯起钢筋的锚固

承受剪力的弯起钢筋，其弯终点外应留有锚固长度，其长度在受拉区不应小于 20d，在受压区不应小于 10d；对光面钢筋在末端尚应设置弯钩（图 5-25）。位于梁底层两侧的钢筋不应弯起。

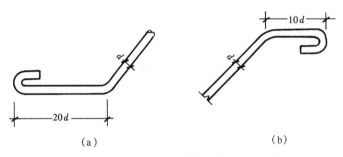

（a）　　　　　　　　　　　　（b）

图 5-25　弯起钢筋端部构造

（a）受拉区；（b）受压区

弯起钢筋不得采用浮筋（图 5-26a）；当支座处剪力很大而又不能利用纵向钢筋弯起抗剪时，可设置仅用于抗剪的鸭筋（图 5-26b），其端部锚固要求与弯起钢筋相同。

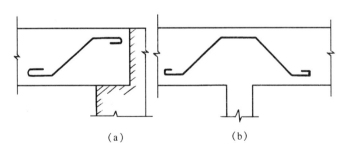

（a）　　　　　　　　　　　（b）

图 5-26　浮筋与鸭筋

（a）浮筋；（b）鸭筋

六、箍筋的构造要求

梁中的箍筋对抑制斜裂缝的开展、联系受拉区与受压区、传递剪力等有重要作用，因此，应重视箍筋的构造要求。

前述梁的箍筋间距、直径和最小配箍率是箍筋最基本的构造要求，在设计中应予遵守。

箍筋一般采用 HPB300 级钢；当剪力较大时，也可采用 HRB335 级钢。

箍筋的一般形式是封闭式，其末端做成 135°弯钩，弯钩端头平直段长度可按附表 23 取用。当 T 形截面梁翼缘顶面另有横向受拉钢筋时，也可采用开口式（图 5-27）。

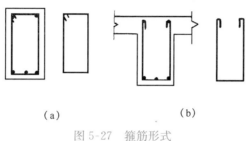

（a）　　　　　　　　　　　　（b）

图 5-27　箍筋形式

（a）封闭式；（b）开口式

梁内一般采用双肢箍筋（$n=2$）。当梁的宽度大于 400mm、且一层内的纵向受压钢筋多于 3 根时，或当梁的宽度不大于 400mm 但一层内的纵向受压钢筋多于 4 根时，应设置复合箍筋（如四肢箍）；当梁宽度很小时，也可采用单肢箍筋（图 5-28）。

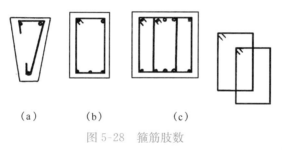

（a）　　　　　（b）　　　　　（c）

图 5-28　箍筋肢数

（a）单肢；（b）双肢；（c）四肢

当梁中配有计算需要的纵向受压钢筋（如双筋梁）时，箍筋应为封闭式，其间距不应大于 $15d$，d 为纵向受压钢筋中的最小直径；同时在任何情况下均不应大于 400mm。当一层内的纵向受压钢筋多于 5 根且直径大于 18mm 时，箍筋间距不应大于 $10d$。

在纵向受力钢筋搭接长度范围内应配置箍筋，其直径不应小于搭接钢筋较大直径的 0.25 倍。当钢筋受拉时，箍筋间距不应大于搭接钢筋较小直径的 5 倍，且不应大于 100mm；当钢筋受压时，箍筋间距不应大于搭接钢筋较小直径的 10 倍，且不应大于 200mm。当受压钢筋直径 $d>25$mm 时，尚应在搭接接头两个端面外 100mm 范围内各设置两个箍筋。

小　　结

（1）斜裂缝出现前，钢筋混凝土梁可视为匀质弹性材料梁，剪弯段的应力可用材料力学方法分析；斜裂缝的出现将引起截面应力重新分布，材料力学方法则不再适用。

（2）随着梁的剪跨比和配箍率的变化，梁沿斜截面可发生斜拉破坏、剪压破坏和斜压破坏等主要破坏形态。

(3) 影响斜截面受剪承载力的主要因素有剪跨比、混凝土强度等级、配箍率及箍筋强度、纵筋配筋率等；计算公式是以主要影响参数为变量，以试验统计为基础，以满足目标可靠指标的试验偏下线为根据建立起来的。

(4) 斜截面受剪承载力的计算公式是以剪压破坏的受力特征为依据建立的，因此应采取相应构造措施防止斜压破坏和斜拉破坏的发生，即截面尺寸应有保证，箍筋的最大间距、最小直径及配箍率应满足构造要求。

(5) 斜截面承载力包括斜截面受剪承载力和斜截面受弯承载力两方面。不仅要满足计算要求，而且应采取必要的构造措施来保证。弯起钢筋的弯起位置、纵筋的截断位置以及有关纵筋的锚固要求、箍筋的构造要求等，在设计中均应予以考虑和重视。

思 考 题

1. 无腹筋梁在斜裂缝形成前后的应力状态有什么变化？

2. 为什么梁一般在跨中产生垂直裂缝而在支座附近产生斜裂缝？斜裂缝有哪两种形态？

3. 什么是剪跨比？它对梁的斜截面抗剪有什么影响？

4. 影响梁斜截面受剪承载力的主要因素有哪些？

5. 梁斜截面破坏的主要形态有哪几种？它们分别在什么情况下发生？破坏性质如何？

6. 无腹筋梁斜截面受剪承载力计算公式的意义和适用范围如何？

7. 有腹筋梁斜截面受剪承载力计算公式有什么限制条件？其意义如何？

8. 梁内箍筋有哪些作用？其主要构造要求有哪些？

9. 在斜截面抗剪计算时，什么情况需考虑集中荷载的影响？什么情况则不需考虑？

10. 什么叫受弯承载力图（或材料图）？如何绘制？它与设计弯矩图有什么关系？

11. 在梁中弯起一部分钢筋用于斜截面抗剪时，应当注意哪些问题？

12. 如何确定负弯矩钢筋的截断位置？

13. 为什么弯起钢筋的强度取 $0.8f_y$？

14. 钢筋伸入支座的锚固长度有哪些要求？

15. 在伸臂梁的计算中，为什么要考虑活荷载的布置方式？

16. 试绘图 5-29 中所示梁斜裂缝的大致位置和方向。

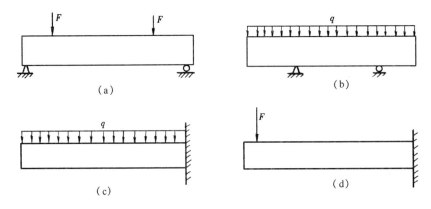

图 5-29 思考题 16 附图

(a) 简支梁；(b) 双伸臂梁；(c)、(d) 悬臂梁

习　题

5-1　已知某承受均布荷载的矩形截面梁截面尺寸 $b×h=250mm×600mm$（取 $a_s=40mm$），采用 C30 混凝土，箍筋为 HPB300 级钢筋。若已知剪力设计值 $V=150kN$，设计使用年限为 50 年，环境类别为二级 a。试求：采用φ6 双肢箍的箍筋间距 s？

5-2　图 5-30 所示钢筋混凝土简支梁，集中荷载设计值 $F=120kN$，均布荷载设计值（包括梁自重）$q=10kN/m$。选用 C30 混凝土，箍筋为 HPB300 级钢筋。设计使用年限为 50 年，环境类别为二级 a。试选择该梁的箍筋（注：图中跨度为净跨度，$l_n=4000mm$）。

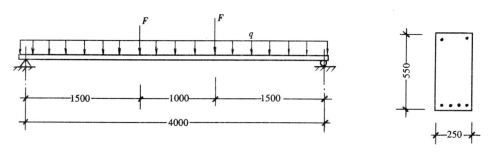

图 5-30　习题 5-2 附图

5-3　某 T 形截面简支梁尺寸如下：$b×h=200mm×500mm$（取 $a_s=35mm$，$b_f'=400mm$，$h_f'=100mm$），采用 C30 混凝土，箍筋为 HPB300 级钢筋；由集中荷载产生的支座边剪力设计值 $V=120kN$（包括自重），剪跨比 $λ=3$。设计使用年限为 50 年，环境类别为一类。试选择该梁箍筋？

5-4　图 5-31 所示的钢筋混凝土矩形截面简支梁，截面尺寸 $b×h=250mm×600mm$，荷载设计值 $F=170kN$（未包括梁自重），采用 C30 混凝土，纵向受力筋为 HRB400 级，箍筋为 HPB300 级钢筋，设计使用年限为 50 年，环境类别为一类。试设计该梁。要求：(1)确定纵向受力钢筋根数和直径；(2)配置腹筋（要求选择箍筋和弯起钢筋，假定弯起钢筋弯终点距支座截面边缘为 50mm）。

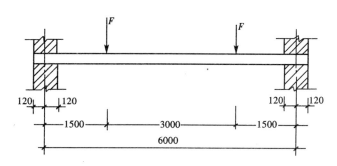

图 5-31　习题 5-4 附图

5-5　梁的荷载设计值及梁跨度同习题 5-2，但截面尺寸、混凝土强度等级修改见表 5-5，并采用φ6 双肢箍，设计使用年限为 50 年，环境类别为一类。试按序号计算箍筋间距填入表内，并比较截面尺寸、混凝土强度等级对梁斜截面承载力的影响？

5-6　已知某钢筋混凝土矩形截面简支梁，计算跨度 $l_0=6000mm$，净跨 $l_n=5760mm$，截面尺寸 $b×h=250mm×550mm$，采用 C30 混凝土，HRB400 级纵向钢筋和 HPB300 级箍筋。设计使用年限为 50 年，环境类别为一类。若已知梁的纵向受力钢筋为 4Φ22，试求：当采用φ6@200 双肢箍和φ8@200 双肢箍时，梁所能承受的荷载设计值 $g+q$ 分别为多少?

习题 5-5 计算表
表 5-5

序号	$b \times h$(mm)	混凝土强度等级	Φ6(计算 s)	Φ6(实配 s)
1	250×500	C30		
2	250×500	C40		
3	300×500	C30		
4	250×600	C30		

5-7　某钢筋混凝土矩形截面简支梁,截面尺寸 $b \times h = 200\text{mm} \times 600\text{mm}$,采用 C30 混凝土,纵向受力钢筋为 HRB400 级、箍筋为 HPB300 级。该梁仅承受集中荷载作用,若集中荷载至支座距离 $a = 1130\text{mm}$,在支座边产生的剪力设计值 $V = 176\text{kN}$,并已配置 φ6@200 双肢箍及按正截面受弯承载力计算配置了足够的纵向受力钢筋。设计使用年限为 50 年,环境类别为一类。试求:(1)仅配置箍筋是否满足抗剪要求? (2)若不满足时,要求利用一部分纵向钢筋弯起,试求弯起钢筋面积及所需弯起钢筋排数(计算时取 $a_\text{s} = 40\text{mm}$,梁自重不另考虑)。

第六章　钢筋混凝土受扭构件承载力计算

提　要

本章的重点是：

(1) 矩形截面纯扭构件的受力性能和承载力计算方法；

(2) 剪扭相关性及矩形截面剪扭构件承载力计算方法；

(3) 矩形 T 形和 I 形截面弯扭和弯剪扭构件承载力计算方法；

(4) 受扭构件的构造要求。

本章的难点是：剪扭相关性及剪扭构件承载力计算方法。

第一节　概　述

　　吊车梁、雨篷梁、平面曲梁或折梁及与其他梁整浇的现浇框架边梁、螺旋楼梯等结构构件在荷载的作用下，截面上除有弯矩和剪力作用外，还有扭矩作用。

　　在扭矩的作用下，构件将发生转动。图 6-1 为圆形截面等截面悬臂直杆受扭后的变形情况。在悬臂端扭矩 T 的作用下，各截面将绕其形心发生转动，平面 $O'ABO$ 受扭后变成曲面，但形心轴仍保持直线。构件在常见扭转荷载下的截面扭矩如表 6-1 所示。

　　构件的扭转可分为如下两种类型：如果构件的扭转是由荷载的直接作用所引起，构件的内扭矩是用以平衡外扭矩即满足静力平衡条件所必需时，称为平衡扭转。如果构件的扭转是由于变形所引起，并由结构的变形连续条件所决定时，称为协调扭转或附加扭转。图 6-2（a）所示的吊车梁，在吊车轮压的偏心作用或水平制动力的作用下，截面上除产生弯矩和剪力外，还有扭矩，以平衡外扭

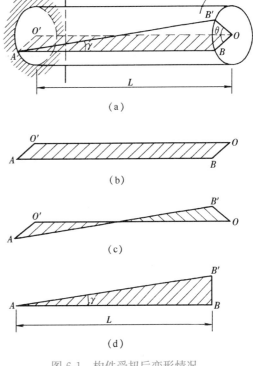

图 6-1　构件受扭后变形情况

杆件常见扭转荷载及截面扭矩　　　　　　　表 6-1

杆件上荷载及支承情况	截面扭矩

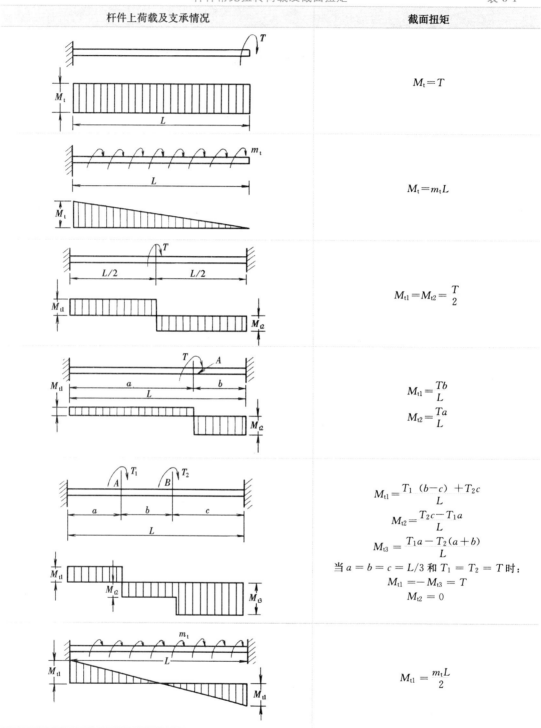

$M_t = T$

$M_t = m_t L$

$M_{t1} = M_{t2} = \dfrac{T}{2}$

$M_{t1} = \dfrac{Tb}{L}$

$M_{t2} = \dfrac{Ta}{L}$

$M_{t1} = \dfrac{T_1(b-c) + T_2 c}{L}$

$M_{t2} = \dfrac{T_2 c - T_1 a}{L}$

$M_{t3} = \dfrac{T_1 a - T_2(a+b)}{L}$

当 $a = b = c = L/3$ 和 $T_1 = T_2 = T$ 时：

$M_{t1} = -M_{t3} = T$

$M_{t2} = 0$

$M_{t1} = \dfrac{m_t L}{2}$

矩，此种扭转称为平衡扭转。图 6-2（b）所示钢筋混凝土框架中与次梁一起整浇的边框架主梁，当次梁在荷载作用下弯曲时，主梁由于具有一定的抗扭刚度而对次梁梁端的转动产生约束作用。按弹性分析，由次梁与主梁相交处转角的变形协调条件，可以确定由于主梁的弹性约束作用而引起的次梁梁端弯矩；主梁则受到与这一弯矩大小相等方向相反的扭矩作用。主梁的抗扭刚度越大，对次梁梁端转动的约束作用就越大，主梁自身受到的扭矩作用也越大。这类扭转一般称为"协调扭转"。平衡扭转与协调扭转的一个重要区别是，平衡扭转的扭矩不随构件刚度的变化而改变，而协调扭转的扭矩会随构件刚度的变化而改变。以图 6-2 （b）所示的现浇框架边梁为例，梁在开裂后，由于次梁抗弯刚度特别是框架边梁抗扭刚度发生了显著的变化，次梁和边梁都产生了内力重分布，此时边梁的扭转角急剧增大，因而作用于边梁的外扭矩迅速减小。

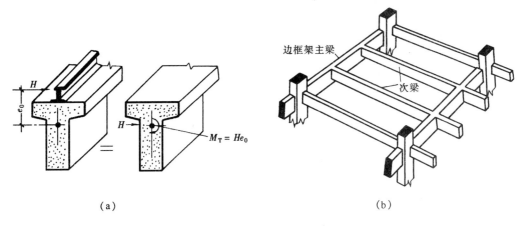

图 6-2　常见受扭构件示例

受扭构件根据截面上存在的内力情况可分为纯扭、剪扭、弯扭、弯剪扭等多种受力情况。在土木工程中，纯扭、剪扭和弯扭的受力情况较少，弯剪扭的受力情况较多。为了使读者对弯剪扭的受力情况有较好地了解，下面先从较简单的纯扭构件开始，然后转入对剪扭、弯扭和弯剪扭构件以及压扭和压弯剪扭构件的讨论，最后介绍受扭构件的构造要求。

第二节　矩形截面纯扭构件承载力计算

一、素混凝土纯扭构件的受力性能

试验时，有人用每秒钟拍摄 1200 个画面的高速摄影机拍摄了矩形截面素混凝土纯扭构件的破坏过程。如图 6-3 （a）所示，在扭矩作用下，首先在构件一个长边侧面的中点 m 附近出现斜裂缝。该条裂缝沿着与构件轴线约呈 45°的方向迅速延伸，到达该侧面的上、下边缘 a、b 两点后，在顶面和底面上大致沿 45°方向继续延伸到 c、d 两点，形成构件三面开裂一面受压的受力状态。最后，受压面 cd 两点连线上的混凝土被压碎，构件断裂破坏。破坏面为一个空间扭曲面（图 6-3b）。构件从裂缝出现到破坏的时间仅 1/5s，表明素混凝土纯扭构件的破坏是突然性的脆性破坏。

为了估计素混凝土纯扭构件的抗扭承载力，通常借助于弹性分析方法和塑性分析方法。

（一）弹性分析方法

由材料力学可知，矩形截面匀质弹性材料杆件在扭矩作用下，截面中各点均产生剪应

力 τ（图 6-4a），剪应力的分布规律如图 6-4（b）所示。最大剪应力 τ_{max} 发生在截面长边的中点，与该点剪应力作用相对应的主拉应力 σ_{tp} 和主压应力 σ_{cp} 分别与构件轴线呈 45°方向，其大小为

$$\sigma_{tp} = \sigma_{cp} = \tau_{max}$$

由于混凝土的抗拉强度比其抗压强度低得多，因此，在扭矩作用下，构件长边侧面中点处垂直于主拉应力 σ_{tp} 的方向将首先被拉裂，这与前述试验情况正好符合。

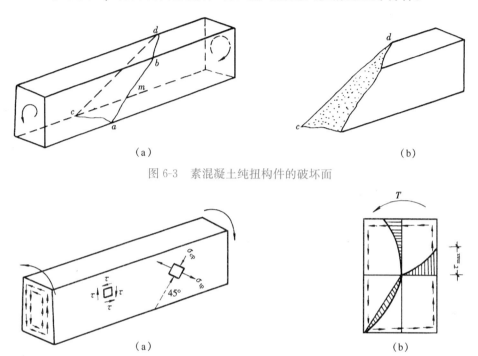

图 6-3　素混凝土纯扭构件的破坏面

图 6-4　纯扭构件的弹性应力分布

按照弹性理论中扭矩 T 与剪应力 τ_{max} 的数量关系，可以导出素混凝土纯扭构件的抗扭承载力计算式。然而，用它算得的抗扭承载力总比试验实测的抗扭承载力低许多，这说明采用弹性分析方法低估了素混凝土构件的抗扭承载力。

（二）塑性分析方法

用弹性分析方法计算的构件抗扭承载力低的原因是没有考虑混凝土的塑性性质。假设混凝土在受拉开裂前具有理想的塑性性质，则可以利用塑性分析方法计算构件的抗扭承载力。

对于理想塑性材料的构件，只有当截面上各点的剪应力全部达到材料的强度极限时，构件才丧失承载能力而破坏。这时截面上的剪应力分布可近似地划分为四个部分（图 6-5a）。按照图 6-5（b）的分块计算各个部分剪应力的合力和相应的力偶，可求得截面的塑性抗扭承载力为

$$T_p = F_1\left(h - \frac{b}{3}\right) + F_2\left(\frac{b}{2}\right) + 2F_3\left(\frac{2}{3}b\right)$$
$$= \tau_{max}\left[\frac{1}{2} \cdot b \cdot \frac{b}{2}\left(h - \frac{b}{3}\right) + \frac{b}{2}(h-b)\left(\frac{b}{2}\right) + 2 \cdot \frac{1}{2} \cdot \frac{b}{2} \cdot \frac{b}{2}\left(\frac{2}{3}b\right)\right]$$
$$= \tau_{max}\left[\frac{b^2}{6}(3h - b)\right]$$

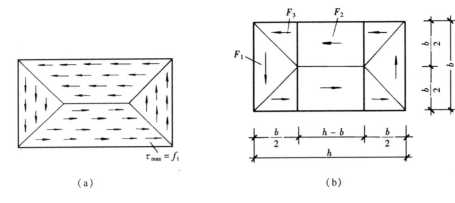

图 6-5 纯扭构件截面的理想塑性应力分布

在纯扭构件中，截面上的剪应力 τ 与相应的主拉应力 σ_{tp} 大小相等。当 σ_{tp} 达到混凝土抗拉强度 f_t 时，则有

$$\tau_{max} = f_t$$

于是
$$T_p = f_t W_t \tag{6-1}$$

式中，W_t 称为截面的抗扭塑性抵抗矩。对于矩形截面

$$W_t = \frac{b^2}{6}(3h - b) \tag{6-2}$$

式中　h——矩形截面的长边；

b——矩形截面的短边。

按照塑性分析公式（6-1）计算的受扭承载力与试验实测结果相比略偏大。其原因主要是由于混凝土并非理想的塑性材料，不可能在整个截面上实现理想的塑性应力分布；另一方面，在纯扭构件中除主拉应力作用外，与主拉应力正交的方向上还有主压应力作用，在这种拉压复合应力状态下，混凝土的抗拉强度要低于单向受拉时的抗拉强度 f_t。

综上所述可见，素混凝土构件的实际抗扭承载力介于弹性分析和塑性分析结果之间。比较接近实际的办法是对塑性分析的结果乘以一个小于1的系数，根据试验结果偏安全地取该系数为 0.7，则素混凝土纯扭构件的受扭承载力可表达为

$$T_u = 0.7 f_t W_t \tag{6-3}$$

由于素混凝土纯扭构件的开裂扭矩近似等于其破坏扭矩，所以式（6-3）也可近似地用来表示素混凝土构件的开裂扭矩。

二、钢筋混凝土纯扭构件的受力性能

（一）受扭钢筋的形式

在混凝土构件中配置适当的抗扭钢筋，当混凝土开裂后，可由钢筋继续承担拉力，这对提高构件的抗扭承载力有很大的作用。根据弹性分析结果，扭矩在构件中引起的主拉应力方向与构件轴线呈 45°。因此，最合理的配筋方式是在构件靠近表面处设置呈 45°走向的螺旋形钢筋。但这种配筋方式不仅不便于施工，而且当扭矩改变方向后则将完全失去效用。在实际工程中，一般是采用由靠近构件表面设置的横向箍筋和沿构件周边均匀对称布置的纵向钢筋共同组成的抗扭钢筋骨架（图 6-6a）。它恰好与构件中抗弯钢筋和抗剪钢筋

的配置方式相协调。

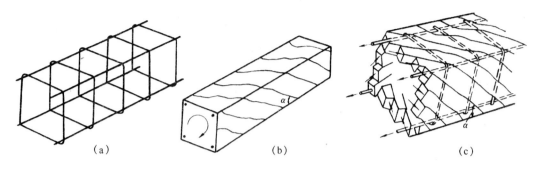

图 6-6　受扭构件的受力性能

(a) 抗扭钢筋骨架；(b) 受扭构件的裂缝；(c) 受扭构件的空间桁架模型

（二）抗扭钢筋配筋率对受扭构件受力性能的影响

图 6-7 为一组钢筋混凝土构件在纯扭矩作用下的扭矩与扭转角的关系曲线。

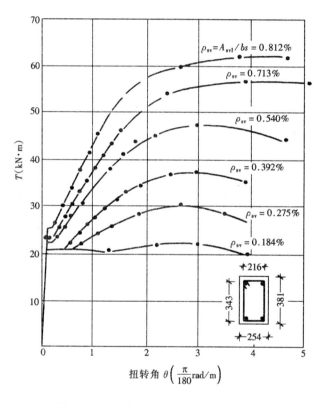

图 6-7　纯扭构件的扭矩-扭转角关系曲线

试验表明，在裂缝出现前，钢筋混凝土构件的受力性能与素混凝土构件几乎没什么差别，扭矩与扭转角之间基本上保持线性关系。由于构件整个截面都参与抗扭工作，抗扭刚度也较大。

构件的开裂扭矩随配筋率的增大略有提高，通常可忽略这一影响，即认为钢筋混凝土构件的开裂扭矩与素混凝土构件的基本相同，实用上亦可按式（6-3）近似估算。

在裂缝出现以后，配置了适当抗扭钢筋的构件不会立即破坏。随着外扭矩的不断增大，在构件表面逐渐形成多条大致沿 45°方向呈螺旋形发展的裂缝（图 6-6b）。在裂缝处，原来由混凝土承担的主拉应力主要改由与裂缝相交的钢筋来承担。在这一转换过程中，扭矩与扭转角关系曲线上出现一个小的水平段。多条螺旋形裂缝形成后的钢筋混凝土构件可以看作如图 6-6（c）所示的空间桁架，其中纵向钢筋相当于受拉弦杆，箍筋相当于受拉竖向腹杆，而裂缝之间接近构件表面一定厚度的混凝土则形成承担斜向压力的斜腹杆。这时，构件还能继续承受更大的扭矩，但其抗扭刚度却明显地发生变化。如图 6-7 所示，配筋率越低的构件，其开裂后抗扭刚度的下降幅度越大。

根据国内外相当数量的钢筋混凝土纯扭构件的试验结果，可将这类构件的破坏特征归纳为下列四种类型：

（1）当箍筋和纵筋或者其中之一配置过少时，配筋构件的抗扭承载力与素混凝土构件没有实质性的差别，其破坏扭矩基本上与开裂扭矩相等。这种"少筋构件"的破坏是脆性的，没有任何预兆，在工程中应予避免。为此，《规范》对受扭构件的箍筋和纵筋的数量分别作了最小配筋率的规定。

（2）当构件中的箍筋和纵筋配置适当时，破坏前构件上陆续出现多条与焊件轴线呈 α 角的螺旋裂缝，随着与其中一条裂缝相交的箍筋和纵筋达到屈服，该条裂缝不断加宽，直到最后形成三面开裂一边受压的空间扭曲破坏面，进而受压边混凝土被压碎（图 6-8），整个破坏过程具有一定的延性和较明显的预兆。因此，受扭构件应尽可能设计成这种具有适筋破坏特征的构件。

（3）当构件中配置的箍筋或纵筋的数量过多时，在构件破坏前只有数量相对较少的那部分钢筋受拉屈服，而另一部分钢筋直到受压边混凝土被压碎时，仍未能屈服，故称之为"部分超配筋"情况。由于构件破坏时有部分钢筋达到屈服，破坏特征并非完全脆性，故这种构件在工程中还是可以采用的。

（4）当箍筋和纵筋都配置过多时，在两者都还未能达到屈服之前，构件因前述空间桁架机构中的混凝土斜压杆被局部压碎而导致突然破坏。在破坏前，构件上也出现间距较密的螺旋裂缝，但直到破坏这些裂缝的宽度仍不大，破坏具有明

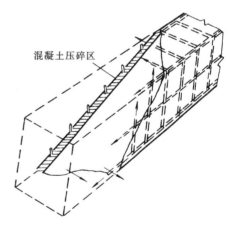

图 6-8 钢筋混凝土纯扭构件的破坏面

显的脆性性质，而且抗扭钢筋未能得到充分利用。因此，应避免设计这种"完全超配筋"的构件。具体作法可通过对构件最小截面尺寸的要求，以间接地规定截面的抗扭承载力上限和抗扭钢筋的最大用量。

试验研究还表明，为了使箍筋和纵向钢筋都能有效地发挥抗扭作用，应当将两种钢筋的用量比控制在合理的范围内。斜裂缝与杆件轴线的交角 α 也会因抗扭纵筋与抗扭箍筋的配筋强度比值改变而发生一定变化。《规范》采用纵向钢筋与箍筋的配筋强度比值 ζ 进行控制：

$$\zeta = \frac{f_y A_{stl} s}{f_{yv} A_{st1} u_{cor}} \tag{6-4}$$

式中 A_{stl}——对称布置在截面中的全部抗扭纵筋的截面面积；

      A_{st1}——抗扭箍筋的单肢截面面积；

      f_y——抗扭纵筋的抗拉强度设计值；

      f_{yv}——箍筋的抗拉强度设计值；

      s——箍筋的间距；

      u_{cor}——截面核芯部分的周长，$u_{cor}=2(b_{cor}+h_{cor})$，$b_{cor}$ 和 h_{cor} 分别为从箍筋内表面计算的截面核芯部分的短边和长边尺寸（图 6-9）。

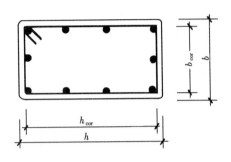

图 6-9　矩形受扭构件的截面

需要强调指出，抗扭纵筋应对称地布置在截面中。试验证明，非对称布置的抗扭纵筋在受力中不能充分地发挥作用。如果抗扭纵筋的实际布置难以保证对称要求时，则计算中只能取用对称布置的那部分钢筋面积。

根据式（6-4），系数 ζ 可以理解为沿截面核芯周长单位长度内的抗扭纵筋强度 $A_{stl}f_y/u_{cor}$ 与沿构件轴线单位长度内的单肢抗扭箍筋强度 $A_{st1}f_{yv}/s$ 之间的比值。

试验结果还表明，当 $\zeta=1.2$ 左右时，纵筋与箍筋的用量为最佳比例情况，即在构件破坏之前，这两种钢筋将基本上同时达到其抗扭屈服强度。通常情况下，当 ζ 在 $0.5\sim2.0$ 范围内时，纵筋和箍筋一般能较好地发挥其抗扭作用。但为了慎重起见，《规范》规定 ζ 应满足以下条件：

$$0.6 \leqslant \zeta \leqslant 1.7 \tag{6-5}$$

三、矩形截面钢筋混凝土纯扭构件承载力计算

由图 6-4（b）可见，构件受扭时，截面周边附近纤维的扭转变形和应力较大，而扭转中心附近纤维的扭转变形和应力较小。如果设想将截面中间部分挖去，即忽略该部分截面的抗扭影响，则截面可用图 6-6（c）的空心杆件替代。空心杆件每个面上的受力情况相当于一个平面桁架，纵筋为桁架的弦杆，箍筋相当于桁架的竖杆，裂缝间混凝土相当于桁架的斜腹杆。因此，整个杆件犹如一空间桁架。如前所述，斜裂缝与杆件轴线的夹角 α 会随纵筋与箍筋的强度比值 ζ 而变化。《规范》关于钢筋混凝土受扭构件的计算，便是建立在这个变角空间桁架模型的基础之上的。

钢筋混凝土纯扭构件的试验结果表明，构件的抗扭承载力由混凝土的抗扭承载力 T_c 和箍筋与纵筋的抗扭承载力 T_s 两部分构成，即

$$T_u = T_c + T_s \tag{6-6}$$

由前述纯扭构件的空间桁架模型可以看出，混凝土的抗扭承载力和箍筋与纵筋的抗扭承载力并非彼此完全独立的变量，而是相互关联的。因此，应将构件的抗扭承载力作为一个整体来考虑。《规范》采用的方法是先确定有关的基本变量，然后根据大量的实测数据进行回归分析，从而得到抗扭承载力计算的经验公式。

对于混凝土的抗扭承载力 T_c，可以借用 f_tW_t 作为基本变量；而对于箍筋与纵筋的抗扭承载力 T_s，则根据空间桁架模型以及试验数据的分析，选取箍筋的单肢配筋承载力

$f_{yv}A_{st1}/s$ 与截面核芯部分面积 A_{cor} 的乘积作为基本变量，再用 $\sqrt{\zeta}$ 来反映纵筋与箍筋的共同工作，于是式（6-6）可进一步表达为

$$T_u = \alpha_1 f_t W_t + \alpha_2 \sqrt{\zeta} \frac{f_{yv}A_{st1}}{s} A_{cor} \tag{6-7}$$

式中 α_1 和 α_2 两系数可由试验实测数据确定。

为便于分析，将式（6-7）两边同除以 $f_t W_t$，得

$$\frac{T_u}{f_t W_t} = \alpha_1 + \alpha_2 \sqrt{\zeta} \frac{f_{yv}A_{st1}}{f_t W_t s} A_{cor}$$

以 $T_u/f_t W_t$ 和 $\sqrt{\zeta} f_{yv}A_{st1}A_{cor}/f_t W_t s$ 分别为纵、横坐标如图 6-10 建立无量纲坐标系，并标出纯扭试件的实测抗扭承载力结果。由回归分析可求得抗扭承载力的双直线表达式，即图 6-10 中 AB 和 BC 两段直线。其中，B 点以下的试验点一般具有适筋构件的破坏特征，BC 之间的试验点一般具有部分超配筋构件的破坏特征，C 点以上的试验点则大都具有完全超配筋构件的破坏特征。

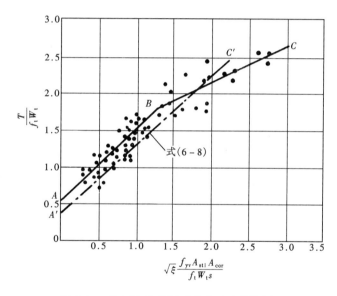

图 6-10 纯扭构件抗扭承载力试验数据图

考虑到设计应用上的方便，《规范》采用一根略为偏低的直线表达式，即图 6-10 中直线 $A'C'$ 相应的表达式。在式（6-7）中取 $\alpha_1 = 0.35$，$\alpha_2 = 1.2$。如进一步写成极限状态表达式，则矩形截面钢筋混凝土纯扭构件的受扭承载力计算公式为

$$T \leqslant 0.35 f_t W_t + 1.2 \sqrt{\zeta} \frac{f_{yv}A_{st1}}{s} A_{cor} \tag{6-8}$$

式中 T——扭矩设计值；

$\quad f_t$——混凝土的抗拉强度设计值；

$\quad W_t$——截面的抗扭塑性抵抗矩，对于矩形截面，按式（6-2）计算；

$\quad f_{yv}$——箍筋的抗拉强度设计值；

$\quad A_{st1}$——箍筋的单肢截面面积；

$\quad s$——箍筋的间距；

A_{cor}——截面核芯部分的面积（见图 6-9），$A_{\text{cor}} = b_{\text{cor}} h_{\text{cor}}$；

ζ——抗扭纵筋与箍筋的配筋强度比，按式（6-4）计算，并应满足式（6-5）的条件；当 $\zeta > 1.7$ 时，取 $\zeta = 1.7$。

为了避免出现"少筋"和"完全超配筋"这两类具有脆性破坏性质的构件，在按式（6-8）进行抗扭承载力计算时还需满足一定的构造要求，详见本章第七节。

第三节　矩形截面剪扭构件承载力计算

一、剪扭相关性

上一节建立的是构件在纯扭作用下的抗扭承载力计算公式。若构件中同时还有剪力作用，试验表明，构件的抗扭承载力将有所降低；同样，由于扭矩的存在，也会引起构件抗剪承载力的降低。这便是剪力和扭矩的相关性。

图 6-11 给出了无腹筋构件在不同扭矩与剪力比值下的承载力试验结果。图中无量纲坐标系的纵坐标为 $V_{\text{c}}/V_{\text{c0}}$，横坐标为 $T_{\text{c}}/T_{\text{c0}}$。这里，$V_{\text{c0}}$ 和 T_{c0} 分别为无腹筋构件在单纯受剪力或扭矩作用时的抗剪和抗扭承载力，V_{c} 和 T_{c} 则为同时受剪力和扭矩作用时的抗剪和抗扭承载力。从图中可见，无腹筋构件的抗剪和抗扭承载力相关关系大致按 1/4 圆弧规律变化，即随着同时作用的扭矩增大，构件的抗剪承载力逐渐降低，当扭矩达到构件的抗纯扭承载力时，其抗剪承载力下降为零。反之亦然。

对于有腹筋的剪扭构件，其混凝土部分所提供的抗扭承载力 T_{c} 和抗剪承载力 V_{c} 之间，可认为也存在如图 6-12 所示的 1/4 圆弧相关关系。这时，坐标系中的 V_{c0} 和 T_{c0} 可分别取为抗剪承载力公式中的混凝土作用项和纯扭构件抗扭承载力公式中的混凝土作用项，即

$$V_{\text{c0}} = 0.7 f_{\text{t}} b h_0 \tag{6-9}$$

$$T_{\text{c0}} = 0.35 f_{\text{t}} W_{\text{t}} \tag{6-10}$$

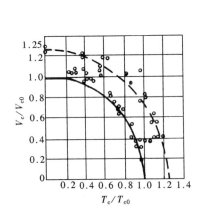

图 6-11　无腹筋构件的剪扭承载力相关规律

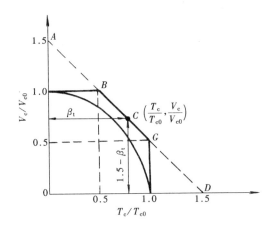

图 6-12　混凝土部分剪扭承载力相关的计算模式

二、简化计算方法

为了简化计算，《规范》建议用图 6-12 所示的三段折线关系近似地代替 1/4 的圆弧关

系。此三段折线表明：

(1) 当 $T_c/T_{c0} \leqslant 0.5$ 时，取 $V_c/V_{c0} = 1.0$。或者当 $T_c \leqslant 0.5T_{c0} = 0.175f_tW_t$ 时，取 $V_c = V_{c0} = 0.7f_tbh_0$，即此时可忽略扭矩的影响，仅按受弯构件的斜截面受剪承载力公式进行计算。

(2) 当 $V_c/V_{c0} \leqslant 0.5$ 时，取 $T_c/T_{c0} = 1.0$。或者当 $V_c \leqslant 0.5V_{c0} = 0.35f_tbh_0$ 或 $V \leqslant \frac{0.875}{\lambda+1}f_tbh_0$ 时，取 $T_c = T_{c0} = 0.35f_tW_t$，即此时可忽略剪力的影响，仅按纯扭构件的受扭承载力公式进行计算。

(3) 当 $0.5 < T_c/T_{c0} \leqslant 1.0$ 或 $0.5 < V_c/V_{c0} \leqslant 1.0$ 时，要考虑剪扭相关性，但以线性相关代替圆弧相关。

现将 BC 上任意点 G 到纵坐标轴的距离用 β_t 表示，即

$$T_c/T_{c0} = \beta_t \tag{a}$$

则 G 点到横坐标轴的距离为

$$V_c/V_{c0} = 1.5 - \beta_t \tag{b}$$

(a)、(b) 两式也可分别写为

$$T_c = \beta_t T_{c0} \tag{6-11}$$

$$V_c = (1.5 - \beta_t)V_{c0} \tag{6-12}$$

用式 (a) 等号两边分别除式 (b) 等号两边，即

$$\frac{V_c/V_{c0}}{T_c/T_{c0}} = \frac{1.5 - \beta_t}{\beta_t} \tag{c}$$

由此得

$$\beta_t = \frac{1.5}{1 + \dfrac{V_c/V_{c0}}{T_c/T_{c0}}} \tag{d}$$

将式 (6-9) 和式 (6-10) 代入式 (d)，并用实际作用的剪力设计值与扭矩设计值之比 V/T 代替公式中的 V_c/T_c，再近似地取 $f_t = 0.1f_c$，则有

$$\beta_t = \frac{1.5}{1 + \dfrac{V}{T} \cdot \dfrac{0.35 \times f_t W_t}{0.7f_tbh_0}} \tag{e}$$

简化后得

$$\beta_t = \frac{1.5}{1 + 0.5\dfrac{VW_t}{Tbh_0}} \tag{6-13}$$

根据图 6-12，当 $\beta_t > 1.0$ 时，应取 $\beta_t = 1.0$；当 $\beta_t < 0.5$ 时，则取 $\beta_t = 0.5$。即 β_t 应符合：$0.5 \leqslant \beta_t \leqslant 1.0$，故称 β_t 为剪扭构件的混凝土强度降低系数。因此，当需要考虑剪力和扭矩的相关性时，应对构件的受剪承载力公式和受纯扭承载力公式分别按下述规定予以修正：按照式 (6-12) 对受剪承载力公式中的混凝土作用项乘以 $(1.5-\beta_t)$，按照式 (6-11) 对受纯扭承载力公式中的混凝土作用项乘以 β_t。这样，矩形截面剪扭构件的承载力计算可按以下步骤进行：

1. 按抗剪承载力计算需要的抗剪箍筋 nA_{sv1}/s_v

构件的抗剪承载力按以下公式计算：

$$V \leqslant 0.7 f_t b h_0 (1.5 - \beta_t) + f_{yv} \frac{n A_{sv1}}{s_v} h_0 \quad (6\text{-}14)$$

对矩形截面独立梁，当集中荷载在支座截面中产生的剪力占该截面总剪力 75％ 以上时，则改为按下式计算：

$$V \leqslant \frac{1.75}{\lambda + 1} (1.5 - \beta_t) f_t b h_0 + f_{yv} \frac{n A_{sv1}}{s_v} h_0 \quad (6\text{-}15)$$

式中 $1.5 \leqslant \lambda \leqslant 3$。同时，系数 β_t 也相应改为按下式计算：

$$\beta_t = \frac{1.5}{1 + 0.2(\lambda + 1) \dfrac{V W_t}{T b h_0}} \quad (6\text{-}16)$$

同样应符合 $0.5 \leqslant \beta_t \leqslant 1.0$ 的要求。

2. 按抗扭承载力计算需要的抗扭箍筋 A_{st1}/s_t

构件的抗扭承载力按以下公式计算：

$$T \leqslant 0.35 \beta_t f_t W_t + 1.2 \sqrt{\zeta} \frac{f_{yv} A_{st1} A_{cor}}{s_t} \quad (6\text{-}17)$$

式中的系数 β_t 应区别抗剪计算中出现的两种情况，分别按式（6-13）或式（6-16）进行计算。

3. 按照叠加原则计算抗剪扭总的箍筋用量 A^*_{sv1}/s

由以上抗剪和抗扭计算分别确定所需的箍筋数量后，还要按照叠加原则计算总的箍筋需要量。叠加原则是指将抗剪计算所需要的箍筋用量中的单侧箍筋用量 A_{sv1}/s_v（如采用双肢箍筋，A_{sv1}/s_v 即为需要量 $n A_{sv1}/s_v$ 中的一半；如采用四肢箍筋，A_{sv1}/s_v 即为需要量的 1/4）与抗扭所需的单肢箍筋用量 A_{st1}/s_t 相加，从而得到每侧箍筋总的需要量为

$$A^*_{sv1}/s = A_{sv1}/s_v + A_{st1}/s_t \quad (6\text{-}18)$$

4. 抗扭箍筋求得后，由式（6-4）可以求得抗扭所需的纵向钢筋用量。

第四节　矩形截面弯扭和弯剪扭构件承载力计算

一、矩形截面弯扭构件承载力计算

在受弯同时受扭的构件中，纵向钢筋既要承受弯矩的作用，又要承受扭矩的作用。因此，构件的抗弯能力与抗扭能力之间必定具有相关性，即截面所能承受的弯矩将随作用扭矩的大小不同而变化，反之亦然。这种弯扭承载力之间的相关规律与众多影响因素有关。随着构件截面上部和下部纵筋数量的比值、截面高宽比、纵筋与箍筋的配筋强度比以及沿截面侧边纵筋数量的不同，这种弯扭相关性的具体变化规律都有所不同。下面以截面下部纵筋承载力 $A'_s f_y$ 与上部纵筋承载力 $A_s f_y$ 的比值为 2～3 的构件为例，说明图 6-13 所示弯扭承载力相关性的一般规律。图中无量纲坐标系的纵坐标为有弯矩作用时的截面受扭承载力 T_u 与纯扭承载力 T_{u0} 之比，横坐标为有扭矩作用时的截面抗弯承载力 M_u 与纯弯承载力 M_{u0} 之比。根据弯扭构件可能出现的三种破坏形式，可分别对其相应的承载力相关规律作如下定性说明：

（1）当构件截面中作用的弯矩与扭矩之比 M/T 较大，即弯矩相对较大而扭矩相对较小时，构件的破坏主要由弯矩起控制作用，称为"弯型破坏"。破坏时，截面下部纵筋屈服，截面上边缘混凝土被压碎。在这种情况下，由于弯矩使上部纵筋产生较大的压应力，故对其承担扭矩引起的拉应力是有利的。而截面下部的纵筋则必须同时承担弯矩和扭矩引起的拉力，也就是说，下部纵筋数量的一部分要用于抗扭，余下部分才能用于抗弯。显然，当扭矩越小时，抗扭所需的下部纵筋数量越少，则用于抗弯的下部纵筋数量相应增加，截面的抗弯能力也就越大。这种抗弯能力随扭矩的减小而增大的相关规律，可用图中 BC 段曲线表示。

（2）当截面中作用的弯矩与扭矩之比 M/T 较小时，扭矩对截面破坏起控制作用，称为"扭型破坏"。破坏从截面上部纵筋受扭屈服开始，混凝土压碎区在截面的下边缘。在这种情况尽管弯矩的作用使截面上部纵筋受压，但压应力数值不大，且上部纵筋的数量又比下部纵筋少，故在较大的扭矩作用下，仍然会使上部纵筋先达到屈服而开始破坏。截面中的弯矩作用对构件抗扭是有利的，因为弯矩越大，在上部纵筋中产生的压应力就越大，对抗扭越有利。因此，截面的受扭承载力随弯矩的增大而提高，其相关曲线如图中曲线 AB 所示。

（3）在曲线 AB 与曲线 BC 交汇的受扭承载力较高的区域内，如果截面的高宽比较大，而侧边的抗扭纵筋配置较弱或箍筋数量相对较少，则有可能由于截面一个侧边的纵筋或箍筋在扭矩作用下首先达到屈服而开始破坏，因而使构件的受扭承载力达不到曲线 AB 和 BC 交汇区那样的高度。这时，混凝土压碎区发生在截面的另一侧边。这类破坏通常称为"弯扭型破坏"。由于这种情况截面的受扭承载力是由上、下纵筋以外的因素决定的，即抗扭承载力基本上不受同时作用的弯矩大小的影响，故其相关曲线可用图中水平线 DE 表示。

根据以上三种破坏形式可见，对截面下部纵筋承载力 $A_s f_y$ 与上部纵筋承载力 $A_s' f_y$ 的比值为 $2\sim3$ 的构件，当截面高宽比相对较大，而配置的箍筋和侧边纵筋不很强时，构件的弯扭承载力相关规律可用图 6-13 中的 $ADEC$ 三段曲线表示。

综上所述可知，弯扭构件承载力的相关性问题涉及的因素较多，其较准确的表达式相当复杂，不便于实用计算。因此，《规范》对弯扭构件采用简便实用的"叠加法"进行设计，即对构件截面先分别按抗弯和抗扭进行计算，然后将所需的纵向钢筋数量按以下方式叠加。

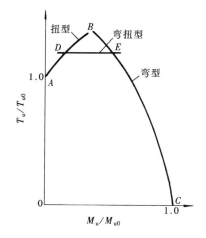

图 6-13　弯扭承载力相关性的一般规律

如图 6-14（a）所示，将抵抗弯矩所需的纵筋布置在截面的受拉边。对抗扭所需的纵筋一般应均匀对称地分布在截面周边上，如图 6-14（b）所示的选用六根直径相同的钢筋，则截面受拉边最后应配置的纵筋总截面面积为

$$A_s = A_{sm} + \frac{A_{st}}{3} \tag{6-19}$$

式中，A_{sm} 为抗弯计算得出的纵筋截面面积；A_{st} 为抗扭计算得出的纵筋总截面面积。于

是，经叠加后截面所需配置的纵筋总量及其布置如图 6-14（c）所示。

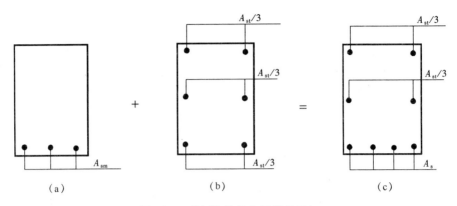

图 6-14　弯扭构件纵向钢筋的叠加

二、矩形截面弯剪扭构件承载力计算

当构件截面上同时有弯矩、剪力和扭矩共同作用时，不难想象，三者之间存在相关性，情况较为复杂。为了简化计算，《规范》允许只考虑剪力和扭矩之间的相关性，不考虑弯矩与剪力、扭矩之间的相关性。这样，矩形截面弯剪扭构件的承载力可按照下述方法进行计算：

（1）在弯矩的作用下，可以按照第四章的有关方法计算。

（2）在剪力和扭矩的共同作用下，可按照上一节矩形截面剪扭构件承载力计算方法进行计算。

进行截面选择时，构件的配筋为上述两种计算所需钢筋的叠加。构件尚需满足本章第七节中各项构造要求。

第五节　T形和I形截面弯剪扭构件承载力计算

前面讨论了矩形截面受扭构件承载力的计算方法。在实际工程中，像吊车梁等构件，截面常为T形或I形，因此，本节介绍T形和I形截面弯剪扭构件承载力计算方法。

T形和I形截面弯剪扭构件承载力计算的原则是：

（1）不考虑弯矩与剪力、扭矩的相关性，构件在弯矩的作用下按第四章有关方法计算。

（2）剪力全部由腹板承受。

（3）扭矩由腹板、受拉翼缘和受压翼缘共同承受，各部分分担的扭矩设计值按下列各式计算：

$$腹　板：\quad T_{w}=\frac{W_{tw}}{W_{t}}T \tag{6-20}$$

$$受压翼缘：\quad T'_{f}=\frac{W'_{tf}}{W_{t}}T \tag{6-21}$$

$$受拉翼缘：\quad T_{f}=\frac{W_{tf}}{W_{t}}T \tag{6-22}$$

式中　　T_w、T_f'、T_f——分别为腹板、受压翼缘及受拉翼缘的扭矩设计值；

　　　W_{tw}、W_{tf}'、W_{tf}——分别为腹板、受压翼缘及受拉翼缘的截面抗扭塑性抵抗矩；

　　　　　　T——整个截面的扭矩设计值；

　　　　　　W_t——整个截面的抗扭塑性抵抗矩，$W_t = W_{tw} + W_{tf}' + W_{tf}$。

　　T形和I形截面的划分方法是：要满足腹板矩形截面的完整性（图6-15）。腹板、受压翼缘和受拉翼缘截面抗扭塑性抵抗矩分别按下列各式计算：

$$腹\quad板：\quad W_{tw} = \frac{b^2}{6}(3h - b) \tag{6-23}$$

$$受压翼缘：\quad W_{tf}' = \frac{h_f'^2}{2}(b_f' - b) \tag{6-24}$$

$$受拉翼缘：\quad W_{tf} = \frac{h_f^2}{2}(b_f - b) \tag{6-25}$$

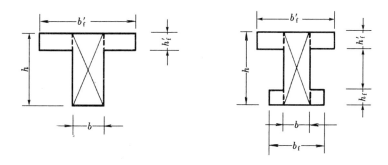

图6-15　T形及I形截面划分矩形截面的方法

　　经过这样简化以后可以看到，T形和I形截面的不同部分应按不同的受力状态计算：腹板应按弯剪扭受力状态计算，受拉翼缘和受压翼缘则应按弯扭受力状态计算，但配置于其中的箍筋应贯穿于整个翼缘。截面所需钢筋为各部分计算所需钢筋之和。

第六节　压弯剪扭构件承载力计算

　　在轴向压力、弯矩、剪力和扭矩共同作用下的钢筋混凝土矩形截面框架柱，其受剪扭承载力应符合下列规定：

1. 受剪承载力

$$V \leqslant (1.5 - \beta_t)\left(\frac{1.75}{\lambda + 1} f_t b h_0 + 0.07N\right) + f_{yv}\frac{A_{sv}}{s}h_0 \tag{6-26}$$

2. 受扭承载力

$$T \leqslant \beta_t\left(0.35 f_t + 0.07\frac{N}{A}\right)W_t + 1.2\sqrt{\zeta}f_{yv}\frac{A_{st1}A_{cor}}{s} \tag{6-27}$$

式中　　λ——计算截面的剪跨比。

　　以上两个公式中的 β_t 值应按式（6-16）计算，ζ 值应按式（6-4）计算。

　　在轴向压力、弯矩、剪力和扭矩共同作用下的钢筋混凝土矩形截面框架柱，当 $T \leqslant$

$(0.175f_t+0.035N/A)W_t$ 时，可仅按偏心受压构件的正截面受压承载力和框架柱斜截面受剪承载力分别进行计算。

在轴向压力、弯矩、剪力和扭矩共同作用下的钢筋混凝土矩形截面框架柱，其纵向钢筋截面面积应分别按偏心受压构件的正截面受压承载力和剪扭构件的受扭承载力计算确定，并应配置在相应的位置；箍筋截面面积应分别按剪扭构件的受剪承载力和受扭承载力计算确定，并应配置在相应的位置。

第七节　构造要求

受扭构件除了要按上述各节规定进行计算以外，还必须满足下面各项构造要求。

一、截面尺寸限制条件

为了避免受扭构件配筋过多发生完全超配筋性质的脆性破坏，《规范》规定了构件截面承载力的上限，即对受扭构件截面尺寸和混凝土强度等级应符合下式要求。

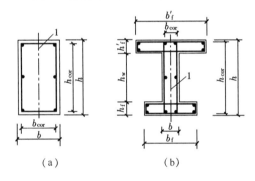

图 6-16　受扭构件截面
(a) 矩形截面；(b) T 形、I 形截面
1—弯矩、剪力作用平面

在弯矩、剪力和扭矩共同作用下，对 $h_w/b\leqslant6$ 的矩形、T 形和 I 形截面构件（图 6-16），其截面应符合下列条件：

当 h_w/b（或 h_w/t_w）$\leqslant4$ 时

$$\frac{V}{bh_0}+\frac{T}{0.8W_t}\leqslant0.25\beta_cf_c \quad (6-28)$$

当 h_w/b（或 h_w/t_w）$=6$ 时

$$\frac{V}{bh_0}+\frac{T}{0.8W_t}\leqslant0.2\beta_cf_c \quad (6-29)$$

当 $4<h_w/b$（或 h_w/t_w）<6 时，按线性内插法确定。

式中　T——扭矩设计值；

b——矩形截面的宽度，T 形或 I 形截面的腹板宽度；

h_0——截面的有效高度；

W_t——受扭构件的截面受扭塑性抵抗矩；

h_w——截面的腹板高度：对矩形截面，取有效高度 h_0；对 T 形截面，取有效高度减去翼缘高度；对 I 形截面，取腹板净高；

β_c——混凝土强度影响系数；当混凝土强度等级不超过 C50 时，取 $\beta_c=1.0$；当混凝土强度等级为 C80 时，取 $\beta_c=0.8$；其间按线性内插法确定。

当 $h_w/b>6$ 时，受扭构件的截面尺寸条件及扭曲截面承载力计算应符合专门规定。

二、构造配筋条件

由前述纯扭构件受力性能的试验研究可知，在受扭开裂前，配筋构件主要依靠混凝土承担扭矩引起的主拉应力，配筋的作用很小，其开裂扭矩可近似地按素混凝土构件用式（6-3）计算。因此当截面中的设计扭矩不大于截面的开裂扭矩，即满足

$$T \leqslant 0.7 f_t W_t \tag{6-30}$$

时，可不进行抗扭计算，而只需按构造配置抗扭钢筋。

对于剪扭构件，《规范》规定符合以下条件时，可不进行抗扭和抗剪承载力计算，仅需按构造配置箍筋和抗扭纵筋：

$$\frac{V}{bh_0} + \frac{T}{W_t} \leqslant 0.7 f_t \tag{6-31}$$

或

$$\frac{V}{bh_0} + \frac{T}{W_t} \leqslant 0.7 f_t + 0.07 \frac{N}{bh_0} \tag{6-32}$$

式中，N 为与剪力、扭矩设计值 V、T 相应的轴向压力设计值，当 $N > 0.3 f_c A$ 时，取 $N = 0.3 f_c A$，此处，A 为构件的截面面积。

三、最小配筋率

为了防止构件发生"少筋"性质的脆性破坏，在弯剪扭构件中箍筋和纵向钢筋的配筋率和构造要求应符合下列规定：

（1）箍筋的配筋率不应小于其最小配箍率，即：

$$\rho_{sv} \geqslant \rho_{sv,min} \tag{6-33}$$

式中

$$\rho_{sv,min} = 0.28 \frac{f_t}{f_{yv}} \tag{6-34}$$

（2）纵向钢筋的配筋率，不应小于受弯构件纵向受力钢筋的最小配筋率与受扭构件纵向受力钢筋的最小配筋率之和。对受弯构件纵向受力钢筋的最小配筋率，可按附表 1-13 规定取值；对受扭的纵向受力钢筋，要求：

$$\rho_{tl} \geqslant 0.6 \sqrt{\frac{T}{Vb}} \cdot \frac{f_t}{f_y} \tag{6-35}$$

当 $T/(Vb) > 2.0$ 时，取 $T/(Vb) = 2.0$。

式中　ρ_{tl}——受扭纵向钢筋的配筋率：$\rho_{tl} = \dfrac{A_{stl}}{bh}$；

　　　b——受剪的截面宽度；

　　A_{stl}——沿截面周边布置的受扭纵向钢筋总截面面积。

四、箍筋形式与抗扭纵筋布置

如前所述，受扭构件中箍筋的受力状态如同空间桁架中的受拉竖向腹杆。为了保证箍筋在整个周长上都能充分发挥抗拉作用，必须将其做成封闭式，且应沿截面周边布置；当采用复合箍筋时，位于截面内部的箍筋不应计入受扭所需的箍筋面积；箍筋的两个端头相互搭接（图 6-17a），搭接长度不小于 $30d$，d 为箍筋直径。当采用绑扎骨架时，应采用图 6-17（b）所示的箍筋形式，但箍筋的端部应做成 $135°$ 的弯钩，弯钩末端的直线长度不应小于 $10d$（d 为箍筋直径）。此外，箍筋的直径和间距还应符合受弯构件对箍筋的有关规定（参见第五章表 5-1、表 5-2）。

构件中的抗扭纵筋应尽可能均匀地沿截面周边对称布置，间距不应大于 200mm，也

不应大于截面短边尺寸。在截面的四角必须设有抗扭纵筋。如果抗扭纵筋在计算中充分利用其强度时，则其接头和锚固均应按受拉钢筋的有关要求处理。

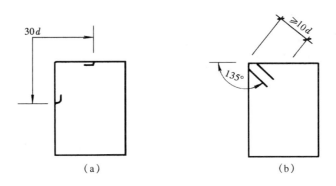

图 6-17　抗扭箍筋的构造

最后还需指出，本章关于受扭构件的设计方法主要是针对承担"平衡扭转"的一类构件的受力特点建立起来的。在这类构件中，扭矩的大小由荷载作用所决定，基本上不受构件本身抗扭刚度变化的影响。而另一类承担"协调扭转"的构件，其所受扭转作用的大小随构件本身抗扭刚度的改变而变化。由图 6-7 所示的试验结果可知，受扭构件开裂后的抗扭刚度将大幅度降低，因此，对这类构件通常不进行计算，只按构造配置一定数量的抗扭钢筋。当然，对于不允许出现裂缝或者裂缝的开展宽度可能影响正常使用的结构，仍应在适当考虑构件抗扭刚度变化对作用扭矩大小的影响的基础上进行有关的计算。

第八节　设 计 实 例

【例 6-1】　一钢筋混凝土框架纵向连系梁，截面尺寸 $b \times h = 300\text{mm} \times 600\text{mm}$，该梁承受的荷载设计值和扭矩设计值以及相应的设计弯矩图、剪力图和扭矩图如图 6-18 所示。混凝土强度等级为 C30（$f_t = 1.43\text{N/mm}^2$，$f_c = 14.3\text{N/mm}^2$，$\beta_c = 1.0$），纵筋采用 HRB400 级钢筋（$f_y = 360\text{N/mm}^2$），箍筋采用 HPB300 级钢筋（$f_{yv} = 270\text{N/mm}^2$），设计使用年限为 50 年，环境类别为一类。试设计该梁。

【解】　（1）按式（6-28）验算构件截面尺寸时，取剪力和扭矩设计值均较大的支座截面 A 和 B 进行验算。按式（6-2）计算截面抗扭塑性抵抗矩

$$W_t = \frac{b^2}{6}(3h - b) = \frac{300^2}{6}(3 \times 600 - 300) = 22500000\text{mm}^3$$

矩形截面 $h_w = h_0 = 600 - 35 = 565\text{mm}$，$b = 300\text{mm}$，$h_w/b = 565/300 = 1.88 < 4$，则：

$$\frac{V}{bh_0} + \frac{T}{0.8W_t} = \frac{109300}{300 \times 565} + \frac{27400000}{22500000 \times 0.8}$$

$$= 2.16\text{N/mm}^2 < 0.25\beta_c f_c$$

$$= 0.25 \times 1 \times 14.3 = 3.575\text{N/mm}^2$$

截面尺寸符合要求。

（2）验算是否可不考虑剪力

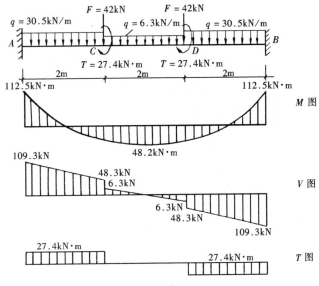

图 6-18 例 6-1 附图一

$$V = 109300\text{N} > 0.35 f_t bh_0 = 0.35 \times 1.43 \times 300 \times 565$$
$$= 84835\text{N}, 故不能忽略剪力。$$

（3）验算是否可不考虑扭矩

$$T = 27400000\text{N} \cdot \text{mm} > 0.175 f_t W_t = 0.175 \times 1.43 \times 22500000$$
$$= 5630625\text{N} \cdot \text{mm}, 故不能忽略扭矩。$$

（4）按式（6-32）验算是否要进行抗剪和抗扭计算

$$\frac{V}{bh_0} + \frac{T}{W_t} = 1.86\text{N/mm}^2 > 0.7 f_t = 0.7 \times 1.43$$
$$= 1.0\text{N/mm}^2, 故必须进行抗剪和抗扭计算。$$

（5）确定箍筋用量

根据本例的内力分布图可按支座截面的扭矩和剪力计算箍筋用量。

选用抗扭纵筋与箍筋的配筋强度比 $\zeta = 1.2$。

按式（6-13）计算系数 β_t

$$\beta_t = \frac{1.5}{1 + 0.5 \dfrac{VW_t}{Tbh_0}} = \frac{1.5}{1 + 0.5 \dfrac{109300}{27400000} \times \dfrac{22500000}{300 \times 565}}$$

$$= 1.186 > 1.0, 所以取 \beta_t = 1.0。$$

按式（6-14）计算单侧抗剪箍筋用量（采用双肢箍筋）

$$V = 0.7(1.5 - \beta_t) f_t bh_0 + f_{yv} \frac{n A_{sv1}}{s} h_0$$

$$109300 = 0.7(1.5 - 1.0) \times 1.43 \times 300 \times 565 + 270 \times \frac{2A_{sv1}}{s} \times 565$$

$$\frac{A_{sv1}}{s} = 0.080$$

按式（6-17）计算单侧抗扭箍筋用量

$$T = 0.35\beta_t f_t W_t + 1.2\sqrt{\zeta}\frac{f_{yv}A_{st1}A_{cor}}{s}$$

其中 $A_{cor} = b_{cor}h_{cor} = (300-2\times30)(600-2\times30) = 129600\text{mm}^2$

即 $27400000 = 0.35\times1.0\times1.43\times22500000 + 1.2\times\sqrt{1.2}\times\dfrac{270A_{st1}\times129600}{s}$

$$\frac{A_{st1}}{s} = 0.351$$

按式（6-18）计算单侧箍筋总用量

$$\frac{A_{sv1}^*}{s} = \frac{A_{sv1}}{s} + \frac{A_{st1}}{s} = 0.080 + 0.351 = 0.431$$

选用箍筋直径Φ10，$A_{sv1}^* = 78.5\text{mm}^2$

则
$$s = \frac{78.5}{0.431} = 182\text{mm}$$

取箍筋间距 $s = 125\text{mm}$，此值小于箍筋最大容许间距。

按式（6-34）计算最小配箍率

$$\rho_{sv,min} = 0.28\frac{f_t}{f_{yv}} = 0.28\times\frac{1.43}{270} = 0.0015$$

实际配箍率为

$$\rho_{sv} = \frac{2A_{sv1}^*}{bs} = \frac{2\times78.5}{300\times125} = 0.00419 > \rho_{sv,min}，满足要求。$$

（6）计算抗扭纵筋用量

根据选定的 $\zeta=1.2$ 和经计算得出的单侧抗扭箍筋用量 A_{st1}/s 按式（6-4）求抗扭纵筋用量 A_{stl}

$$A_{stl} = \frac{\zeta f_{yv}A_{st1}u_{cor}}{f_y s}$$

其中 $u_{cor} = 2(b_{cor}+h_{cor}) = 2(240+540) = 1560\text{mm}$，前面已经求得 $\dfrac{A_{st1}}{s} = 0.351$

$$A_{stl} = \frac{1.2\times270\times0.351\times1560}{360} = 492.8\text{mm}^2$$

选用 6Φ12（实配 $A_{stl} = 678\text{mm}^2$），布置在截面四角和两侧边高度的中部。

抗扭纵筋的最小配筋率按式（6-35）计算

$$\rho_{tl,min} = 0.6\sqrt{\frac{T}{Vb}}\times\frac{f_t}{f_y} = 0.6\sqrt{\frac{27400000}{109300\times300}}\times\frac{1.43}{360} = 0.0022$$

抗扭纵筋的实际配筋率为

$$\rho_{tl} = \frac{A_{stl}}{bh} = \frac{678}{300\times600} = 0.00377 > \rho_{tl,min}$$

（7）计算抗弯纵筋数量

按正截面抗弯承载力计算（过程略），支座截面所需负弯矩钢筋截面面积为 $A_{sm} = 578\text{mm}^2 > \rho_{min}bh = 0.2\%\times300\times600 = 360\text{mm}^2$；跨中截面所需的正弯矩钢筋截面面积为 $A_{sm} = 241.3\text{mm}^2 < \rho_{min}bh$，取最小配筋率面积 360mm^2。

（8）确定纵筋的总用量

对支座截面，上部纵筋所需的截面总面积为 $A_{sm} = 578\text{mm}^2$ 加上 2Φ12 抗扭纵筋的截

面面积 226mm²，即

$$578+226=804mm^2$$

实配 2 Φ 20 和 1 Φ 22，截面面积 $A_s=1008mm^2$。

对跨中截面，下部纵筋所需截面总面积为

$$360+226=586mm^2$$

实配 2 Φ 22，沿梁通长布置，$A_s=760mm^2$。

支座及跨中截面最后配筋情况如图 6-19（a）、(b) 所示。

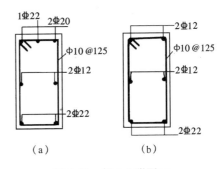

图 6-19 例 6-1 附图二
(a) 支座截面；(b) 跨中截面

【例 6-2】 已知均布荷载作用下的 T 形截面构件，截面尺寸为 $b'_f=400mm$，$h'_f=100mm$，$b=250mm$，$h=500mm$。内力设计值为 $M=80kN\cdot m$，$V=75kN$，$T=15kN\cdot m$，混凝土强度等级为 C30，纵筋采用 HRB400 级钢，箍筋采用 HPB300 级钢。设计使用年限为 50 年，环境类别为一类。求此构件所需受弯、受剪及受扭钢筋。

【解】 **1. 验算构件截面尺寸**

按式（6-23）和式（6-24）求腹板及受压翼缘抗扭塑性抵抗扭：

$$W_{tw}=\frac{b^2}{6}(3h-b)=\frac{250^2}{6}(3\times500-250)=1302.1\times10^4mm^3$$

$$W'_{tf}=\frac{h'^2_f}{2}(b'_f-b)=\frac{100^2}{2}(400-250)=75\times10^4mm^3$$

$$W_t=W_{tw}+W'_{tf}=1302.1\times10^4+75\times10^4=1377.1\times10^4mm^3$$

按式（6-28）有：

$$\frac{V}{bh_0}+\frac{T}{0.8W_t}=\frac{75000}{250\times465}+\frac{15000000}{0.8\times13771000}=0.645+1.362$$

$$=2.007N/mm^2<0.25\beta_cf_c=0.25\times1\times14.3$$

$$=3.575N/mm^2$$

故截面尺寸合适。

2. 验算是否可按构造配筋

由式（6-31）有

$$\frac{V}{bh_0}+\frac{T}{W_t}=1.734N/mm^2>0.7f_t=0.7\times1.43=1.00N/mm^2$$

故需按计算配抗剪和抗扭钢筋。

3. 验算是否可忽略扭矩和剪力对构件承载力的影响

$$T=15kN\cdot m>0.175f_tW_t=0.175\times1.43\times1377.1\times10^4=3.45kN\cdot m$$

$$V=75kN>0.35f_tbh_0=0.35\times1.43\times250\times465=58.18kN$$

故不可忽略扭矩及剪力对构件承载力的影响。

4. 计算受弯所需纵筋

$$\alpha_1f_cb'_fh'_f\left(h_0-\frac{h'_f}{2}\right)=1\times14.3\times400\times100\left(465-\frac{100}{2}\right)$$

$$=237.4kN\cdot m>M=80kN\cdot m$$

故属第一类 T 形截面。

$$\alpha_s = \frac{M}{\alpha_1 f_c b_f' h_0^2} = \frac{80000000}{14.3 \times 400 \times 465^2} = 0.065$$

由附表 11 查得 $\xi = 0.0673$

$$A_s = \xi b_f' h_0 \frac{\alpha_1 f_c}{f_y} = 0.0673 \times 400 \times 465 \frac{14.3}{360} = 465.5\,\text{mm}^2 > \rho_{\min} bh$$

$$= 0.2\% \times 250 \times 500 = 250\,\text{mm}^2$$

5. 计算受剪及受扭钢筋

（1）腹板配筋计算。腹板承担的扭矩为

$$T_w = \frac{W_{tw}}{W_t} T = \frac{1302.1 \times 10^4}{1377.1 \times 10^4} 15\,\text{kN} \cdot \text{m} = 14.18\,\text{kN} \cdot \text{m}$$

$$A_{cor} = b_{cor} \times h_{cor} = 190 \times 440 = 83600\,\text{mm}^2$$

$$u_{cor} = 2(b_{cor} + h_{cor}) = 2(190 + 440) = 1260\,\text{mm}$$

受扭箍筋计算。由式（6-13）有：

$$\beta_t = \frac{1.5}{1 + 0.5\frac{V W_{tw}}{T_w b h_0}} = \frac{1.5}{1 + 0.5\frac{75 \times 10^3 \times 1302.1 \times 10^4}{14.18 \times 10^6 \times 250 \times 465}} = 1.157 > 1$$

只能按 $\beta_t = 1$ 计算。假定取 $\zeta = 1.2$，由式（6-17）有：

$$\frac{A_{st1}}{s} = \frac{T_w - 0.35\beta_t f_t W_{tw}}{1.2\sqrt{\zeta} f_{yv} A_{cor}}$$

$$= \frac{14.18 \times 10^6 - 0.35 \times 1 \times 1.43 \times 1302.1 \times 10^4}{1.2\sqrt{1.2} \times 270 \times 90000}$$

$$= 0.240\,\text{mm}$$

受剪箍筋计算。由式（6-14）有（设采用双肢箍筋，$n = 2$）：

$$\frac{A_{sv1}}{s} = \frac{V - 0.7(1.5 - \beta_t) f_t b h_0}{n f_{yv} h_0}$$

$$= \frac{75000 - 0.7 \times (1.5 - 1)1.43 \times 250 \times 465}{2 \times 270 \times 465}$$

$$= 0.067\,\text{mm}$$

腹板所需单肢箍筋总面积为：

$$\frac{A_{sv1}^*}{s} = \frac{A_{sv1}}{s} + \frac{A_{st1}}{s} = 0.067 + 0.240 = 0.307\,\text{mm}$$

采用直径为 Φ8 的钢筋做箍筋，则 $A_{sv1}^* = 50.3\,\text{mm}^2$，由此可求得所需箍筋的间距为：

$$s = \frac{A_{sv1}^*}{0.307} = \frac{50.3}{0.307} = 164\,\text{mm}，取 s = 110\,\text{mm}$$

验算腹板最小配箍率：

$$\rho_{sv,\min} = 0.28\frac{f_t}{f_{yv}} = 0.28 \times \frac{1.43}{270} = 0.00148$$

实有配箍率为：

$$\rho_{sv} = \frac{n A_{sv1}^*}{bs} = \frac{2 \times 50.3}{250 \times 110} = 0.0037 > 0.00148$$

受扭纵筋计算

由式（6-4）有：

$$A_{stl} = \frac{\zeta f_{yv} A_{st1} u_{cor}}{f_y s} = \frac{1.2 \times 270 \times 0.240 \times 1260}{360} = 272 \text{mm}^2$$

$$\rho_{tl} = \frac{A_{stl}}{bh} = \frac{272}{250 \times 500} = 0.0022 > \rho_{tl,\min}$$

$$= 0.6 \sqrt{\frac{T}{Vb}} \cdot \frac{f_t}{f_y} = 0.6 \sqrt{\frac{15000000}{75000 \times 250}} \frac{1.43}{360} = 0.0021$$

设选用 6 Φ 12 抗扭纵筋，除在腹板角点处各设一根抗扭纵筋外，在梁高度中点每侧也各设一根抗扭纵筋，则抗扭纵筋截面面积 $A_{stl} = 678 \text{mm}^2$。

实际配筋时，可将梁底抗弯纵筋面积与抗扭纵筋面积合在一起选用钢筋，即按

$$465.5 + \frac{678}{3} = 691.5 \text{mm}^2$$

选用 4 Φ 16（实配 $A_s = 804 \text{mm}^2$）。

（2）受压翼缘配筋计算

受压翼缘承担的扭矩为

$$T'_f = \frac{W'_{tf}}{W_t} T = \frac{75 \times 10^4}{1377.1 \times 10^4} 15 \text{kN} \cdot \text{m} = 0.82 \text{kN} \cdot \text{m}$$

$$A'_{cor} = b'_{cor} \times h'_{cor} = 100 \times 50 = 5000 \text{mm}^2$$

$$u'_{cor} = 2(b'_{cor} + h'_{cor}) = 2(100 + 50) = 300 \text{mm}$$

采用双肢箍筋抗扭，取 $\zeta = 1.2$，则受扭箍筋为：

$$\frac{A'_{st1}}{s} = \frac{T'_f - 0.35 f_t W'_{tf}}{1.2 \sqrt{\zeta f_{yv} A'_{cor}}}$$

$$= \frac{820000 - 0.35 \times 1.43 \times 750000}{1.2 \sqrt{1.2 \times 270 \times 5000}}$$

$$= 0.250 \text{mm}$$

取箍筋为 Φ 8，箍筋间距为：

$$s = \frac{50.3}{0.250} = 201 \text{mm}, 取 s = 110 \text{mm}$$

受扭纵筋为：

$$A'_{stl} = \frac{\zeta f_{yv} A'_{st1} u'_{cor}}{f_y s}$$

$$= \frac{1.2 \times 270 \times 0.250 \times 300}{360} = 67.5 \text{mm}^2$$

选用 4 Φ 8，实配截面面积为 201.2 mm^2。

梁截面的配筋如图 6-20 所示。

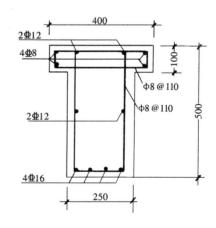

图 6-20　例 6-2 附图

小　结

（1）素混凝土纯扭构件在扭矩作用下，首先在主拉应力最大的长边中点开裂，随即发生突然性的脆性破坏。构件的开裂扭矩一般就是破坏扭矩。破坏时构件三面开裂一边混凝土被压碎，破坏面为一个空间扭曲面。构件的实际受扭承载力介于弹性分析与塑性分析结

果之间。

（2）配置抗扭钢筋的纯扭构件，在开裂前其受力性能与素混凝土构件没有明显的差别，但开裂后不立即破坏，而是逐渐形成多条成 45°左右的螺旋裂缝。裂缝处由抗扭钢筋继续承担拉力，并与裂缝间混凝土斜压杆共同构成空间桁架抗扭机构。配置抗扭钢筋对提高构件的受扭承载力有很大作用，但对构件开裂扭矩的影响则很小。

（3）钢筋混凝土纯扭构件的破坏可归纳为 4 种类型：少筋破坏、适筋破坏、部分超配筋破坏和完全超配筋破坏。其中少筋破坏和完全超配筋破坏均为明显的脆性破坏，设计中应当避免。为了使抗扭纵筋和箍筋相互匹配，有效地发挥抗扭作用，应使两者的强度比 $\zeta = 0.6 \sim 1.7$，最佳比值为 1.2 左右。

（4）矩形截面纯扭构件的抗扭承载力计算公式（6-8），是根据大量适筋和部分超配筋构件的试验实测数据分析建立起来的经验公式。它综合考虑了混凝土和抗扭钢筋两部分的抗扭作用，反映了各主要因素的影响。

（5）无腹筋剪扭构件的承载力相关关系符号 1/4 圆弧的变化规律。《规范》对剪扭构件的承载力计算采用"考虑部分相关的计算方案"，并以受弯构件斜截面抗剪承载力公式和纯扭构件抗扭承载力公式为基础，只对公式中的混凝土作用项考虑剪扭相互影响进行修正。对受扭承载力公式中的混凝土作用项乘以系数 β_t，对抗剪承载力公式中的混凝土作用项则乘以（$1.5 - \beta_t$）。在推导系数 β_t 时，近似地采用三折线相关曲线代替 1/4 圆弧曲线。

（6）弯扭构件的弯扭相关规律比较复杂，它与 M/T、$A_s f_y / A'_s f_y$、h/b 以及 ζ 等许多因素有关。以 $A_s f_y / A' f_y$ 为 2～3 的构件为例，可能出现三种破坏类型，分别称为"弯型破坏"、"扭型破坏"和"弯扭型破坏"。其弯扭承载力的相关性可定性地由图 6-13 中 $ADEC$ 三段曲线表示。由于较准确地考虑弯扭相关性进行设计将使计算相当复杂，《规范》建议对弯扭构件采用简便实用的"叠加法"进行计算。

（7）对工程中最常见的有弯矩、剪力和扭矩同时作用的构件，《规范》建议其箍筋数量由考虑剪扭相关性的抗剪和抗扭计算结果进行叠加，而纵筋的数量则由抗弯和抗扭计算的结果进行叠加。

（8）T 形和 I 形截面弯剪扭构件的计算原则与矩形截面弯剪扭构件相同，但剪力只由腹板承受，扭矩按腹板、受压翼缘、受拉翼缘的相对抗扭塑性抵抗矩分配。

（9）受扭构件承载力的计算公式有其相应的适用条件。为防止出现"完全超配筋"脆性破坏，构件应符合截面限制条件；为了防止"少筋破坏"则应满足有关的最小配筋率要求。当符合一定条件时，可简化计算步骤。此外，受扭构件还必须满足有关的构造要求。

<h2 style="text-align:center">思 考 题</h2>

1. 试列举若干受扭构件的工程实例，并指出它们承受哪一类扭矩的作用。

2. 简述素混凝土纯扭构件的破坏特征。

3. 简述配置了适当抗扭钢筋的纯扭构件在扭矩作用下开裂前后的受力特点，并指出配置抗扭钢筋对于构件的承载力、刚度和开裂扭矩有何影响。

4. 钢筋混凝土纯扭构件有哪几种破坏形式？各有何特点？

5. 无腹筋构件的剪扭承载力之间有什么样的相关规律？《规范》方法如何考虑剪扭相关性来进行剪扭构件承载力的计算？

6. 弯扭承载力的相关性主要与哪些因素有关？《规范》建议采用什么方法对弯扭构件进行设计？

7. 受扭构件设计时，怎样避免出现少筋构件和完全超配筋构件？什么情况下可忽略扭矩或剪力的作用？什么情况下可不进行剪扭承载力计算而仅按构造配抗扭钢筋？

8. 简述弯剪扭构件设计的箍筋和纵筋用量是怎样分别确定的。

9. T形和I形截面弯剪扭构件与矩形截面弯剪扭构件在承载力计算上有什么相同和不同之处？

10. 受扭构件的配筋有哪些构造要求？

习　　题

6-1　矩形截面悬臂梁，$b=250\text{mm}$，$h=500\text{mm}$，混凝土强度等级为 C30，纵向受力钢筋为 HRB400 级，箍筋为 HRB335。该梁在悬臂支座截面处承受弯矩设计值 $M=105.6\text{kN·m}$、剪力设计值 $V=120.4\text{kN}$ 和扭矩设计值 $T=8.15\text{kN·m}$。设计使用年限为 50 年，环境类别为一类。试计算该梁的配筋，并绘截面配筋图。

6-2　某餐厅雨篷如图 6-21 所示，雨篷板的永久荷载标准值为 2.4kN/m^2，荷载分项系数为 1.3，承受的板面活荷载为 0.5kN/m^2，荷载分项系数为 1.5。雨篷梁承受自重及上面墙体传来的荷载设计值共计 6.1kN/m（已考虑了荷载分项系数）。混凝土采用 C30 级，钢筋均为 HPB300 级。设计使用年限为 50 年，环境类别为一类。试绘出雨篷梁的设计弯矩图、剪力图和扭矩图，并进行雨篷梁的配筋计算（计算弯矩时，计算跨度可取 $l_0=1.05l_\text{n}$，其中 l_n 为净跨，计算剪力时则取 $l_0=l_\text{n}$）。

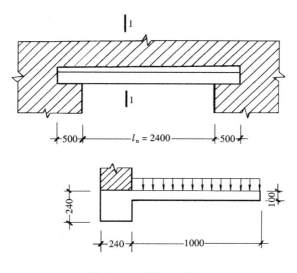

图 6-21　习题 6-2 附图

6-3　某 T 形截面弯剪扭构件，截面尺寸如图 6-21 所示，但 $M=70\text{kN·m}$，$V=80\text{kN}$，$T=12\text{kN·m}$，混凝土强度等级为 C40，纵筋为 HRB400 级钢筋，箍筋为 HPB300 级钢筋。设计使用年限 100 年，环境类别为二类 b。试求此构件所需受弯、受剪及受扭钢筋。

第七章　钢筋混凝土偏心受力构件承载力计算

提　要

本章的重点是：

（1）偏心受压构件的分类和破坏特征，纵向弯曲对偏心受压构件的影响；

（2）矩形截面偏心受压构件的破坏特征、截面设计计算和构造、截面承载力复核及I形截面（对称配筋）偏心受压构件正截面承载力的计算和构造；

（3）偏心受拉构件的分类及受力特征，矩形截面偏心受拉构件正截面承载力的计算；

（4）偏心受压和偏心受拉构件的斜截面受剪承载力计算。

本章的难点是：小偏心受压构件的计算。把握住该情形下混凝土受压区的变化特点、钢筋应力 σ_s、混凝土相对受压区高度 ξ 的计算方法以及运用内力平衡条件，是解决这一难点的关键。

第一节　概　　述

第三章中所论及的轴心受力构件，其轴向力作用于构件截面的形心位置。当轴向力 N 偏离截面形心或构件同时承受轴向力和弯矩时，则成为偏心受力构件，轴向力偏离截面形心的距离称为偏心距；轴向力为压力时称为偏心受压构件（或称压弯构件）；轴向力为拉力时称为偏心受拉构件（或称拉弯构件）（图 7-1）。

当轴向力的作用线仅与构件截面的一个方向的形心线不重合时，称为单向偏心受力（图 7-1a、b、d、e）；两个方向都不重合时，称为双向偏心受力（图 7-1c、f）。与轴心受力构件类似，理想的单向偏心受力构件也很难找到，但在大多数情形下，都将实际的空间受力结构简化为平面受力结构进行分析，将平面受力体系的偏心受压或偏心受拉构件按单向偏心受力考虑。本章主要论述单向偏心受力构件的设计计算，在实际工程中遇到双向偏

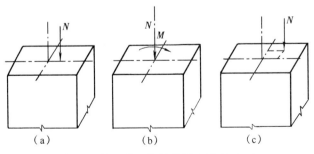

图 7-1　偏心受力构件的受力形态（一）

（a）、（b）、（c）偏心受压

140

心受力的问题时（如厂房或框架的角柱），可参照《规范》进行设计。

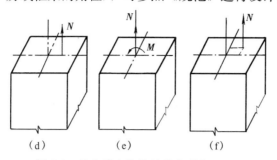

图 7-1　偏心受力构件的受力形态（二）

(d)、(e)、(f) 偏心受拉

工程结构中的大多数竖向构件（如单层工业厂房的排架柱、多层或高层房屋的钢筋混凝土墙、柱等）都是偏心受压构件，而且多以柱的形式出现；而承受节间荷载的桁架拉杆（图 7-2d 的上弦）、矩形截面水池的池壁等，则属于偏心受拉构件（图 7-2）。

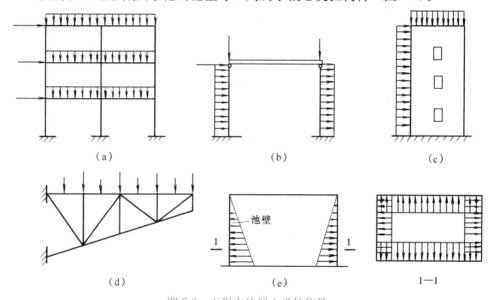

图 7-2　工程中的偏心受拉构件

（a）框架柱；（b）排架柱；（c）剪力墙；（d）桁架上弦杆；（e）矩形水池池壁

第二节　偏心受压构件的构造要求

从前面几章的设计计算可以看出，构造要求是设计的重要组成部分。构造问题往往不直接通过计算但又是设计中必须处理和解决好的问题。诸如结构构件的材料选择、截面尺寸、配筋形式等，一般在设计计算之前就需要确定，尤其是在设计超静定结构（如框架、排架）时，内力的计算直接涉及构件截面尺寸的大小和材料的强度等级（因为它们与构件的刚度有关）。故本章首先介绍偏心受压构件的构造要求，以便初学者逐步掌握和应用。

一、截　面　形　式

现浇柱以矩形截面为主，其截面宽度不宜小于 250mm（考虑抗震设计的框架柱，其截面宽度和高度均不宜小于 300mm）；装配式柱当截面尺寸较大时，也常采用 I 形截面或双肢截面。

I 形截面的翼缘厚度不宜小于 120mm，腹板厚度不宜小于 100mm。

为避免构件长细比太大而过多降低构件承载力，一般取 $l_0/h \leqslant 25$ 及 $l_0/b \leqslant 30$（其中 l_0 为柱的计算长度，h 和 b 分别为截面的高度和宽度）。

<h2 style="text-align:center">二、纵向受力钢筋</h2>

（一）钢筋的种类、直径与间距

纵向受力钢筋通常采用 HRB400，HRB500，HRBF400 和 HRBF500 级热轧钢筋。强度太高的钢筋由于在构件破坏时得不到充分利用而不宜采用。

对纵向受力钢筋的要求与轴心受压构件的相同，即直径不宜小于 12mm，并宜优先选择直径较大的受力钢筋；钢筋净距不应小于 50mm。在偏心受压柱中，垂直于弯矩作用平面的纵向受力钢筋，其中距也不应大于 300mm。对水平浇筑的预制柱，纵向受力钢筋的间距可按梁的规定采用。

（二）纵向钢筋的设置位置

纵向受力钢筋按计算要求设置在弯矩作用方向的两对边；当截面高度 $h \geqslant 600mm$ 时，还应在柱的侧面设置直径为 10～16mm 的纵向构造钢筋并相应设置复合箍筋或拉筋，见图 7-3。

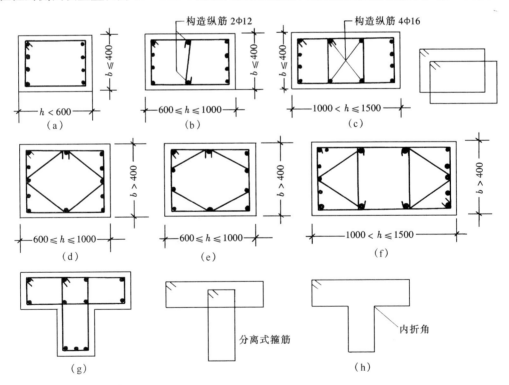

图 7-3 偏心受压柱的箍筋和附加箍筋

（三）纵向受力钢筋的配筋百分率

1. 最小配筋百分率

偏心受压构件的一侧纵向钢筋和全部纵向钢筋的配筋率均应按构件的全截面面积计

算。一侧纵向钢筋的最小配筋百分率为 0.2%；全部纵向钢筋最小配筋率为 0.6%，当强度等级为 400MPa 的钢筋为 0.55%，当混凝土强度等级为 C60 及以上时，应相应增加 0.1，详细情况见附表 1-14。

2. 全部纵向受力钢筋最大配筋率

全部纵向受力钢筋的配筋率不宜大于 5%。一般情况下不宜超过 3%，当超过 3%时，箍筋直径应不小于 8mm，其末端应做成 135°弯钩且弯钩末端平直段不应小于箍筋直径的 10 倍、箍筋也可焊成封闭环式；箍筋间距不大于 200mm 和 10d（d 为纵向受力钢筋最小直径），以保证高配筋柱的纵向钢筋抗压强度的充分发挥，防止纵向钢筋压屈。

三、箍 筋

偏心受压柱中的箍筋应采用封闭式箍筋，其构造要求与轴心受压柱的相同：采用热轧钢筋时的箍筋直径不应小于 6mm 且不应小于 $d/4$（d 为纵向钢筋的最大直径）；箍筋的间距不应大于 400mm，且不应大于构件截面短边尺寸，同时不大于 15d（d 为纵向钢筋的最小直径）。

常用的偏心受压矩形截面柱的箍筋构造如图 7-3（a）～图 7-3（f）所示。当构件截面有缺角时，不得采用内折角式的箍筋（图 7-3h），以免造成折角处混凝土崩裂，而应采用如图所示的分离式封闭箍筋。当柱截面短边尺寸大于 400mm 且各边纵向钢筋多于 3 根时，或当柱截面短边尺寸不大于 400mm 但各边纵向钢筋多于 4 根时，应设置复合箍筋。

四、混 凝 土

（一）混凝土强度等级的选用

偏心受压构件的混凝土强度等级不应低于 C25，一般设计中常用 C30～C50。并宜优先选择较高的混凝土强度等级。

（二）混凝土保护层厚度

偏心受压构件的混凝土保护层厚度与结构所处环境类别和设计使用年限有关。附表 1-19 给出了设计使用年限为 50 年的钢筋混凝土构件最外层钢筋的保护层厚度的取值，设计使用年限为 100 年的混凝土结构保护层厚度不应小于附表 1-19 的 1.4 倍。同时构件中受力钢筋的保护层厚度不应小于钢筋直径 d。

第三节　偏心受压构件的受力性能

一、试验研究分析

偏心受压构件的正截面受力性能可视为轴心受压构件（$M=0$）和受弯构件（$N=0$）的中间状态；或者说轴心受压构件和受弯构件是偏心受压构件（同时承受 M 和 N）的两个极端情况。

在讨论受弯构件和轴心受压构件正截面承载力时，都曾根据试验指出：构件截面中的平均应变分布规律符合平截面假定。对偏心受压构件的试验证实，其截面的平均应变分布也符合平截面假定。图 7-4 给出了两个偏心受压试件中应变变化规律的例子。

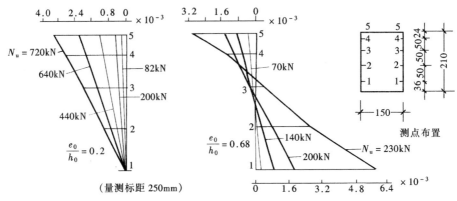

图 7-4　偏心受压构件的截面应变

大量试验表明：偏心受压构件的最终破坏都是由于混凝土的压碎而造成的。但是，由于引起混凝土压碎的原因不同，其破坏特征亦不相同，据此可将偏心受压构件的破坏分为两类：大偏心受压破坏和小偏心受压破坏。

（一）大偏心受压破坏（受拉破坏）

当偏心距较大且受拉钢筋配置不太多时发生大偏心受压破坏。此种情况的构件具有与适筋受弯构件类似的受力特点：在偏心压力的作用下，截面离压力较远一侧受拉，离压力较近一侧受压。当压力 N 增加到一定程度时，首先在受拉区出现短的横向裂缝；随着荷载的增加，裂缝发展和加宽，裂缝截面处的拉力完全由钢筋承担。在更大的荷载作用下，受拉钢筋首先达到屈服强度，并形成一条明显的主裂缝，随后主裂缝逐渐加宽并向受压一侧延伸，受压区高度缩小。最后，受压边缘混凝土达到极限压应变 ε_{cu}，该处混凝土出现纵向裂缝，受压混凝土被压碎而导致构件破坏。破坏时，混凝土压碎区较短，受压钢筋一般都能屈服。其典型破坏情形及破坏阶段的应力、应变分布图形如图 7-5 所示。

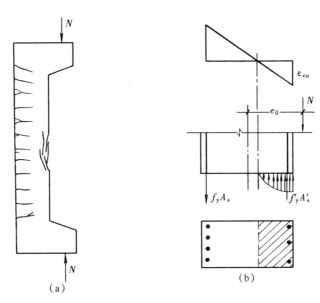

图 7-5　大偏心受压破坏形态

可以看出，大偏心受压构件的破坏特征与适筋受弯构件的破坏特征完全相同：受拉钢筋首先达到屈服，然后是受压钢筋达到屈服（用热轧钢筋配筋时），最后由于受压区混凝土压碎而导致构件破坏。由于破坏是从受拉钢筋屈服开始的，故这种破坏也称为"受拉破坏"。

（二）小偏心受压破坏（受压破坏）

当荷载的偏心距较小，或者虽然偏心距较大但离纵向力较远一侧的钢筋配置过多时，构件将发生小偏心受压破坏。

发生小偏心受压破坏的截面应力状态有两种类型。第一种是当偏心距很小时，构件全截面受压——距轴向力较近一侧的混凝土压应力较大；另一侧的压应力较小，构件的破坏由受压较大一侧的混凝土压碎而引起，该侧的钢筋达到受压屈服强度，只要偏心距不是过小，另一侧的钢筋虽处于受压状态但不会屈服。

第二种是当偏心距较小或偏心距较大但受拉钢筋配置过多时，截面处于大部分受压而小部分受拉的状态。随着荷载的增加，受拉区虽有裂缝发生但开展较为缓慢；构件的破坏也是由于受压区混凝土的压碎而引起，而且压碎区域较大；破坏时，受压一侧的纵向钢筋一般能达到屈服强度，但受拉钢筋不会屈服。这种破坏与受弯构件的"超筋破坏"有相似之处。

上述两种小偏心受压破坏的共同特点是：破坏都是由受压区混凝土压碎引起的，离纵向力较近一侧的钢筋受压屈服，而另一侧的钢筋无论是受压还是受拉，均达不到屈服强度，破坏无明显预兆。混凝土强度越高，破坏越突然。由于破坏是从受压区开始的，故这种破坏也称"受压破坏"。

小偏心受压构件中离纵向力较远一侧钢筋在构件破坏时的应力 σ_s，可以根据应变保持平面的截面假定求得。《规范》为了简化计算起见，允许采用下列近似公式进行计算：

$$\sigma_s = \left(\frac{\xi - \beta_1}{\xi_b - \beta_1}\right) f_y \tag{7-1a}$$

式中 β_1——同受弯构件：当混凝土强度等级不超过 C50 时，取为 0.8；当为 C80 时，取为 0.74，其间按线性内插法确定。

当该侧钢筋不只一层时，则有

$$\sigma_{si} = \frac{f_y}{\xi_b - \beta_1}\left(\frac{x}{h_{0i}} - \beta_1\right) \tag{7-1b}$$

式中 σ_{si}——第 i 层纵向钢筋的应力，正值代表拉应力、负值代表压应力；

h_{0i}——第 i 层纵向钢筋截面重心至截面受压边缘距离；

x——等效矩形应力图的混凝土受压区高度，同受弯构件。

此时，钢筋应力应符合下列条件：

$$-f_y' \leqslant \sigma_s \leqslant f_y \tag{7-2}$$

当 σ_s 为拉应力且其值大于 f_y 时，取 $\sigma_s = f_y$；当 σ_s 为压应力且其绝对值大于 f_y' 时，取 $\sigma_s = -f_y'$。

小偏心受压构件的破坏情形及破坏时的截面应力、应变状态如图 7-6 所示。

二、界限破坏及大小偏心受压的分界

（一）界限破坏

在大偏心受压破坏和小偏心受压破坏之间，在理论上还存在一种"界限破坏"状态：

当受拉钢筋屈服的同时，受压区边缘混凝土应变达到极限压应变值、混凝土被压碎。这种特殊状态可作为区分大小偏心受压的界限。

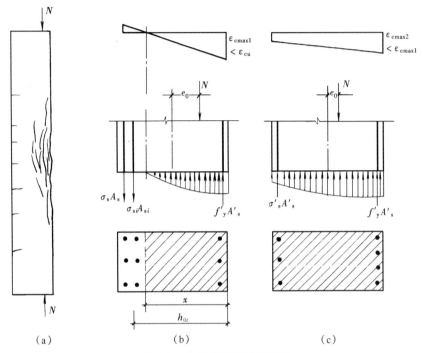

（a）   （b）   （c）

图 7-6 小偏心受压破坏形态

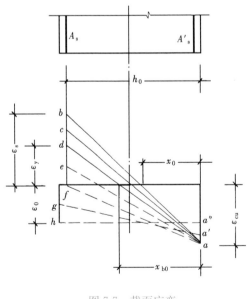

图 7-7 截面应变

大小偏心受压之间的根本区别是，截面破坏时受拉钢筋是否屈服，亦即受拉钢筋的应变是否超过屈服应变值 ε_y（$\varepsilon_y = f_y / E_s$）。

在大偏心受压破坏时，其受压边缘的混凝土极限压应变值 ε_{cu} 与受弯构件基本相同，可取相同数值。因此，大偏心受压破坏的截面应变分布可能出现图 7-7 中所示的 ab、ac 等情形。

随着偏心距的减少或受拉钢筋的增加，构件破坏时的钢筋最大拉应变将逐渐减小。在界限破坏状态时，当受拉钢筋达到屈服应变 ε_y 的同时，受压边缘混凝土也刚好达到极限压应变 ε_{cu}，如同图 7-7 中所示的 ad 情形；当继续减少偏心距或增加受拉钢筋，则受拉钢筋的应变将小于 ε_y，甚至受压，

即转入小偏心受压状态，其应变如图 7-7 中 ae、af、$a'g$ 等情形；显然，$a''h$ 表示轴心受压状态。

（二）大、小偏心受压的分界

如用 x_{b0} 表示界限受压区高度，则由图 7-7 可得：

$$x_{b0}/h_0 = \varepsilon_{cu}/(\varepsilon_{cu} + \varepsilon_y)$$

由于大偏心受压和适筋梁受弯的破坏特征相同，且 ε_{cu} 的取值也与受弯构件的一致，因此，破坏时其正截面应力的理论分布与受弯构件完全一致，并可用简化的矩形应力分布图代替（图 7-8）。矩形应力图的换算受压区高度 x 等于理论受压区高度 x_0 的 β_1 倍，即 $x=\beta_1 x_0$，而矩形应力分布图中的应力即为 $\alpha_1 f_c$。因此，在大、小偏心受压的界限状态下，截面相对界限受压区高度 ξ_b 具有与受弯构件的 ξ_b 完全相同的值。

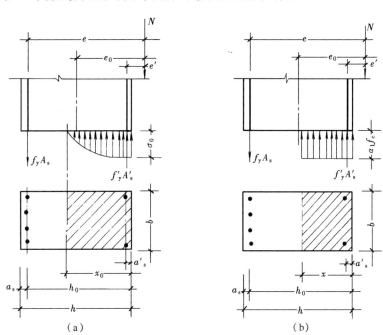

图 7-8　大偏心受压的正截面应力图

（a）理论应力分布图；（b）等效矩形应力分布图

当 $\xi\ (=x/h_0)<\xi_b$ 时，截面属大偏心受压；

当 $\xi>\xi_b$ 时，截面属小偏心受压；

当 $\xi=\xi_b$ 时，截面处于界限状态。

（三）界限破坏荷载 N_b

在界限状态下，偏心受压截面的应力和应变都是已知的，因此可以方便地计算出界限破坏荷载 N_b。以矩形截面为例，由图 7-8（b）可得：

$$N_b=\alpha_1 f_c b h_0 \xi_b + f'_y A'_s - f_y A_s \tag{7-3}$$

式中　ξ_b——界限相对受压区高度，$\xi_b=x_b/h_0$；

f_c——混凝土轴心抗压强度设计值；

α_1——系数，同受弯构件；

b、h_0——矩形截面宽度和截面有效高度；

f'_y、f_y——受压钢筋和受拉钢筋的强度设计值；

A'_s、A_s——受压钢筋和受拉钢筋的面积。

当实际内力设计值 $N>N_b$ 时，截面处于小偏心受压状态；当 $N<N_b$ 且偏心距较大

时，截面处于大偏心受压状态。

应当指出：当截面进入小偏心受压状态后，混凝土受压较大一侧的边缘极限压应变将随偏心距的减小而降低。尤其是进入全截面受压状态后，该受压边缘的极限压应变将由 ε_{cu} 下降到轴心受压时的 ε_0（参见图 7-7），显然，混凝土受压区相对高度的最大值 $\xi_{max}=h/h_0$。

三、弯矩和轴心压力对偏心受压构件正截面承载力的影响

如图 7-9 所示，偏心受压构件实际上是弯矩 M 和轴心压力 N 共同作用的构件。荷载偏心距 $e_0=M/N$。因此，弯矩和轴心压力的不同组合会使偏心距不同，将对给定材料、截面尺寸和配筋的偏心受压构件的承载力产生不同的影响。也即是说，在到达承载力极限状态时，截面承受的轴力 N 与弯矩 M 具有相关性，构件可以在不同 N 和 M 的组合下到达承载力极限状态。

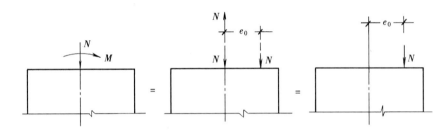

图 7-9　轴心压力和弯矩的共同作用

图 7-10 是一组混凝土强度等级、截面尺寸及配筋都相同的试件仅当偏心距变化时的 $N\text{-}M$ 承载力试验相关曲线。随着偏心距的增加，截面的破坏形态由"受压破坏"转化为"受拉破坏"。在受压破坏时，随着偏心距的增加，构件的受压承载力减少而受弯承载力增加；在受拉破坏时，随着偏心距的增加，构件受压承载力和受弯承载力都减小（只受弯曲时，$e_0=\infty$，极限弯矩为最小）。总之，无论大、小偏心受压，偏心距的增大都会使构件的受压承载力减小，这种现象也可从"受拉破坏"和"受压破坏"的原因来说明。在受拉破坏时，首先是受拉钢筋屈服，然后是受压混凝土压碎，偏心距的增大使得弯矩增大，即受拉钢筋的应力和受压混凝土的应力增大，因而使构件的受压和受弯承载力都降低。在"受压破坏"

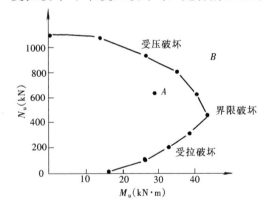

图 7-10　$N\text{-}M$ 相关曲线

时，破坏原因是混凝土压碎，偏心距的增大使混凝土受到的压应力增加，从而混凝土压碎提早，因而使构件的受压承载力降低。而离纵向力较远一侧的钢筋由于偏心距的增加使其应力增加，能进一步发挥作用，因而使构件受弯承载力有所提高（该侧钢筋破坏时不屈服）。

由于相关曲线上的各点反映了构件处于承载力极限状态时的 M 和 N，故当 M、N 的实际组合（如 A 点）落在曲线以内时，表明构件不会进入承载力极限状态，承载力足够；反之，当 M 和 N 的实际组合（如 B 点）落在曲线以外时，则表明构件将丧失承载力。

四、附加偏心距

如上所述，偏心距的增大会使偏心受压构件的受压承载力降低。由于工程中实际存在着荷载作用位置的不定性，混凝土质量的不均匀性及施工的偏差等因素，都可能产生附加偏心距，则偏心受压构件的初始偏心距可表达为

$$e_i = e_0 + e_a \tag{7-4}$$

式中 e_i——初始偏心距，取轴向压力设计值 N 至截面重心距离；

e_0——轴向压力对截面重心的偏心距：$e_0 = M/N$；当需要考虑二阶效应时，M 为按规定调整后确定的弯矩设计值；

e_a——附加偏心距，其值取 20mm 和偏心方向截面最大尺寸的 1/30 两者中的较大值。则对于矩形截面，当 $h \leqslant 600mm$ 时，$e_a = 20mm$，$h > 600mm$ 时，$e_a = h/30$。

五、结构侧移和构件挠曲引起的附加内力

钢筋混凝土偏心受压构件中的轴向力在结构发生层间位移和挠曲变形时会引起附加内力，即二阶效应。在有侧移框架中，二阶效应主要是指竖向荷载在产生了侧移的框架中引起的附加内力，即通常称为 $P\text{-}\Delta$ 效应；在无侧移框架中，二阶效应是指轴向力在产生了挠曲变形的柱段中引起的附加内力，通常称为 $P\text{-}\delta$ 效应。《规范》对于构件侧移二阶效应（$P\text{-}\Delta$ 效应）的考虑可采用有限元分析方法，也可采用《规范》附录 B 的近似计算。对于侧向挠曲引起的二阶效应（$P\text{-}\delta$ 效应）则采用偏心距调节系数 C_m 和弯矩增大系数 η_{ns} 来考虑柱端附加弯矩（$C_m\text{-}\eta_{ns}$ 法）。$P\text{-}\Delta$ 效应在结构设计的有关章节再讲述，本节来说明 $P\text{-}\delta$ 效应的考虑方法。

无侧移钢筋混凝土柱在承受偏心受压荷载后，还会产生纵向弯曲变形，其侧向挠度为 a_f（图 7-11）。侧向挠度将引起附加弯矩 Na_f（也称二阶弯矩）。

当长细比较小时，偏心受压构件的纵向弯曲变形很小，附加弯矩的影响可以忽略。因此《规范》规定：弯矩作用平面内截面对称的偏心受压构件，当同一主轴方向的杆端弯矩比 M_1/M_2 不大于 0.9 且设计轴压比不大于 0.9 时，若构件的长细比满足式（7-5）的要求时，可不考虑该方向构件自身挠曲产生的附加弯矩影响；当不满足式（7-5）时，附加弯矩的影响不可忽略，需按截面的两个主轴方向分别考虑构件自身挠曲产生的附加弯矩的影响。

$$\frac{l_c}{i} \leqslant 34 - 12\left(\frac{M_1}{M_2}\right) \tag{7-5}$$

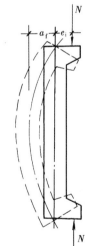

图 7-11 纵向弯曲变形

式中 M_1，M_2——偏心受压构件两端截面按结构分析确定的对同一主轴的弯矩设计值，绝对值较大端为 M_2，绝对值较小端为 M_1，当构件按单曲率弯曲时，M_1/M_2 为正，否则为负；

l_c——构件的计算长度，可近似取偏心受压构件相应主轴方向两支撑点之间的距离；

i——偏心方向的截面回转半径。

实际工程中大多是长柱，即不满足式（7-5）的条件，在确定偏心受压构件的内力设计值时，需考虑构件的侧向挠曲引起的附加弯矩（二阶弯矩）的影响，《规范》将柱端的附加弯矩计算用偏心距调节系数和弯矩增大系数来表示。即偏心受压构件考虑轴向压力在挠曲杆件中产生二阶效应后控制截面的弯矩设计值，应按式（7-6）计算：

$$M = C_m \eta_{ns} M_2 \tag{7-6}$$

$$C_m = 0.7 + 0.3 \frac{M_1}{M_2} \tag{7-7}$$

$$\eta_{ns} = 1 + \frac{1}{1300(M_2/N + e_a)/h_0} \left(\frac{l_c}{h}\right)^2 \zeta_c \tag{7-8}$$

$$\zeta_c = \frac{0.5 f_c A}{N} \tag{7-9}$$

当 $C_m \eta_{ns}$ 小于 1.0 时取 1.0；对剪力墙及核心筒墙，可取 $C_m \eta_{ns}$ 等于 1.0。

排架柱二阶效应的计算方法见下册的第十二章。

式中　C_m——构件端截面偏心距调节系数，当小于 0.7 时，取 0.7；

η_{ns}——弯矩增大系数；

N——与弯矩设计值 M_2 相应的轴向压力设计值；

e_a——附加偏心距；

ζ_c——截面曲率修正系数，当计算值大于 1.0 时取 1.0；

h、h_0——截面高度和有效高度；

A——构件截面面积。

第四节　矩形截面偏心受压构件正截面受压承载力计算

一、正截面受压承载力计算的基本公式

如前所述，大偏心受压和适筋梁的受弯破坏特征相同，且受压边缘极限压应变 ε_{cu} 也与受弯构件的一致，因此矩形截面大偏压正截面受压承载力公式中的截面应力状态与适筋梁将完全一致；离纵向力较远一侧钢筋受拉屈服，受拉钢筋合力为 $f_y A_s$；采用矩形压应力图的混凝土压应力为 $\alpha_1 f_c$，压应力合力为 $\alpha_1 f_c b x$，受压钢筋一般能受压屈服，其合力为 $f_y' A_s'$。而对于小偏心受压构件，其截面应力状态比较复杂，但离纵向力较远一侧的钢筋合力总可以表达为 $\sigma_s A_s$（σ_s 见式 7-1）；而离纵向力较近一侧混凝土压碎，边缘压应变可能达不到大偏心受压时的 ε_{cu}（由 ε_{cu} 过渡到轴心受压时的 ε_0），但在引进附加偏心距及截面曲率修正系数 ζ_c 及偏心距调整系数 C_m 后，根据试验分析结果，也可采用与大偏心受压相同的受压混凝土应力计算图形，故矩形截面偏心受压构件正截面受压承载力可由图7-12的计算图形，由静力平衡条件得出：

$$N \leqslant \alpha_1 f_c b x + f_y' A_s' - \sigma_s A_s \tag{7-10}$$

$$Ne \leqslant \alpha_1 f_c b x \left(h_0 - \frac{x}{2}\right) + f_y' A_s' (h_0 - a_s') \tag{7-11}$$

式中　e——轴向力作用点至受拉钢筋之间的距离，按下式计算：

$$e = e_i + \frac{h}{2} - a_s \qquad (7\text{-}12)$$

e_i——初始偏心距，按式（7-4）计算；

a_s'——受压钢筋的合力点至截面受压边缘的距离；

a_s——受拉钢筋的合力点至截面受拉边缘的距离；

α_1——系数，当混凝土强度等级≤C50 时取 1.0，当为 C80 时取 0.94，其间按线性内插法确定。

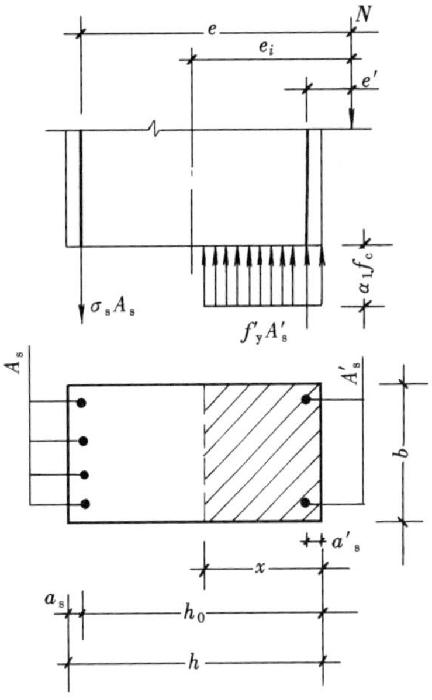

将混凝土相对受压区高度 ξ（$\xi=x/h_0$）取代式（7-10）和式（7-11）中的 x，可得：

$$N \leqslant \xi \alpha_1 f_c b h_0 + f_y' A_s' - \sigma_s A_s \qquad (7\text{-}13)$$
$$Ne \leqslant \xi(1-0.5\xi)\alpha_1 f_c b h_0^2 + f_y' A_s'(h_0 - a_s') \qquad (7\text{-}14)$$

受拉边或受压较小边钢筋 A_s 的应力 σ_s 按下列情况计算：当 $\xi \leqslant \xi_b$ 时，取 $\sigma_s = f_y$；当 $\xi > \xi_b$ 时，σ_s 按式(7-1)计算。

当大偏心受压计算中考虑受压钢筋时，则受压区高度应符合 $x \geqslant 2a_s'$ 的条件（或 $\xi \geqslant 2a_s'/h_0$），以保证构件破坏时受压钢筋达到屈服强度。当 $x < 2a_s'$ 时（或 $\xi < 2a_s'/h_0$），受压钢筋 A_s' 不屈服，其应力达不到 f_y'。

图 7-12　矩形截面偏心受压正截面承载力计算图形

二、垂直于弯矩作用平面的受压承载力验算

当轴向压力设计值 N 较大且弯矩作用平面内的偏心距 e_i 较小时，若垂直于弯矩作用平面的长细比 l_0/b 较大或边长 b 较小时，则有可能由垂直于弯矩作用平面的轴心受压承载力起控制作用。因此，《规范》规定：偏心受压构件除应计算弯矩作用平面的受压承载力外，尚应按轴心受压构件验算垂直于弯矩作用平面的受压承载力；此时可不考虑弯矩的作用，但应考虑纵向弯曲影响（取稳定系数 φ）。这种验算，无论在进行截面设计和承载力校核时都应进行。在一般情形下，小偏心受压构件需要进行此项验算；对于对称配筋的大偏心受压构件，当 $l_0/b \leqslant 24$ 时，可不进行此项验算。

三、矩形截面非对称配筋的设计计算

在一般情形下，离纵向力较远一侧的钢筋面积 A_s 与离纵向力较近一侧的钢筋面积 A_s' 是不相同的，这种配筋称为非对称配筋。

计算可以分为截面选择（设计题）和承载力验算（复核题）两大类。

(一) 截面选择

在进行内力分析求得作用于构件截面上的轴向压力设计值 N 和弯矩设计值 M 后，即可进行配筋计算。设计时，构件截面尺寸、混凝土强度等级和钢筋强度都预先选定，只需求出钢筋面积 A_s 和 A_s'，并选择其直径和根数。

在计算 A_s 和 A_s' 之前，要区分截面是大偏心受压还是小偏心受压，即 $\xi \leqslant \xi_b$ 或是 $\xi > \xi_b$。当钢筋面积未知时，无法确定 ξ 的大小，不能用上述条件判别。根据常用的材料强度

及统计资料可知：一般情况下，当 $e_i > 0.3h_0$ 时，可按大偏心受压情况计算 A_s 及 A_s'；当 $e_i \leqslant 0.3h_0$ 时，按小偏心受压情况计算 A_s 及 A_s'。故当钢筋面积为未知时，可以取 $e_i > 0.3h_0$ 时，为大偏心受压；$e_i \leqslant 0.3h_0$ 时，为小偏心受压。

在偏心受压类型判别后，则可区分情况求出 A_s 和 A_s'。在所有情形下，求得的 A_s' 和 A_s 均应满足最小配筋百分率的规定，全部钢筋的配筋率满足最小配筋率要求，并且 $A_s +A_s'$ 不宜大于 $5\%bh$。

1. 大偏心受压（$e_i > 0.3h_0$）

情形 1：A_s 和 A_s' 均未知

可供利用的方程式为式（7-13）和式（7-14），但有三个未知数：A_s、A_s' 和 ξ，需要补充一个条件才能得到唯一解。通常以 $A_s +A_s'$ 的总用量为最省作为补充条件。与双筋矩形截面受弯构件类似，要使 $A_s +A_s'$ 最小，就应该充分发挥受压混凝土的作用并同时保证受拉钢筋屈服，这个条件可取 $\xi = \xi_b$。

情形 2：已知 A_s' 求 A_s

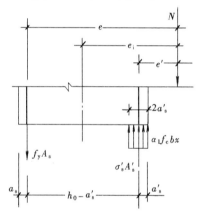

图 7-13　$x < 2a_s'$ 的计算图形

这时只有两个未知数 A_s 和 ξ，故可由式（7-13）和式（7-14）求得唯一解。计算过程与双筋矩形截面受弯构件类似，在计算中应注意验算适用条件。

当 $\xi < 2a_s'/h_0$ 时（即 $x < 2a_s'$ 时），与双筋矩形截面梁同样的理由，受压钢筋 A_s' 不会屈服。设计时取 $\xi = 2a_s'/h_0$（或 $x = 2a_s'$），即假定受压混凝土的合力作用线与受压钢筋所承担的压力作用线重合（图 7-13），并对受压钢筋压力作用线取矩，从而求得 A_s。

$$A_s \geqslant \frac{Ne'}{f_y(h_0 - a_s')} \qquad (7\text{-}15)$$

式中　e'——轴向压力作用点至 A_s' 合力作用点的距离，$e' = e_i - h/2 + a_s'$。

【例 7-1】 某矩形截面钢筋混凝土柱，设计使用年限为 50 年，环境类别为一类。$b = 400\text{mm}$，$h = 600\text{mm}$，柱的计算长度 $l_0 = 7.2\text{m}$。承受轴向压力设计值 $N = 1000\text{kN}$，柱两端弯矩设计值分别为 $M_1 = 400\text{kN} \cdot \text{m}$，$M_2 = 450\text{kN} \cdot \text{m}$，单曲率弯曲。该柱采用 HRB400 级钢筋（$f_y = f_y' = 360\text{N/mm}^2$），混凝土强度等级为 C25（$f_c = 11.9\text{N/mm}^2$，$f_t = 1.27\text{N/mm}^2$）。若采用非对称配筋，试求纵向钢筋截面面积并绘截面配筋图。

【解】　1. 材料强度和几何参数

C25 混凝土，$f_c = 11.9\text{N/mm}^2$

HRB400 级钢筋 $f_y = f_y' = 360\text{N/mm}^2$

HRB400 级钢筋，C25 混凝土，$\xi_b = 0.518$，$\alpha_1 = 1.0$，$\beta_1 = 0.8$

由构件的环境类别为一类，柱类构件及设计使用年限按 50 年考虑，构件最外层钢筋的保护层厚度为 20mm，对混凝土强度等级不超过 C25 的构件要多加 5mm，初步确定受压柱箍筋直径采用 8mm，柱受力纵筋为 20～25mm，则取 $a_s = a_s' = 20 + 5 + 8 + 12 = 45\text{mm}$。

$$h_0 = h - a_s = 600 - 45 = 555\text{mm}$$

2. 求弯矩设计值 (考虑二阶效应后)

由于 $M_1/M_2 = 400/450 = 0.889$ (弯矩同号为单曲率弯曲,否则为非单曲率弯曲)

$$i = \sqrt{\frac{I}{A}} = \sqrt{\frac{1}{12}}h = \sqrt{\frac{1}{12}} \times 600 = 173.2\text{mm}$$

$l_0/i = 7200/173.2 = 41.57\text{mm} > 34 - 12\frac{M_1}{M_2} = 23.33\text{mm}$。应考虑附加弯矩的影响。

根据式 (7-6) ~式 (7-9) 有:

$$\zeta_c = \frac{0.5f_c A}{N} = \frac{0.5 \times 11.9 \times 400 \times 600}{1000 \times 10^3} = 1.428 > 1.0, 取 \zeta_c = 1.0$$

$$C_m = 0.7 + 0.3\frac{M_1}{M_2} = 0.7 + 0.3\frac{400}{450} = 0.9667$$

$$e_a = \frac{h}{30} = \frac{600}{30} = 20\text{mm}$$

$$\eta_{ns} = 1 + \frac{1}{1300(M_2/N + e_a)/h_0}\left(\frac{l_0}{h}\right)^2 \zeta_c$$

$$= 1 + \frac{1}{1300(450 \times 10^6/1000 \times 10^3 + 20)/555}\left(\frac{7200}{600}\right)^2 \times 1.0 = 1.13$$

考虑纵向挠曲影响后的弯矩设计值为:

$$M = C_m \eta_{ns} M_2 = 0.9667 \times 1.13 \times 450 = 491.57\text{kN} \cdot \text{m}$$

3. 求 e_i,判别大小偏心受压

$$e_0 = \frac{M}{N} = \frac{491.57 \times 10^6}{1000 \times 10^3} = 491.57\text{mm}$$

$e_i = e_0 + e_a = 491.57 + 20 = 511.57\text{mm}$ $e_i > 0.3h_0 = 0.3 \times 555 = 166.5\text{mm}$

可先按大偏心受压计算。

4. 求 A_s 及 A_s'

因 A_s 及 A_s' 均为未知,取 $\xi = \xi_b = 0.518$,且 $\alpha_1 = 1.0$

$$e = e_i + \frac{h}{2} - a_s = 511.57 + 300 - 45 = 766.57\text{mm}$$

由式 (7-14):

$$A_s' = \frac{Ne - \alpha_1 f_c b h_0^2 \xi_b (1 - 0.5\xi_b)}{f_y'(h_0 - a_s)}$$

$$= \frac{1000 \times 10^3 \times 766.57 - 1.0 \times 11.9 \times 400 \times 555^2 \times 0.518(1 - 0.5 \times 0.518)}{360 \times (555 - 45)}$$

$$= 1108.65\text{mm}^2 > 0.002bh = 480\text{mm}^2$$

再按式 (7-13) 求 A_s:

$$A_s = \frac{\alpha_1 f_c b h_0 \xi_b + f_y' A_s' - N}{f_y}$$

$$= \frac{1.0 \times 11.9 \times 400 \times 555 \times 0.518 + 360 \times 1108.65 - 1000 \times 10^3}{360}$$

$$= 2132.12\text{mm}^2$$

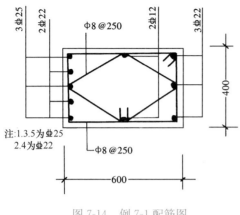

注：1、3、5为Φ25
　　2、4为Φ22

图 7-14　例 7-1 配筋图

5. 选择钢筋及截面配筋图

选择受压钢筋为 3 Φ 22（$A'_s=1140\text{mm}^2$）；受拉钢筋为 3 Φ 25+2 Φ 22（$A_s=2233\text{mm}^2$）。

则 $A'_s+A_s=1140+2233=3373\text{mm}^2$，全部纵向钢筋的配筋率：

$$\rho=\frac{3373}{400\times 600}=1.4\%>0.55\%，满足要求。$$

箍筋按构造要求选用，配筋图如图 7-14 所示。

【例 7-2】 条件同例 7-1，但柱杆端弯矩的设计值分别为：$M_1=M_2=450\text{kN}\cdot\text{m}$，单曲率弯曲。试求纵向钢筋截面面积。

【解】 **1. 材料强度和几何参数**

同例 7-1。

2. 求弯矩设计值（考虑二阶效应后）

$$M_1=M_2，\quad M_1/M_2=1.0$$

根据式（7-6）～式（7-9）有：

$$\zeta_c=\frac{0.5f_cA}{N}=\frac{0.5\times 11.9\times 400\times 600}{1000\times 10^3}=1.428>1.0，取\ \zeta_c=1.0$$

$$C_m=0.7+0.3\frac{M_1}{M_2}=0.7+0.3\times 1.0=1.0$$

$$e_a=\frac{h}{30}=\frac{600}{30}=20\text{mm}$$

$$\eta_{ns}=1+\frac{1}{1300(M_2/N+e_a)/h_0}\left(\frac{l_0}{h}\right)^2\zeta_c$$

$$=1+\frac{1}{1300(450\times 10^6/1000\times 10^3+20)/555}\times\left(\frac{7200}{600}\right)^2\times 1.0=1.13$$

考虑纵向挠曲影响后的弯矩设计值为：

$$M=C_m\eta_{ns}M_2=1.0\times 1.13\times 450=508.5\text{kN}\cdot\text{m}$$

3. 求 e_i，判别大小偏心受压

$$e_0=\frac{M}{N}=\frac{508.5\times 10^6}{1000\times 10^3}=508.5\text{mm}$$

$$e_i=e_0+e_a=508.5+20=528.5\text{mm}\quad e_i>0.3h_0=0.3\times 555=166.5\text{mm}$$

可先按大偏心受压计算。

4. 求 A_s 及 A'_s

因 A_s 及 A'_s 均为未知，取 $\xi=\xi_b=0.518$，且 $\alpha_1=1.0$

$$e=e_i+\frac{h}{2}-a_s=528.5+300-45=783.5\text{mm}$$

由式（7-14）

$$A_s' = \frac{Ne - \alpha_1 f_c b h_0^2 \xi_b (1 - 0.5\xi_b)}{f_y'(h_0 - a_s)}$$

$$= \frac{1000 \times 10^3 \times 783.5 - 1.0 \times 11.9 \times 400 \times 555^2 \times 0.518 \times (1 - 0.5 \times 0.518)}{360 \times (555 - 45)}$$

$$= 1202.16\,\text{mm}^2 > 0.002bh = 480\,\text{mm}^2$$

再按式（7-13）求 A_s

$$A_s = \frac{\alpha_1 f_c b h_0 \xi_b + f_y' A_s' - N}{f_y}$$

$$= \frac{1.0 \times 11.9 \times 400 \times 555 \times 0.518 + 360 \times 1202.16 - 1000 \times 10^3}{360}$$

$$= 2225.64\,\text{mm}^2$$

5. 选择钢筋

选择受压钢筋为 2 Φ 22＋1 Φ 25（$A_s' = 1251.1\text{mm}^2$）；受拉钢筋为 3 Φ 25＋2 Φ 22（$A_s = 2233\text{mm}^2$）。

则 $A_s' + A_s = 1251.1 + 2233 = 3484.1\text{mm}^2$，全部纵向钢筋的配筋率：

$$\rho = \frac{3484.1}{400 \times 600} = 1.45\% > 0.55\%，满足要求。$$

从例 7-1 和例 7-2 可知：当 $M_1 = M_2$ 时，构件产生单曲率挠曲，由此产生的附加弯矩效应最大。

【例 7-3】　条件同例 7-1，但已选定受压钢筋为 3 Φ 25（$A_s' = 1473\text{mm}^2$），试求受拉钢筋截面面积 A_s 并绘截面配筋图。

【解】　步骤 1～3 同例 7-1。

1. 求受压区相对高度 ξ

$$\xi = 1 - \sqrt{1 - \frac{Ne - f_y' A_s'(h_0 - a_s')}{0.5 \times \alpha_1 f_c \times b \times h_0^2}}$$

由式(7-14)得：
$$= 1 - \sqrt{1 - \frac{1000 \times 10^3 \times 766.57 - 360 \times 1473 \times (555 - 45)}{0.5 \times 1.0 \times 11.9 \times 400 \times 555^2}}$$

$$= 0.431 < \xi_b = 0.518$$

$$> \frac{2a_s'}{h_0} = \frac{2 \times 45}{555} = 0.162$$

2. 求受拉钢筋的截面面积 A_s

由式（7-13），取 $\sigma_s = f_y$，有

$$A_s = \frac{\alpha_1 f_c b h_0 \xi_b + f_y' A_s' - N}{f_y}$$

$$= \frac{1.0 \times 11.9 \times 400 \times 555 \times 0.431 + 360 \times 1473 - 1000 \times 10^3}{360}$$

$$= 1858.04\,\text{mm}^2$$

选用 5 Φ 22（$A_s = 1901\text{mm}^2$）

则 $A_s' + A_s = 1473 + 1901 = 3374\text{mm}^2$，全部纵向钢筋的配筋率：

$$\rho = \frac{3374}{400 \times 600} = 1.4\% > 0.55\%\quad 满足要求。$$

配筋图如图 7-15 所示，箍筋按相应构造要求选择。

2. 小偏心受压（$e_i \leqslant 0.3h_0$）

情形 1：A_s 和 A'_s 均未知

在非对称配筋情形下，可供小偏心受压设计利用的方程式仍是式（7-13）和式（7-14）以及式（7-1），而未知数有四个：A_s、A'_s、σ_s、ξ，因此要由三个方程得出唯一解，需要补充一个条件。与大偏心受压的截面选择相仿，在 A_s 和 A'_s 均未知时，也以 $A_s + A'_s$ 作为补充条件。

在小偏心受压时，由于远离纵向力一侧的纵向钢筋 A_s 无论是受压还是受拉均未达到屈服强度（除非是偏心距过小且同时轴向压力很大，详图 7-17），因此一般可取 A_s 为按最小配筋百分率计算出的钢筋面积，这样得出的总用钢量为最少。按一侧纵向受力筋最小用钢量取 $A_s = \rho'_{min}bh = 0.002bh$。

将 $A_s = 0.002bh$ 代入式（7-13）和式（7-14），解联立方程组，即可求得 A'_s。

为免除解方程组之烦，可对受压钢筋合力点取矩（图 7-16），有

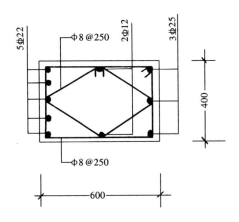

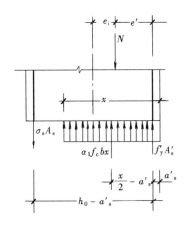

图 7-15　例 7-3 配筋图　　　　　图 7-16　求 A_s 及 A'_s 的小偏心受压图形

$$Ne' = \alpha_1 f_c bh_0^2 \xi\left(0.5\xi - \frac{a'_s}{h_0}\right) - \sigma_s A_s (h_0 - a'_s)$$

将 σ_s 的表达式（7-1）代入上式并整理，得

$$0.5\alpha_1 f_c bh_0^2 \xi^2 - \left[\alpha_1 f_c bh_0 a'_s - \frac{h_0 - a'_s}{\beta_1 - \xi_b} f_y A_s\right]\xi - \left[Ne' + \frac{\beta_1 (h_0 - a'_s)}{\beta_1 - \xi_b} f_y A_s\right] = 0$$

解此方程式，得

$$\xi = \left(\frac{a'_s}{h_0} - \frac{A}{B}\right) + \sqrt{\left(\frac{a'_s}{h_0} - \frac{A}{B}\right)^2 + \frac{(\beta_1 - \xi_b)}{0.5B}Ne' + 1.6\frac{A}{B}} \tag{7-16}$$

式中　$A = f_y A_s (h_0 - a'_s)$

$B = (\beta_1 - \xi_b) \alpha_1 f_c bh_0^2$

$e' = \dfrac{h}{2} - e_i - a'_s$

将 ξ 代入式（7-14）即可求得 A'_s。应当注意，按式（7-16）得出的 $\xi > h/h_0$ 时（也即 $x > h$ 时），应取 $\xi = h/h_0$。

在偏心距很小且轴向压力很大的小偏心受压截面中，离轴向力较远一侧的纵向钢筋有可能达到受压屈服强度（图 7-17），此时受压破坏发生在 A_s 一侧。《规范》规定，对非对称配筋矩形截面小偏心受压构件，当 $N > f_c b h$ 时，尚应按下列公式进行验算：

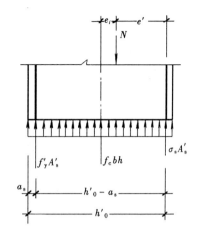

$$Ne' \leqslant f_c b h\left(h_0' - \frac{h}{2}\right) + f_y' A_s\ (h_0' - a_s) \qquad (7\text{-}17)$$

式中 e'——轴向压力作用点至受压钢筋 A_s' 的合力作用点之间的距离，此时，轴向压力作用点靠近截面重心；初始偏心距取 $e_i' = e_0 - e_a$；

则 $e' = \dfrac{h}{2} - a_s' - (e_0 - e_a)$；

h_0'——受压钢筋 A_s' 的合力作用点至截面远侧边缘的距离，$h_0' = h - a_s'$。

图 7-17 验算小偏心受压破坏发生在 A_s 一侧图形

按式（7-17）算得的 A_s 应满足 $A_s \geqslant 0.002bh$ 的要求。

情形 2：已知 A_s 求 A_s' 或已知 A_s' 求 A_s

这种情形的未知数与可利用的方程数目一致，因此可直接用式（7-13）～式（7-14）求出 ξ 和 A_s' 或 A_s。

当 A_s 已知时，可先由式（7-16）求出 ξ，再由式（7-14）求 A_s'；当 A_s' 已知时，先由式（7-14）求出 ξ，代入式（7-1）求出 σ_s，最后代入式（7-13）求 A_s，求得的 A_s 受拉（σ_s 为正），求得的 A_s 受压（σ_s 为负），每侧纵向钢筋均应满足大于 $\rho_{min}' bh$ 的要求。

【例 7-4】 一截面尺寸 $b \times h = 400\text{mm} \times 500\text{mm}$ 的钢筋混凝土柱，设计使用年限为 50 年，环境类别为一类，承受轴向压力设计值 $N = 2500\text{kN}$，两端弯矩设计值分别为 $M_1 = 120\text{kN} \cdot \text{m}$，$M_2 = 167.5\text{kN} \cdot \text{m}$，单曲率弯曲。该柱计算长度 $l_0 = 7.5\text{m}$，混凝土强度等级 C30（$f_c = 14.3\text{N/mm}^2$，$\alpha_1 = 1.0$，$\beta_1 = 0.8$），纵向钢筋为 HRB400 级（$f_y = f_y' = 360\text{N/mm}^2$，$\xi_b = 0.518$），试按非对称配筋选择钢筋 A_s 和 A_s'。

【解】 1. 材料强度和几何参数

C30 混凝土，$f_c = 14.3\text{N/mm}^2$

HRB400 级钢筋 $f_y = f_y' = 360\text{N/mm}^2$

HRB400 级钢筋，C30 混凝土，$\xi_b = 0.518$，$\alpha_1 = 1.0$，$\beta_1 = 0.8$

假定箍筋直径为 8mm，纵筋直径约 20mm，则：

$a_s \approx 20 + 8 + 10 = 38\text{mm}$ 取：$a_s = a_s' = 40\text{mm}$

$$h_0 = h - a_s' = 500 - 40 = 460\text{mm}$$

2. 求弯矩设计值 M（考虑二阶效应后）

由于 $M_1/M_2 = 120/167.5 = 0.716$，

$$i = \sqrt{\frac{I}{A}} = \sqrt{\frac{1}{12}} h = \sqrt{\frac{1}{12}} \times 500 = 144.33\text{mm}$$

$l_0/i = 7500/144.33 = 51.96\text{mm} > 34 - 12\dfrac{M_1}{M_2} = 25.4\text{mm}$。应考虑附加弯矩的影响。

根据式（7-6）～式（7-9）有：

$$\zeta_c = \frac{0.5 f_c A}{N} = \frac{0.5 \times 14.3 \times 400 \times 500}{2500 \times 10^3} = 0.572$$

$$C_m = 0.7 + 0.3 \frac{M_1}{M_2} = 0.7 + 0.3 \times \frac{120}{167.5} = 0.915$$

$$e_a = \frac{h}{30} = \frac{500}{30} = 16.67\text{mm}，取\ e_a = 20\text{mm}$$

$$\eta_{ns} = 1 + \frac{1}{1300(M_2/N + e_a)/h_0}\left(\frac{l_0}{h}\right)^2 \zeta_c$$

$$= 1 + \frac{1}{1300(167.5 \times 10^6/2500 \times 10^3 + 20)/460} \times \left(\frac{7500}{500}\right)^2 \times 0.572 = 1.52$$

考虑纵向挠曲影响后的弯矩设计值为：

$$M = C_m \eta_{ns} M_2 = 0.915 \times 1.52 \times 167.5 = 232.96\text{kN} \cdot \text{m}$$

3. 求 e_i，判别大小偏心受压

$$e_0 = \frac{M}{N} = \frac{232.96 \times 10^6}{2500 \times 10^3} = 93.18\text{mm}$$

$e_i = e_0 + e_a = 93.18 + 20 = 113.18\text{mm}$，$e_i < 0.3h_0 = 0.3 \times 460 = 138\text{mm}$

可先按小偏心受压计算。

4. 求 A_s 及 A_s'

因小偏心受压的 A_s 无论拉、压均达不到屈服，

且本题中 $N = 2500\text{kN} < f_c bh = 14.3 \times 400 \times 500 = 2860\text{kN}$，

故取：$A_s = 0.002bh = 0.002 \times 400 \times 500 = 400\text{mm}^2$，实选 2 Φ 16（$A_s = 402\text{mm}^2$）

由式（7-16）求 ξ：$\beta_1 = 0.8$

$$e' = \frac{h}{2} - e_i - a_s' = 250 - 113.18 - 40 = 96.82\text{mm}$$

$$A = f_y A_s(h_0 - a_s') = 360 \times 402(460 - 40) = 60782400\text{N} \cdot \text{mm}$$

$$B = (0.8 - \xi_b)\alpha_1 f_c bh_0^2 = (0.8 - 0.518) \times 1.0 \times 14.3 \times 400 \times 460^2$$

$$= 341319264\text{N} \cdot \text{mm}$$

则：$A/B = 0.178$，$a_s'/h_0 = 40/460 = 0.08696$，$\frac{a_s'}{h_0} - \frac{A}{B} = -0.091$。

故：

$$\xi = \left(\frac{a_s'}{h_0} - \frac{A}{B}\right) + \sqrt{\left(\frac{a_s'}{h_0} - \frac{A}{B}\right)^2 + \frac{0.8 - \xi_b}{0.5B}Ne' + 1.6\frac{A}{B}}$$

$$= -0.091 + \sqrt{(-0.091)^2 + \frac{0.282 \times 2500 \times 10^3 \times 96.82}{0.5 \times 341319264} + 1.6 \times 0.178}$$

$$= 0.741$$

再按式（7-14）求 A_s'

$$e = e_i + \frac{h}{2} - a_s = 113.18 + 250 - 40 = 323.18\text{mm}$$

$$A_s' = \frac{Ne - \alpha_1 f_c bh_0^2 \xi(1 - 0.5\xi)}{f_y'(h_0 - a_s)}$$

$$= \frac{2500 \times 10^3 \times 323.18 - 1.0 \times 14.3 \times 400 \times 460^2 \times 0.741(1 - 0.5 \times 0.741)}{360 \times (460 - 40)}$$

$$= 1609.59\text{mm}^2 > 0.002bh = 400\text{mm}^2$$

选用 2 Φ 20＋2 Φ 25（$A_s=1610\text{mm}^2$）

$$A_s+A_s'=402+1610=2012\text{mm}^2$$

全部纵筋的配筋率：$\rho=\dfrac{A_s+A_s'}{bh}=\dfrac{2012}{400\times500}=1\%>0.55\%$　满足要求。

5. 按轴心受压验算

$\dfrac{l_0}{b}=\dfrac{7.5}{0.4}=18.75$，查得 $\varphi=0.81+\dfrac{0.75-0.81}{20-18}\times(18.75-18)=0.788$　　则：

$0.9\varphi(f_cA+f_y'A_s')=0.9\times0.788\times[14.3\times400\times500+360(402+1610)]=2542\text{kN}$
$>2500\text{kN}$

满足要求。

本题也可直接由式（7-13）、式（7-14）及式（7-1）联立求解而不必利用式（7-16）计算，过程如下：

取：$A_s=402\text{mm}^2$，代入式（7-13），有

$$2500000=14.3\times400\times460\xi+360A_s'-420\sigma_s \tag{a}$$

将数字代入式（7-14），有

$$2500000\times323.18=14.3\times400\times460^2\xi(1-0.5\xi)+360A_s'(460-40) \tag{b}$$

利用式（7-1），$\beta_1=0.8$，有

$$\sigma_s=\dfrac{\beta_1-\xi}{\beta_1-\xi_b}f_y=\dfrac{0.8-\xi}{0.282}\times360 \tag{c}$$

将式（a）、式（b）化简并将式（c）代入式（a），得

$$8084.8=8734.4\xi+A_s' \tag{d}$$

$$5343.58=8005\xi-4002\xi^2+A_s' \tag{e}$$

将式（d）减式（e），消去 A_s'，有

$$2741.2=729.4\xi+4002\xi^2$$

由上式解得 $\xi=0.741$，代入式（d），得 $A_s'=1612.6\text{mm}^2$。该结果与直接用式（7-16）的计算结果基本一致。因此，在式（7-16）不便于记忆的情形下，直接利用基本公式求解，仅在运算上略为烦琐，但不会遇到麻烦，并且力学概念清楚。

本例配筋如图 7-18 所示。

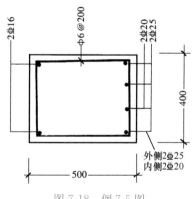

图 7-18　例 7-5 图

【例 7-5】 条件同例 7-4，但轴向压力设计值 $N=3960\text{kN}$，弯矩设计值 $M_2=109.3\text{kN}\cdot\text{m}$（两端弯矩相等），并取 $a_s=a_s'=40\text{mm}$。

【解】 1. 求弯矩设计值 M（考虑二阶效应后）

$$h_0=h-a_s'=500-40=460\text{mm}$$

由于 $M_1/M_2=1$，应考虑附加弯矩的影响。

根据式（7-6）～式（7-9）有：

$$\zeta_c=\dfrac{0.5f_cA}{N}=\dfrac{0.5\times14.3\times400\times500}{3960\times10^3}=0.361,\ C_m=0.7+0.3\dfrac{M_1}{M_2}=1.0$$

$$e_a = \frac{h}{30} = \frac{500}{30} = 16.67\text{mm},\text{取}\ e_a = 20\text{mm},$$

$$\eta_{ns} = 1 + \frac{1}{1300(M_2/N + e_a)/h_0}\left(\frac{l_0}{h}\right)^2 \zeta_c$$

$$= 1 + \frac{1}{1300(109.3 \times 10^6/3960 \times 10^3 + 20)/460} \times \left(\frac{7500}{500}\right)^2 \times 0.361 = 1.604$$

考虑纵向挠曲影响后的弯矩设计值为：
$$M = C_m \eta_{ns} M_2 = 1.0 \times 1.604 \times 109.3 = 175.3\text{kN} \cdot \text{m}$$

2. 求 e_i，判别大小偏心受压

$$e_0 = \frac{M}{N} = \frac{175.3 \times 10^6}{3960 \times 10^3} = 44.2\text{mm}$$

$$e_i = e_0 + e_a = 44.2 + 20 = 64.2\text{mm} \qquad e_i < 0.3h_0 = 0.3 \times 460 = 138\text{mm}$$

可先按小偏心受压计算。

3. 确定 A_s

本题中 $N = 3960\text{kN} > f_c bh = 14.3 \times 400 \times 500 = 2860\text{kN}$，故应按式（7-17）验算。

$$e' = \frac{h}{2} - a'_s - (e_0 - e_a) = \frac{500}{2} - 40 - (44.2 - 20) = 185.8\text{mm}$$

$h'_0 = h - a'_s = 500 - 40 = 460\text{mm}$，则由式(7-17)

$$A_s = \frac{Ne' - f_c bh\left(h'_0 - \frac{h}{2}\right)}{f'_y(h'_0 - a_s)} = \frac{3960 \times 10^3 \times 185.8 - 14.3 \times 400 \times 500 \times (460 - 250)}{360 \times (460 - 40)}$$

$$= 894\text{mm}^2 > 0.2\% bh = 400\text{mm}^2$$

实选 2 Φ 20 （$A_s = 942\text{mm}^2$）

4. 求 A'_s

利用式（7-16）求 ξ，此时有：$\beta_1 = 0.8$

$$e' = \frac{h}{2} - e_i - a'_s = 250 - 64.2 - 40 = 145.8\text{mm}$$

$$A = f_y A_s(h_0 - a'_s) = 360 \times 942 \times (460 - 40) = 142430400\text{N} \cdot \text{mm}$$

$$B = (0.8 - \xi_b)\alpha_1 f_c bh_0^2 = (0.8 - 0.518) \times 1.0 \times 14.3 \times 400 \times 460^2$$

$$= 341319264\text{N} \cdot \text{mm}$$

则： $A/B = 0.417, a'_s/h_0 = 40/460 = 0.08696, \dfrac{a'_s}{h_0} - \dfrac{A}{B} = -0.33$。

故：

$$\xi = \left(\frac{a'_s}{h_0} - \frac{A}{B}\right) + \sqrt{\left(\frac{a'_s}{h_0} - \frac{A}{B}\right)^2 + \frac{0.8 - \xi_b}{0.5B}Ne' + 1.6\frac{A}{B}}$$

$$= -0.33 + \sqrt{(-0.33)^2 + \frac{0.282 \times 3960 \times 10^3 \times 145.8}{0.5 \times 341319264} + 1.6 \times 0.417}$$

$$= 0.985$$

$$e = e_i + \frac{h}{2} - a_s = 64.2 + 250 - 40 = 274.2\text{mm}$$

$$A'_s = \frac{Ne - \alpha_1 f_c bh_0^2 \xi_b(1 - 0.5\xi_b)}{f'_y(h_0 - a_s)}$$

$$= \frac{3960 \times 10^3 \times 274.2 - 1.0 \times 14.3 \times 400 \times 460^2 \times 0.985 \times (1 - 0.5 \times 0.985)}{360 \times (460 - 40)}$$

$$= 3179.8 \text{mm}^2 > 0.002bh = 400 \text{mm}^2$$

选用 4 ⱷ 32 （$A_s = 3217 \text{mm}^2$）

5. 轴心受压承载力验算

$$A_s + A_s' = 942 + 3217 = 4159 \text{mm}^2 < 3\% bh = 6000 \text{mm}^2$$

$\dfrac{l_0}{b} = \dfrac{7.5}{0.4} = 18.75$，查得 $\varphi = 0.788$ 则：

$0.9\varphi(f_c A + f_y' A_s') = 0.9 \times 0.788 \times (14.3 \times 400 \times 500 + 360 \times 4159) = 3090.1 \text{kN} < 3960 \text{kN}$

故轴心受压承载力不满足要求，表明本例配筋由轴心受压控制。

由 $N \leqslant 0.9\varphi(f_c A + f_y' A_s')$ 得

$$A_s + A_s' = \frac{3960 \times 10^3 / (0.9 \times 0.788) - 14.3 \times 400 \times 500}{360} = 7566 \text{mm}^2$$

$$> 3\% bh = 6000 \text{mm}^2$$

故需重算，即由 $N \leqslant 0.9\varphi[f_c(A - A_s') + f_y' A_s']$ 得

$$A_s + A_s' = \frac{3960 \times 10^3 / (0.9 \times 0.788) - 14.3 \times 400 \times 500}{360 - 14.3}$$

$$= 7879 \text{mm}^2$$

将偏心受压配筋调整为对称配置：$A_s = A_s' = 0.5 \times 7879 = 3939.5 \text{mm}^2$

各取 5 ⱷ 32 （$A_s = A_s' = 4021 \text{mm}^2$）。

（二）承载力验算（复核题）

当截面尺寸、材料强度及配筋均已知，通常要求在给定偏心距 e_0 的条件下求截面所能承担的一组内力设计值 N 和 M（$= Ne_0$）；或要求回答截面能否承担某一组轴力设计值 N 和弯矩设计值 M。这就是偏心受压构件受压承载力的验算问题。

显然，需要解答的未知数为 N 和 ξ，它与可以利用的方程数目是一致的，可以直接利用方程组求解。

承载力验算的基本步骤是：

首先判别偏心受压的类型。一般可先按偏心距的大小作初步判定（$e_i > 0.3h_0$ 为大偏心受压，$e_i \leqslant 0.3h_0$ 为小偏心受压）；然后选定基本方程组求解 ξ，最后确定偏心受压类型。例如当初步判定为大偏心受压后，利用式（7-13）和式（7-14）并取 $\sigma_s = f_y$，解出 ξ；若 $\xi \leqslant \xi_b$，则确系大偏心受压，若 $\xi > \xi_b$，则为小偏心受压。

偏心受压的类型判明后，即可利用相应公式组成的方程组解出 N。需要注意的是：若利用大偏心受压公式求得的 $\xi > \xi_b$ 时，必须利用小偏心受压公式重求 ξ 并求 N。

四、矩形截面对称配筋的计算方法

对称配筋是实际结构工程中偏心受压柱的最常用配筋形式。例如，单层厂房排架柱、多层框架柱等偏心受压柱，由于其控制截面在不同的荷载组合下可能承受变号弯矩的作用（即截面在一种荷载组合情形下为受拉的部位在另一种荷载组合下为受压），为便于设计和施工，这些构件常采用对称配筋；又如，为保证吊装时不出现差错，装配式柱一般也采用

对称配筋。

所谓对称配筋，是指 $A_s = A_s'$，$a_s = a_s'$，并且采用同一种规格的钢筋。由于 $f_y = f_y'$，因此在大偏心受压时，一般有 $f_y A_s = f_y' A_s'$（当 $2a_s'/h_0 \leqslant \xi \leqslant \xi_b$ 时）；对小偏心受压，由于 A_s 不屈服，情况稍为复杂一些。

由于对称配筋是非对称配筋的特殊情形，因此偏心受压构件的基本公式（7-13）～式（7-14）仍可应用。而由于对称配筋的特点，这些公式均可简化。

对称配筋计算同样包括截面选择和承载力验算两方面的内容。

（一）截面选择

在对称配筋情形下，由界限破坏荷载的计算式（7-3）可得

$$N_b = \xi_b \alpha_1 f_c b h_0 \tag{7-18a}$$

因此，当轴向压力设计值 $N > N_b$ 时，截面为小偏心受压；当 $N \leqslant N_b$ 时，截面为大偏心受压。这也表示在大偏心受压时的对称配筋矩形截面在式（7-13）中取用 $f_y A_s = f_y' A_s'$ 后，

$$\xi = \frac{N}{\alpha_1 f_c b h_0} \leqslant \xi_b \tag{7-18b}$$

故对称配筋下的偏心受压构件，可用式（7-18）中的 N_b 或 ξ 直接判断大小偏心受压的类型，而不必用经验判断式 $e_i > 0.3h_0$ 或 $e_i \leqslant 0.3h_0$ 去进行判断。

在实际设计中，构件截面尺寸的选择往往取决于构件的刚度，因此有可能出现截面尺寸很大而荷载相对较小及偏心距也小的情形。这时按式（7-18）得出大偏心受压的结论，但又会有 $e_i \leqslant 0.3h_0$ 的情况存在。实际上，这种情况虽因偏心距较小而在概念上属于小偏心受压，但是这种情况无论按大偏心受压计算还是按小偏心受压计算都接近按构造配筋（参见例题 7-8）。因此，只要是对称配筋，就可以用 $N \leqslant N_b$ 或 $\xi \leqslant \xi_b$ 作为判断偏心受压类型的唯一依据，这样，也可使上述情况的计算得到简化。

1. 大偏心受压

由式（7-18）、式（7-14）并考虑 $\xi < 2a_s'/h_0$ 的情况，简单直接求得 $A_s = A_s'$。

2. 小偏心受压

当 $\xi > \xi_b$ 时，应按小偏心受压情形进行计算。

由基本公式式（7-13）、式（7-14），取 $A_s = A_s'$、$f_y = f_y'$、$a_s = a_s'$，可得到 ξ 的三次方程。解此方程算出 ξ 后，即可求得配筋。但解三次方程对一般设计而言过于烦琐，可采用如下方法计算。

将式（7-1）代入式（7-13）并考虑对称配筋的条件，经整理得

$$\xi = \frac{(\beta_1 - \xi_b) N + \xi_b f_y' A_s'}{(\beta_1 - \xi_b) \alpha_1 f_c b h_0 + f_y' A_s'} \tag{7-19}$$

将式（7-14）写成

$$f_y' A_s' = \frac{Ne - \alpha_1 f_c b h_0^2 \xi (1 - 0.5\xi)}{h_0 - a_s'} \tag{7-20}$$

研究式（7-19）、式（7-20）可以发现，ξ 和 $f_y' A_s'$ 是互相依存的，在数学上称为迭代公式：如先假定初值 $[\xi]_0$，即可由式（7-20）求得 $[f_y' A_s']_0$；将此值代入式（7-19），又可求得 $[\xi]_1$，再将 $[\xi]_1$ 代入式（7-20）又能求得 $[f_y' A_s']_1$，……随着次数增加，ξ 和 $f_y' A_s'$ 将越来越接近真实值。

合理地选择初值 $[\xi]_0$，可以减少迭代次数。在小偏心受压情形下，ξ 在 ξ_b 和 h/h_0 之间。当 ξ 在此范围内变化时，计算表明，对于 HRB335 级、HRB400 级钢筋，$\xi(1-0.5\xi)$ 大致在 $0.39\sim0.5$ 之间变化。因此迭代法的第一步，可先在 $0.4\sim0.5$ 之间假定 $\xi(1-0.5\xi)$ 的一个初值，例如取 $\xi(1-0.5\xi)=0.43$ 开始进行迭代计算。

对于一般设计计算，在按上述步骤求得 $[\xi]_1$ 后，将其代入式（7-20）算出 A'_s 就可用于配筋，即一次迭代计算 A'_s。

对于小偏心受压的对称配筋计算，简单而明确。如需提高精度，可在式（7-19）和式（7-20）之间再迭代一次。

《规范》直接给出求 ξ 的近似公式《规范》公式为：

$$\xi=\dfrac{N-\xi_b\alpha_1 f_c bh_0}{\dfrac{Ne-0.43\alpha_1 f_c bh_0^2}{(\beta_1-\xi_b)(h_0-a'_s)}+\alpha_1 f_c bh_0}+\xi_b \tag{7-21}$$

【例 7-6】　条件同例 7-1，但采用对称配筋。

【解】　**1. 已知条件**　由例 7-1：$a_s=a'_s=45\text{mm}$，$b\times h_0=400\times555\text{mm}$　$N=1000\text{kN}$，$f_y=f'_y=360\text{N/mm}^2$，$\xi_b=0.518$，$\alpha_1=1.0$，$f_c=11.9\text{N/mm}^2$，$e_i=511.57\text{mm}$，$e=766.57\text{mm}$。

2. 判别偏心受压类型

$$N_b=\alpha_1 f_c bh_0\xi_b$$

由式（7-18）

$$=1.0\times11.9\times400\times555\times0.518=1368.4\text{kN}$$
$$>N$$

为大偏心受压。

3. 计算 ξ 和配筋

$$\xi=\frac{N}{\alpha_1 f_c bh_0}=\frac{1000\times10^3}{1.0\times11.9\times400\times555}=0.378>\frac{2a'_s}{h_0}=\frac{2\times45}{555}=0.162$$

$$A_s=A'_s=\frac{Ne-\alpha_1 f_c bh_0^2\xi(1-0.5\xi)}{f'_y(h_0-a_s)}$$

$$=\frac{1000\times10^3\times766.57-1.0\times11.9\times400\times555^2\times0.378\times(1-0.5\times0.378)}{360\times(555-45)}$$

$$=1727.1\text{mm}^2>0.002bh=480\text{mm}^2$$

每边选用纵筋 3 ⊈ 22＋2 ⊈ 20 对称配置（$A_s=A'_s=1769\text{mm}^2$），按构造要求箍筋选用 ɸ8@250。

与例 7-1 比较可知，采用对称配筋时，钢筋总量 $1727.1\times2=3454.2\text{mm}^2$ 要比非对称配筋 $1108.65+2132.12=3240.77\text{mm}^2$ 为多，并且偏心距越大，对称配筋的总用钢量越多。

【例 7-7】　条件同例 7-4，但采用对称配筋。

【解】　**1. 已知条件** 由例 7-4：

但取：$a_s=a'_s=45\text{mm}$，$b\times h_0=400\times460\text{mm}$

$N=2500\text{kN}$，$f_y=f'_y=360\text{N/mm}^2$，$\xi_b=0.518$，$\alpha_1=1.0$，$\beta_1=0.8$，

$f_c=14.3\text{N/mm}^2$，$e_i=113.18\text{mm}$，$e=323.18\text{mm}$

2. 判断偏心受压类型

$$N_b=\alpha_1 f_c bh_0\xi_b=1.0\times14.3\times400\times460\times0.518=1362.96\text{kN}$$

$$<N=2500\text{kN}$$

故为小偏心受压。

3. 计算 ξ

$$(1)\ [A_s'f_y'] = \frac{Ne-0.43\alpha_1 f_c bh_0^2}{h_0-a_s'}$$

$$= \frac{2500\times10^3\times323.18-0.43\times1.0\times14.3\times400\times460^2}{460-40}$$

$$=684520.6$$

$$(2)\ \xi = \frac{(\beta_1-\xi_b)N+\xi_b[f_y'A_s']}{(\beta_1-\xi_b)\alpha_1 f_c bh_0+[f_y'A_s']}$$

$$= \frac{(0.8-0.518)\times2500\times10^3+0.518\times684520.6}{(0.8-0.518)\times1.0\times14.3\times400\times460+684520.6}=0.743$$

4. 计算 A_s 及 A_s'

$$A_s=A_s'=\frac{Ne-\alpha_1 f_c bh_0^2\xi(1-0.5\xi)}{f_y'(h_0-a_s)}$$

$$= \frac{2500\times10^3\times323.18-1.0\times14.3\times400\times460^2\times0.743\times(1-0.5\times0.743)}{360\times(460-40)}$$

$$=1605.46\text{mm}^2>0.002bh=480\text{mm}^2$$

每边选用纵筋 2 Φ 22+2 Φ 25 对称配置（$A_s=A_s'=1742\text{mm}^2$），按构造要求箍筋选用 Φ 8@250。

与例 7-4 的非对称配筋比较可以看到：对称配筋的小偏心受压构件其总用钢量也高于非对称配筋（$2\times1605.46=3210.92\text{mm}^2>402+1612.6=2014.6\text{mm}^2$），这是由于 A_s 增加较多的缘故（A_s' 变化不大）。

【例 7-8】 已知一矩形截面柱子尺寸 $b\times h=400\text{mm}\times700\text{mm}$，设计使用年限为 50 年，环境类别为一类，承受轴向压力设计值 $N=1000\text{kN}$，柱两端弯矩设计值分别为 $M_1=M_2=100\text{kN}\cdot\text{m}$。采用混凝土强度等级为 C25（$f_c=11.9\text{N/mm}^2$，$\alpha_1=1.0$，$\beta_1=0.8$），HRB335 级纵向钢筋（$f_y=f_y'=300\text{N/mm}^2$，$\xi_b=0.55$），柱子的计算长度 $l_0=3.5\text{m}$。求对称配筋时的钢筋截面面积为 A_s、A_s'。

【解】 1. 计算考虑纵向弯曲影响的设计弯矩 M

取 $a_s=a_s'=45\text{mm}$，$h_0=700-45=655\text{mm}$

由于 $M_1/M_2=1$，应考虑附加弯矩的影响。

根据式（7-6）～式（7-9）有：

$$\zeta_c=\frac{0.5f_cA}{N}=\frac{0.5\times11.9\times400\times700}{1000\times10^3}=1.67>1.0,\ \text{取}\ \zeta_c=1.0,\ C_m=0.7+0.3\frac{M_1}{M_2}=1.0$$

$$e_a=\frac{h}{30}=\frac{700}{30}=23.33\text{mm}>20\text{mm},$$

$$\eta_{ns}=1+\frac{1}{1300\ (M_2/N+e_a)\ /h_0}\left(\frac{l_0}{h}\right)^2\zeta_c$$

$$=1+\frac{1}{1300(100\times10^6/1000\times10^3+23.3)/655}\times\left(\frac{3500}{700}\right)^2\times1.0=1.102$$

考虑纵向挠曲影响后的弯矩设计值为：

$$M = C_m \eta_{ns} M_2 = 1.0 \times 1.102 \times 100 = 110.2 \text{kN} \cdot \text{m}$$

2. 计算有关数据

$$e_0 = \frac{M}{N} = \frac{110.2 \times 10^6}{1000 \times 10^3} = 110.2 \text{mm}$$

$$e_i = e_0 + e_a = 110.2 + 23.3 = 133.5 \text{mm}$$

$$e_i < 0.3 h_0 = 0.3 \times 655 = 196.5 \text{mm}$$

$$e = e_i + \frac{h}{2} - a_s = 133.5 + 350 - 45 = 438.5 \text{mm}$$

3. 判断偏心受压的类型

$$N_b = \alpha_1 f_c b h_0 \xi_b = 1.0 \times 11.9 \times 400 \times 655 \times 0.55 = 1714.79 \text{kN} > N$$

为大偏心受压。

$$\xi = \frac{N}{\alpha_1 f_c b h_0} = \frac{1000 \times 10^3}{1.0 \times 11.9 \times 400 \times 655} = 0.321 > \frac{2a'_s}{h_0} = \frac{2 \times 45}{655} = 0.137$$

$$A_s = A'_s = \frac{Ne - \alpha_1 f_c b h_0^2 \xi (1 - 0.5\xi)}{f'_y (h_0 - a_s)}$$

$$= \frac{1000 \times 10^3 \times 438.5 - 1.0 \times 11.9 \times 400 \times 655^2 \times 0.321 \times (1 - 0.5 \times 0.321)}{300 \times (655 - 45)}$$

$$= -610.8 < 0$$

取：$A_s = A'_s = 0.002bh = 560 \text{mm}^2$

每边选用纵筋 4 Φ 14 对称配置（$A_s = A'_s = 615 \text{mm}^2$），按构造要求箍筋选用 Φ 8@250。由于 $h > 600 \text{mm}$，尚应选择纵向构造钢筋。

在本例中，$\xi < \xi_b$（即 $N < N_b$），但 $e_i < 0.3 h_0$。如前所述，这是属于截面尺寸很大、荷载相对较小且偏心距也较小的情形，只要满足 $\xi \leqslant \xi_b$，就可以按大偏心受压计算。因为如果按小偏心受压计算，同样会得出按构造配筋的结果，读者不妨自行演算。

【例 7-9】 一对称配筋的偏心受压构件，设计使用年限为 50 年，环境类别为一类，截面尺寸 $b \times h = 800 \text{mm} \times 1000 \text{mm}$，承受轴向压力设计值 $N = 7795 \text{kN}$，柱端弯矩设计值 $M = 2245 \text{kN} \cdot \text{m}$（已考虑了偏心距调整系数和弯矩增大系数）。采用混凝土强度等级为 C30（$f_c = 14.3 \text{N/mm}^2$，$\alpha_1 = 1.0$，$\beta_1 = 0.8$），HRB335 级纵向钢筋（$f_y = f'_y = 300 \text{N/mm}^2$，$\xi_b = 0.55$），试求钢筋截面面积 A_s、A'_s。

【解】 1. 计算有关数据

取 $a_s = a'_s = 40 \text{mm}$，$h_0 = 1000 - 40 = 960 \text{mm}$

$$e_0 = \frac{M}{N} = \frac{2245 \times 10^6}{7795 \times 10^3} = 288.01 \text{mm}, \quad e_a = \frac{h}{30} = \frac{1000}{30} = 33.3 \text{mm}$$

$$e_i = e_0 + e_a = 288.01 + 33.3 = 321.3 \text{mm} \quad e_i > 0.3 h_0 = 0.3 \times 960 = 288 \text{mm}$$

$$e = e_i + \frac{h}{2} - a_s = 321.3 + 500 - 40 = 781.3 \text{mm}$$

2. 判断偏心受压的类型

$$N_b = \alpha_1 f_c b h_0 \xi_b = 1.0 \times 14.3 \times 800 \times 960 \times 0.55 = 6040.3 \text{kN}$$

$$< N = 7795 \text{kN}$$

为小偏心受压。

3. 求 ξ

利用本节所述的迭代方法计算。

（1）第一次迭代取 $\xi(1-0.5\xi)=0.43$，则

$$[A'_sf'_y]_0=\frac{Ne-0.43\alpha_1f_cbh_0^2}{h_0-a'_s}$$

$$=\frac{7795\times10^3\times781.3-0.43\times1.0\times14.3\times800\times960^2}{960-40}$$

$$=1692064$$

$$\xi_1=\frac{(\beta_1-\xi_b)N+\xi_b[f'_yA'_s]_0}{(\beta_1-\xi_b)\alpha_1f_cbh_0+[f'_yA'_s]_0}=0.649$$

（2）第二次迭代　取 $\xi_1=0.649$，则 $\xi(1-0.5\xi)=0.4384$

$$[A'_sf'_y]_1=1595801\quad\xi_2=0.651$$

（3）第三次迭代　取 $\xi_2=0.651$，则 $\xi(1-0.5\xi)=0.439$

$$[A'_sf'_y]_2=1588925\quad\xi_3=0.651$$

可见，经过很少几次迭代，ξ 即已收敛，利用 ξ_1 求得的钢筋面积 $A_s=A'_s=5319\text{mm}^2$ 与利用 ξ_3 求得的面积 5296mm^2 相差很少。而利用第一次迭代后用 ξ_1 求钢筋面积已满足工程设计要求。

本例是 $N>N_b$ 但 $e_i>0.3h_0$ 的情形。当采用非对称配筋时，由于 N_b 与 A_s 及 A'_s 的数量有关，见式（7-3），故依据 $e_i>0.3h_0$ 的判别，应按大偏心受压计算，其结果自然满足 $N\le N_b$（即 $\xi\le\xi_b$）。但在对称配筋的情形下，由于 A_s 配置过多而不能充分发挥作用，因此虽然偏心距较大，也属小偏心受压。

（二）承载力校核

与非对称配筋截面的承载力校核相同，首先应按偏心距的大小 e_i 初步确定偏心受压的类型，再利用基本公式（在大偏心受压时，取 $f_yA_s=f'_yA'_s$）求出 ξ，以确定究竟是哪一类偏心受压，然后计算承载力。

【例 7-10】 已知一矩形截面柱尺寸 $b\times h=800\text{mm}\times1000\text{mm}$，设计使用年限为 50 年，环境类别为一类，采用强度等级为 C30 混凝土（$f_c=14.3\text{N/mm}^2$，$\alpha_1=1.0$，$\beta_1=0.8$），HRB335 级纵向钢筋（$f_y=f'_y=300\text{N/mm}^2$，$\xi_b=0.55$），计算长度 $l_0=4000\text{mm}$，每侧配置 8 Φ 25（$A_s=A'_s=3927\text{mm}^2$），试求 $e_0=288.01\text{mm}$（已考虑弯矩增大系数和偏心距调节系数）时截面所能承担的轴向力设计值 N（取 $a_s=a'_s=40\text{mm}$）。

【解】 1. 计算有关数据

$$h_0=1000-40=960\text{mm}$$

$$e_0=288.01\text{mm}>0.3h_0=0.3\times960=288\text{mm}$$

$$e=781.3\text{mm}$$

2. 按大偏心受压求 ξ

由对称配筋大偏心受压公式 $\begin{cases}N=\alpha_1f_cbh_0\xi\\Ne=\alpha_1f_cbh_0^2\xi(1-0.5\xi)+f'_yA'_s(h_0-a'_s)\end{cases}$

消去 N，有：$e=h_0(1-0.5\xi)+\dfrac{f'_yA'_s(h_0-a'_s)}{\alpha_1f_cbh_0\xi}$

代入数字，并化简得：$480\xi^2 - 179\xi - 118.4 = 0$

解得：$\xi = 0.716 > \xi_b = 0.518$，故应为小偏心受压。

3. 按小偏心受压重算 ξ

将式（7-1）代入式（7-13），将有关数字代入式（7-13）和式（7-14）中，得：

$$N = 14.3 \times 800 \times 960\xi + 300 \times 3927 \times \left(1 - \frac{\xi - 0.8}{0.55 - 0.8}\right)$$

$$781.3N = 14.3 \times 800 \times 960^2 \xi(1 - 0.5\xi) + 300 \times 3927 \times (960 - 40)$$

解得：$\xi = 0.627$，$N = 7432.4 \text{kN}$

本例与例 7-9 的截面尺寸、材料强度及偏心距相同且均为小偏心受压，两题的截面配筋相差为 $(3927 - 5319)/5319 = -26.2\%$，而受压承载力仅差 $(7432.4 - 7795)/7795 = -4.65\%$，这表明在小偏心受压情形下，由于混凝土承担大部分轴向力，且对称配筋时 A_s 并未发挥作用，因此钢筋截面面积对承载力的影响不太敏感。

第五节　对称配筋Ⅰ形截面偏心受压构件正截面受压承载力计算

为了节省材料和减轻构件自重，常将厂房预制柱做成Ⅰ形截面。Ⅰ形截面偏心受压构件的受力性能和破坏特征与矩形截面的相同，因而其计算原则亦与矩形截面的一致，仅需考虑截面形状的影响。

Ⅰ形截面柱一般采用对称配筋，因此这里只讲述对称配筋的计算方法。

一、大偏心受压计算（$\xi \leqslant \xi_b$）

与 T 形截面受弯构件类似，Ⅰ形截面大偏心受压构件的中和轴位置可以在翼缘内（$x \leqslant h_f'$）或腹板内（$h_f' < x \leqslant \xi_b h_0$）（图 7-19）。

（一）混凝土受压区在翼缘内（$\xi \leqslant h_f'/h_0$）

如图 7-19（a）所示，这种情形相当于宽度为 b_f'、高度为 h 的矩形截面对称配筋的计算。此时有：

$$\begin{cases} N \leqslant \alpha_1 f_c b_f' h_0 \xi & (7\text{-}22) \\ Ne \leqslant \xi(1 - 0.5\xi)\alpha_1 f_c b_f' h_0^2 + f_y' A_s'(h_0 - a_s') & (7\text{-}23) \end{cases}$$

式中　b_f'——Ⅰ形截面的受压翼缘宽度；

$\qquad \xi$——混凝土相对受压区高度，$\xi \leqslant h_f'/h_0$；

$\qquad h_f'$——Ⅰ形截面受压翼缘高度。

（二）混凝土受压区进入腹板（$h_f'/h_0 < \xi \leqslant \xi_b$）

当 $x > h_f'$（即 $\xi > h_f'/h_0$）时，受压区进入腹板（图 7-19b），此时有：

$$\begin{cases} N \leqslant \xi\alpha_1 f_c b h_0 + \alpha_1 f_c(b_f' - b)h_f' & (7\text{-}24) \\ Ne \leqslant \xi(1 - 0.5\xi)\alpha_1 f_c b h_0^2 + \alpha_1 f_c(b_f' - b)h_f'(h_0 - 0.5h_f') + f_y' A_s'(h_0 - a_s') & (7\text{-}25) \end{cases}$$

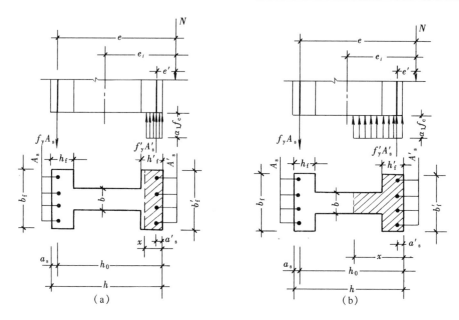

图 7-19　Ⅰ形截面大偏心受压正截面受压承载力计算

(a) $x \leqslant h_f'$；(b) $h_f' < x \leqslant \xi_b h_0$

二、小偏心受压计算（$\xi > \xi_b$）

当由式（7-24）求得的 $\xi > \xi_b$ 时，截面进入小偏心受压状态。由于偏心距的不同和截面配筋情况不同，将出现图 7-20 所示的两种情况。

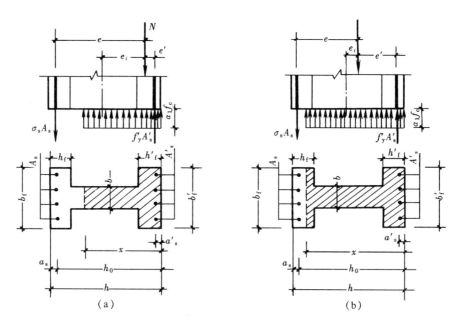

图 7-20　Ⅰ形截面小偏心受压计算图形

(a) $\xi_b < \xi \leqslant \dfrac{h - h_f}{h_0}$；(b) $\xi > \dfrac{h - h_f}{h_0}$

（一）中和轴在腹板内 $\left(\xi_b < \xi \leqslant \dfrac{h - h_f}{h_0}\right)$

由图 7-20（a）可得：

$$\begin{cases} N = \alpha_1 f_c (b_f' - b) h_f' + \xi \alpha_1 f_c b h_0 + f_y' A_s' - \sigma_s A_s & (7\text{-}26) \\ Ne = \alpha_1 f_c (b_f' - b) h_f' (h_0 - 0.5 h_f') + \xi(1 - 0.5\xi)\alpha_1 f_c b h_0{}^2 + f_y' A_s' (h_0 - a_s') & (7\text{-}27) \end{cases}$$

σ_s 可用式（7-1）计算。Ⅰ形截面小偏心受压对称配筋的计算可同样采用迭代法或近似计算方法。比较式（7-26）、式（7-27）和矩形截面小偏心受压式（7-13）、式（7-14）可以看出，将Ⅰ形截面的公式中 $N - \alpha_1 f_c(b_f' - b)h_f'$ 转换成矩形截面中的 N，用 $Ne - \alpha_1 f_c (b_f' - b)h_f'(h_0 - 0.5h_f')$ 转换为矩形截面中的 Ne，则两者的数学表达式完全相同。故利用矩形截面对称配筋的小偏压计算方法求 ξ 时，同样可用迭代法求 ξ 和 $A_s' f_y$，当 ξ 初值设计合理时，一二次迭代就能求得满足工程要求的 A_s' 及 A_s。

（二）中和轴进入受压较小一侧翼缘内

当 $\xi > (h - h_f)/h_0$ 时，中和轴进入受压较小一侧翼缘内（图 7-20b）。此时需将式（7-26）增加一项进入受压较小一侧腹板的混凝土压应力合力 ΔC：

$$\Delta C = \alpha_1 f_c (b_f - b)(\xi h_0 - h + h_f) \tag{7-28}$$

而在式（7-27）中增加一项该合力对 A_s 合力重心的力矩 ΔM：

$$\Delta M = \Delta C \cdot \left(\frac{h + h_f - \xi h_0}{2} - a_s \right) \tag{7-29}$$

式中　b_f、h_f——离纵向力较远一侧翼缘宽度和高度。

考虑上述两项对Ⅰ形截面的影响，使计算变得更为复杂。但式（7-29）由于力臂很小，略去该项影响不大；而且从矩形截面的小偏压计算中亦表明配筋对承载力的影响并不敏感，故略去式（7-28）的混凝土压应力合力，也对配筋影响不大，并可得到偏于安全的结果。故在实际设计中可不区分中和轴是否进入受压较小一侧翼缘的情形，均按中和轴在腹板内的公式计算Ⅰ形截面小偏心受压对称配筋即可。

由于Ⅰ形截面在判别中和轴的位置时要比受弯构件复杂，因此在实际设计时可采用逐步推算的方法计算混凝土相对受压区高度 ξ。

计算步骤如下：

（1）先根据工字形截面的尺寸和材料强度计算 N_b

$$N_b = \xi_b \alpha_1 f_c b h_0 + \alpha_1 f_c (b_f' - b) h_f'$$

（2）当内力设计值 $N \leqslant N_b$，判别为大偏压；当 $N > N_b$ 则为小偏压。

（3）在大偏压的情况下，判别中和轴的位置：

1）当　$N \leqslant \alpha_1 f_c b_f' h_f'$

则由式（7-22）求得 $\xi = \dfrac{N}{\alpha_1 f_c b_f' h}$，截面按宽度为 b_f' 矩形截面配筋，同时要注意 $\xi < \dfrac{2a_s'}{h_0}$ 时的情形。

2）当 $N > \alpha_1 f_c b_f' h_f'$，说明中和轴已进入腹板，

则由式（7-24）求 ξ，$\xi = \dfrac{N - \alpha_1 f_c (b_f' - b)\ h_f'}{\alpha_1 f_c b h_0}$

再由式（7-25）求 A_s 和 A_s'。

（4）当判别为小偏压时，按式 $[f'_y A'_s]\rightarrow\xi\rightarrow A_s=A'_s$ 的顺序求解。

$$[f'_y A'_s]=\frac{Ne-\alpha_1 f_c(b'_f-b)h'_f(h_0-0.5h'_f)-0.43\alpha_1 f_c bh_0^2}{h_0-a'_s}$$

$$\xi=\frac{(\beta_1-\xi_b)[N-\alpha_1 f_c(b'_f-b)h'_f]+\xi_b[f'_y A'_s]}{(\beta_1-\xi_b)\alpha_1 f_c bh_0+[f'_y A'_s]}$$

$$A_s=A'_s=\frac{Ne-\alpha_1 f_c(b'_f-b)h'_f(h_0-0.5h'_f)-\xi(1-0.5\xi)\alpha_1 f_c bh_0^2}{f'_y(h_0-a'_s)}$$

对称配筋的工形截面除进行弯矩作用平面内的计算外，在垂直弯矩作用平面也应按轴心受压构件进行验算，此时应按 l_0/i 查出 φ 值，i 为截面垂直弯矩作用平面方向的回转半径。

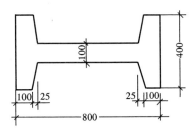

图 7-21　例 7-14 截面尺寸

【例 7-11】某工字形截面柱，截面尺寸如图 7-21 所示，设计使用年限为 50 年，环境类别为一类，该柱控制截面承受 $N=1000$kN、$M_1=200$kN·m，$M_2=400$kN·m。采用 C30 混凝土（$f_c=14.3$N/mm²，$\alpha_1=1.0$，$\beta_1=0.8$），HRB400 级纵向钢筋（$f_y=f'_y=360$N/mm²，$\xi_b=0.518$），计算长度 $l_0=8.5$m，另一方向 $l_0=0.8\times 8.5=6.8$m，试按对称配筋设计该截面 A_s、A'_s。

【解】　**1. 计算考虑纵向弯曲影响的设计弯矩 M**

取 $a_s=a'_s=40$mm，$h_0=800-40=760$mm

将截面尺寸规则化后，得

$b=100$mm，$h=800$mm，$b_f=b'_f=400$mm，$h_f=h'_f=112$mm。

由于 $M_1/M_2=0.5$，

$$i=\sqrt{\frac{I}{A}}=\sqrt{\frac{\frac{1}{12}\times(400\times 800^3-300\times 576^3)}{400\times 800-300\times(800-2\times 112)}}=\sqrt{\frac{1.229\times 10^{10}}{147200}}=288.9\text{mm}$$

$l_0/i=8500/288.9=29.42$mm$>34-12\frac{M_1}{M_2}=28$mm。应考虑附加弯矩的影响。

根据式（7-6）～式（7-9）有：

$$\zeta_c=\frac{0.5f_c A}{N}=\frac{0.5\times 14.3\times 1.472\times 10^5}{1000\times 10^3}=1.052>1.0，\text{取}\ \zeta_c=1.0，$$

$$C_m=0.7+0.3\frac{M_1}{M_2}=0.85$$

$$e_a=\frac{h}{30}=\frac{800}{30}=26.67\text{mm}>20\text{mm}，$$

$$\eta_{ns}=1+\frac{1}{1300\ (M_2/N+e_a)\ /h_0}\left(\frac{l_0}{h}\right)^2\zeta_c$$

$$=1+\frac{1}{1300(400\times 10^6/1000\times 10^3+26.67)/760}\times\left(\frac{8500}{800}\right)^2\times 1.0=1.15$$

考虑纵向挠曲影响后的弯矩设计值为：

$$M=C_m\eta_{ns}M_2=0.85\times 1.15\times 400=391\text{kN·m}，\text{取}\ M=400\text{kN·m}$$

$$e_0=\frac{M}{N}=\frac{400\times 10^6}{1000\times 10^3}=400\text{mm}\qquad e_a=\frac{h}{30}=\frac{800}{30}=26.67\text{mm}$$

$$e_i = e_0 + e_a = 400 + 26.67 = 426.67\text{mm} \quad e_i > 0.3h_0 = 0.3 \times 760 = 228\text{mm}$$

$$e = e_i + \frac{h}{2} - a_s = 426.67 + 400 - 40 = 786.67\text{mm}$$

2. 偏心受压类型判断及 ξ 的计算

$$N_b = \alpha_1 f_c b h_0 \xi_b + \alpha_1 f_c (b'_f - b) h'_f$$

$$= 1.0 \times 14.3 \times 100 \times 760 \times 0.518 + 14.3 \times (400 - 100) \times 112$$

$$= 1043.44\text{kN} > N = 1000\text{kN}$$

为大偏心受压，且

$$\alpha_1 f_c b'_f h'_f = 14.3 \times 400 \times 112 = 640.6\text{kN} < N$$

故混凝土受压区进入腹板，则：

$$\xi = \frac{N - \alpha_1 f_c (b'_f - b) h'_f}{\alpha_1 f_c b h_0} = \frac{1000 \times 10^3 - 14.3(400 - 100) \times 112}{1.0 \times 14.3 \times 100 \times 760} = 0.478$$

3. 计算配筋

$$A_s = A'_s = \frac{Ne - \alpha_1 f_c b h_0^2 \xi(1 - 0.5\xi) - \alpha_1 f_c (b'_f - b) h'_f (h_0 - 0.5h'_f)}{f'_y(h_0 - a_s)}$$

$$= \frac{1000 \times 10^3 \times 786.67 - 1.0 \times 14.3 \times 100 \times 760^2 \times 0.478 \times (1 - 0.5 \times 0.478) - 14.3 \times 300 \times 112 \times (760 - 56)}{360 \times (760 - 40)}$$

$$= 570.83\text{mm}^2 > 0.2\%A = 294.4\text{mm}^2$$

实配纵筋每边 4 ⏀ 16（$A_s = A'_s = 804\text{mm}^2$），配筋图见图 7-22。

4. 验算轴心受压承载力

$$I = \frac{1}{12} \times 800 \times 400^3 - 2 \times \frac{1}{12} 576 \times 150^3 - 2 \times 576 \times 150 \times 125^2 = 1.24 \times 10^9 \text{mm}^4$$

$$A = 1.472 \times 10^5 \text{mm}^2 \qquad i = \sqrt{\frac{I}{A}} = \sqrt{\frac{124 \times 10^9}{1.472 \times 10^5}} = 91.78\text{mm}$$

$$l_0/i = 6800/91.78 = 74, \text{查得 } \varphi = 0.714$$

则 $0.9\varphi(f_c A + f'_y A'_y) = 0.9 \times 0.714 \times (14.3 \times 147200 + 360 \times 2 \times 804) = 1724.63\text{kN} > N$ 满足要求。

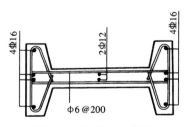

图 7-22 柱截面配筋图

第六节　偏心受拉构件正截面承载力计算

实际结构工程中的偏心受拉构件多为矩形截面，故本节只介绍矩形截面偏心受拉构件的计算。

一、概　　述

(一)偏心受拉构件的分类

按照偏心拉力的作用位置，偏心受拉构件可以分为小偏心受拉和大偏心受拉两种。

当轴向拉力作用在 A_s 和 A'_s 之间(A_s 为离轴向拉力较近一侧纵筋，A'_s 为离轴向拉力较远一侧纵筋，下同)时，属小偏心受拉，此时偏心距 $e_0 < (h/2) - a_s$；当轴向拉力作用于 A_s 和 A'_s 之外时，属大偏心受拉，此时偏心距 $e_0 > (h/2) - a_s$(图 7-23)。

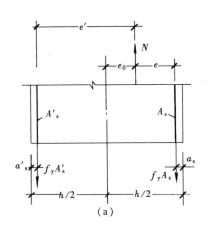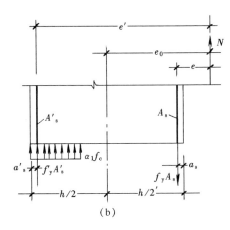

图 7-23　偏心受拉构件正截面受拉承载力计算

(a)小偏心受拉；(b)大偏心受拉

(二)偏心受拉构件的破坏特征

偏心受拉构件的破坏特征与偏心距的大小有关。由于偏心受拉构件是介于轴心受拉构件($e_0 = 0$)和受弯构件($e_0 = \infty$)之间的受力构件，可以设想：当偏心距很小时，其破坏特征接近轴心受拉构件；而当偏心距很大时，其破坏特征则与受弯构件相近。

1. 小偏心受拉

在小偏心拉力作用下，临破坏时截面全部裂通，A_s 和 A'_s 一般都受拉屈服，拉力完全由钢筋承担。

2. 大偏心受拉

由于轴向拉力作用于 A_s 和 A'_s 之外，故大偏心受拉构件在整个受力过程中都存在混凝土受压区(图 7-24)。破坏时，截面不会裂通；当 A_s 适量时，破坏特征与大偏心受压破坏时相同；当 A_s 过多时，破坏特征类似于小偏心受压破坏。当 $\xi < 2a'_s/h_0$ 时，A'_s 也不会受压屈服。

二、偏心受拉构件正截面承载力计算公式

(一)小偏心受拉($0 < e_0 < h/2 - a_s$)

当偏心拉力作用于 A_s 和 A'_s 之间时，属于小偏心受拉，其正截面承载力计算简图如图 7-23(a)所示。分别对 A_s 和 A'_s 取矩，可得其正截面承载力计算公式：

$$Ne \leqslant f_y A'_s (h - a_s - a'_s) \tag{7-30}$$

$$Ne' \leqslant f_y A_s (h - a_s - a'_s) \tag{7-31}$$

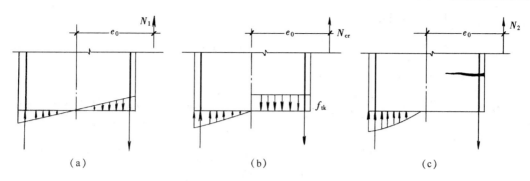

图 7-24　大偏心受拉构件的截面受力状态

(a)开裂前；(b)开裂前瞬间；(c)开裂后

式中　　e——轴向拉力作用点至 A_s 合力点的距离，$e=h/2-a_s-e_0$；

　　　　e'——轴向拉力作用点至 A_s' 合力点的距离，$e'=h/2-a_s'+e_0$；

　　　　e_0——轴向力对截面重心的偏心距，$e_0=M/N$。

(二)大偏心受拉($e_0>h/2-a_s$)

由于其破坏特征与大偏心受压构件相同，因此可采用与大偏心受压类似的正截面承载力计算简图(图 7-23b)，由平衡条件可得受拉承载力计算公式：

$$N\leqslant f_yA_s-\xi\alpha_1 f_cbh_0-f_y'A_s' \tag{7-32a}$$

$$Ne\leqslant\xi(1-0.5\xi)\alpha_1 f_cbh_0^2+f_y'A_s'(h_0-a_s') \tag{7-32b}$$

式中　　e——轴向拉力作用点至 A_s 合力点的距离，$e=e_0-h/2+a_s$。

式(7-32)的适用条件是

$$\xi\leqslant\xi_b$$

$$\xi\geqslant 2a_s'/h_0$$

同时，A_s 及 A_s' 均应满足最小配筋的条件。

当 $\xi<2a_s'/h_0$ 时，A_s' 不会达到受压屈服强度，此时取 $\xi=2a_s'/h_0$，按式(7-15)计算配筋；其他情况的计算与大偏心受压构件类似，所不同的只是 N 为拉力。

三、计　算　例　题

【例 7-12】 某偏心受拉构件的截面尺寸为 $b\times h=500\text{mm}\times 300\text{mm}$，设计使用年限为 50 年，环境类别为一类。轴向拉力设计值 $N=198\text{kN}$，弯矩设计值 $M=20.9\text{kN}\cdot\text{m}$。若混凝土强度等级为 C25($f_c=11.9\text{N/mm}^2$，$f_t=1.27\text{N/mm}^2$)，钢筋为 HRB335 级($f_y=f_y'=300\text{N/mm}^2$)，且 $a_s=a_s'=35\text{mm}$，试确定截面所需纵向受拉钢筋的数量，并绘截面配筋图。

【解】 **1. 判别偏心类型**

$$e_0=\frac{M}{N}=\frac{20900}{198}=105.6\text{mm}<\frac{h}{2}-a_s=\frac{300}{2}-35=115\text{mm}，属小偏心受拉。$$

2. 计算纵筋数量

$$e'=\frac{h}{2}-a_s'+e_0=\frac{300}{2}-35+105.6=220.6\text{mm}$$

$$e=\frac{h}{2}-a_s-e_0=\frac{300}{2}-35-105.6=9.4\text{mm}$$

由式(7-30)、式(7-31)可得：

$$A_s = \frac{Ne'}{f_y(h-a_s-a'_s)} = \frac{198000 \times 220.6}{300 \times (300-2 \times 35)} = 633 \text{mm}^2 > 0.2\% bh$$

$$= 0.2\% \times 300 \times 500 = 300 \text{mm}^2$$

$$A'_s = \frac{Ne}{f_y(h-a_s-a'_s)} = \frac{198000 \times 9.4}{300 \times (300-2 \times 35)} = 27 \text{mm}^2 < \rho_{min} bh = 300 \text{mm}^2, \text{取 } A'_s = 300 \text{mm}^2$$

3. 选择钢筋

选靠近轴向拉力一侧纵筋为 5 Φ 14（$A_s = 769 \text{mm}^2$）；远离轴向拉力一侧纵筋为 3 Φ 12（$A'_s = 339 \text{mm}^2$），配筋如图 7-25（a）所示。若采用对称配筋，则每侧均取 5 Φ 14，配筋如图 7-25（b）所示。

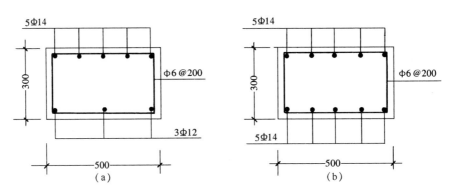

图 7-25　截面配筋图
(a) 非对称配筋；(b) 对称配筋

【例 7-13】　某钢筋混凝土涵洞尺寸如图 7-26 所示，设计使用年限为 50 年，环境类别为二 a 类，其顶板 I-I 截面在板上荷载（包括自重）及洞内水压力作用下，沿洞长方向 1m 的垂直截面中的内力设计值 $N=630$kN（轴心拉力），$M=490$kN·m（板底受拉），若混凝土强度等级采用 C30，钢筋采用 HRB400 级，试按正截面承载力计算截面 I-I 的纵向受力钢筋 A'_s 和 A_s。

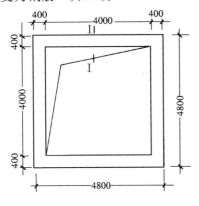

图 7-26　例 7-16 计算截面位置

【解】　**1. 已知条件**

混凝土 C30，$f_c = 14.3$N/mm²，$f_t = 1.43$N/mm²；钢筋 HRB400 级，$f_y = f'_y = 360$N/mm²，$\xi_b = 0.518$；构件处于潮湿环境，取 $a_s = a'_s = 60$mm；$h_0 = h-a_s = 400-60 = 340$mm；计算时，取 $b = 1000$mm。

2. 计算有关数据

$$e_0 = \frac{M}{N} = \frac{490000}{630} = 778 \text{mm} > \frac{h}{2} - a_s = \frac{400}{2} - 60 = 140 \text{mm}，为大偏心受拉$$

$$e = e_0 - \left(\frac{h}{2} - a_s\right) = 778 - 140 = 638 \text{mm}$$

$$e' = e_0 + \left(\frac{h}{2} - a'_s\right) = 778 + 140 = 918 \text{mm}$$

3. 按 $A_s + A'_s$ 最省求 A_s 和 A'_s

因 A_s 和 A'_s 均未知，取 $\xi = \xi_b = 0.518$，由式（7-32b），有：

$$A'_s = \frac{Ne - \alpha_1 f_c bh_0^2 \xi_b (1 - 0.5\xi_b)}{f'_y (h_0 - a'_s)}$$

$$= \frac{630000 \times 638 - 11.9 \times 1000 \times 340^2 \times 0.55 \times (1 - 0.5 \times 0.55)}{300 \times (340 - 60)} = -232.5 \text{mm}^2 < 0$$

取 $A'_s = 0.002bh = 0.002 \times 1000 \times 400 = 800 \text{mm}^2$，选 $\Phi 12@140$（$A'_s = 808 \text{mm}^2$）。

4. 按已知 A'_s 求 A_s

此时应按式（7-32b）重新计算 ξ：

$$\xi = 1 - \sqrt{1 - \frac{Ne - f'_y A'_s (h_0 - a'_s)}{0.5 \alpha_1 f_c bh_0^2}} = 1 - \sqrt{1 - \frac{630000 \times 638 - 360 \times 808 \times (340 - 60)}{0.5 \times 14.3 \times 1000 \times 340^2}}$$

$$= 0.209 < \xi_b = 0.518$$

$$< \frac{2a'_s}{h_0} = \frac{2 \times 60}{340} = 0.353$$

因此，该 ξ 不满足式（7-32）的适用条件。取 $\xi = 2a'_s/h_0$，由式（7-15）得

$$A_s = \frac{Ne'}{f_y (h_0 - a'_s)}$$

$$= \frac{630000 \times 918}{360 \times (340 - 60)}$$

$$= 5737.5 \text{mm}^2$$

选 $\Phi 25@80$（$A_s = 6136.25 \text{mm}^2$），配筋图见图 7-27。

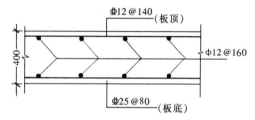

图 7-27　例 7-13 配筋图

第七节　斜截面承载力计算

在偏心受压和偏心受拉构件中一般都有剪力的作用。在剪压复合应力状态下，当压应力不超过一定范围时，混凝土的抗剪强度随压应力的增加而提高（当 $N/f_c bh$ 在 $0.3\sim0.5$ 的范围时，其有利影响达到峰值）；在剪拉复合应力状态下，混凝土的抗剪强度随拉应力的增加而减小。《规范》关于偏心受压构件和偏心受拉构件受剪承载力的计算公式，正是考虑到上述受力特点，以受弯构件抗剪承载力计算公式为模式，在试验的基础上建立的。

一、截面应符合的条件

为避免斜压破坏，限制正常使用时的斜裂缝宽度，以及防止过多的配箍不能充分发挥作用，《规范》规定矩形截面的钢筋混凝土偏心受压和偏心受拉构件的受剪截面均应符合下列条件：

当 $h_w/b \leqslant 4$ 时 $\qquad\qquad\qquad V \leqslant 0.25 \beta_c f_c bh_0$ 　　　　　　　　　　（7-33a）

当 $h_w/b \geqslant 6$ 时 $\qquad\qquad\qquad V \leqslant 0.2 \beta_c f_c bh_0$ 　　　　　　　　　　（7-33b）

式中　V——剪力设计值，其余符号同受弯构件；

　　　β_c——混凝土强度影响系数：当混凝土强度等级不超过 C50 时，β_c 取 1.0；当混凝土强度等级为 C80 时，β_c 取 0.8；其间按线性内插法确定。

二、斜截面受剪承载力计算公式

(一) 矩形、T 形和 I 形截面偏心受压构件

对矩形、T 形和 I 形截面的钢筋混凝土偏心受压构件,斜截面受剪承载力计算公式为

$$V \leqslant \frac{1.75}{\lambda+1} f_t b h_0 + f_{yv} \frac{A_{sv}}{s} h_0 + 0.07N \tag{7-34}$$

式中 λ——偏心受压构件计算截面的剪跨比;

N——与剪力设计值 V 相应的轴向压力设计值。当 $N > 0.3 f_c A$ 时,取 $N = 0.3 f_c A$,A 为构件的截面面积。

计算截面的剪跨比应按如下规定取用:

(1) 对框架结构中的框架柱,当其反弯点在层高范围内时,可取 $\lambda = H_n/2h_0$;H_n 为柱净高。当 $\lambda < 1$ 时,取 $\lambda = 1$;当 $\lambda > 3$ 时,取 $\lambda = 3$。

(2) 对其他偏心受压构件,当承受均布荷载时,取 $\lambda = 1.5$;当承受集中荷载时(包括作用有多种荷载,且集中荷载对支座截面或节点边缘所产生的剪力值占总剪力值的 75% 以上的情况),取 $\lambda = a/h_0$;此处 a 为集中荷载至支座或节点边缘的距离,当 $\lambda < 1.5$ 时,取 $\lambda = 1.5$,当 $\lambda > 3$ 时,取 $\lambda = 3$。

当剪力设计值较小、符合下列公式的要求时:

$$V \leqslant \frac{1.75}{\lambda+1} f_t b h_0 + 0.07N \tag{7-35}$$

则可不进行斜截面受剪承载力的计算,而仅需根据受压构件配箍的构造要求配置箍筋;式中 λ 和 N 的取值同式 (7-34)。

(二) 偏心受拉构件

对矩形、T 形和 I 形截面的钢筋混凝土偏心受拉构件,其斜截面受剪承载力计算公式为

$$V \leqslant \frac{1.75}{\lambda+1} f_t b h_0 + f_{yv} \frac{A_{sv}}{s} h_0 - 0.2N \tag{7-36}$$

式中 N——与剪力设计值 V 相应的轴向拉力设计值;

λ——计算截面的剪跨比,取值同偏心受压构件。

虽然轴向拉力使构件的抗剪承载力明显降低,但它对箍筋的抗剪能力几乎没有影响,因此即使在轴向拉力作用下使混凝土剪压区消失,式 (7-36) 右边的计算值小于 $f_{yv}(A_{sv}/s)h_0$ 时,也应取等于 $f_{yv}(A_{sv}/s)h_0$,且 $f_{yv}(A_{sv}/s)h_0$ 的值不得小于 $0.36 f_t b h_0$。

偏心受拉构件的箍筋一般宜满足受弯构件对箍筋的构造要求(详第五章)。

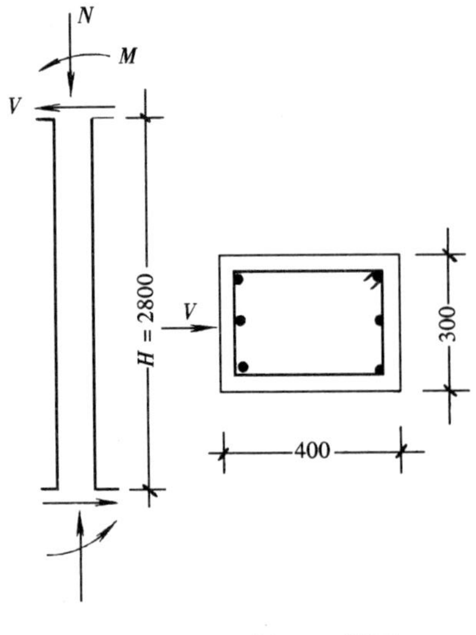

【例 7-14】 已知一钢筋混凝土框架结构中的框架柱,设计使用年限为 50 年,环境类别为一类。截面尺寸及柱高度如图 7-28 所示。混凝土强度等级

图 7-28 例 7-14 附图

为 C30（$f_c = 14.3\text{N/mm}^2$，$f_t = 1.43\text{N/mm}^2$），箍筋用 HPB300 级钢筋（$f_{yv} = 270\text{N/mm}^2$），柱端作用轴向压力设计值 $N = 715\text{kN}$，剪力设计值 $V = 175\text{kN}$，试求所需箍筋数量（h_0 取 360mm）。

【解】 1. 截面验算 $\beta_c = 1.0$，$h_w/b = 360/300 < 4$

$0.25 f_c b h_0 = 0.25 \times 14.3 \times 300 \times 360 = 386.1\text{kN} > V = 175\text{kN}$ 截面尺寸满足要求。

2. 是否可按构造配箍

$$\lambda = H_n / 2h_0 = \frac{2800}{2 \times 360} = 3.89 > 3，取 \lambda = 3$$

$$0.3 f_c A = 0.3 \times 14.3 \times 300 \times 400 = 514.8\text{kN} < N = 715\text{kN}$$

取 $N = 514.8\text{kN}$

由式（7-35）得：

$$\frac{1.75}{\lambda + 1} f_t b h_0 + 0.07N = \frac{1.75}{3 + 1} \times 1.43 \times 300 \times 360 + 0.07 \times 514800$$

$$= 103603.5 （\text{N}）< V$$

故箍筋由计算确定。

3. 箍筋计算

由式（7-34），可得：

$$\frac{A_{sv}}{s} = \frac{V - \left(\dfrac{1.75}{\lambda + 1} f_t b h_0 + 0.07N\right)}{f_{yv} h_0} = \frac{175000 - 103603.5}{270 \times 360} = 0.735$$

选 Φ8 双肢箍，则 $s = \dfrac{2 \times 50.3}{0.735} = 136.8\text{mm}$ 取 $s = 130\text{mm}$。

第八节 双向偏心受力构件正截面承载力简介

一、双向偏心受压构件

对于截面具有两个互相垂直的对称轴的钢筋混凝土双向偏心受压构件，例如矩形截面，可按下列近似公式进行正截面受压承载力计算（图 7-29）：

$$N \leqslant \frac{1}{\dfrac{1}{N_{ux}} + \dfrac{1}{N_{uy}} + \dfrac{1}{N_{u0}}} \qquad (7\text{-}37)$$

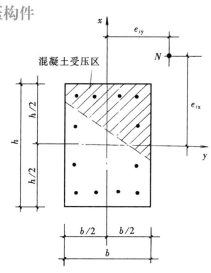

式中 N_{u0}——构件的截面轴心受压承载力设计值，取 $N_{u0} = f_c A + f_y' A_s'$；$A_s'$ 为截面上全部纵向受力钢筋截面面积；

N_{ux}——轴向压力作用于 x 轴并考虑相应的计算偏心距 e_{ix} 后，按全部纵向钢筋计算的构件偏心受压承载力设计值；

图 7-29 双向偏心受压截面

N_{uy}——轴向压力作用于 y 轴并考虑相应的计算偏心距 e_{iy} 后，按全部纵向钢筋计算的构件偏心受压承载力设计值。

框架结构中的角柱往往是双向偏心受压的，在利用式（7-37）计算时，可以采用验算公式：参考非角柱的配筋，先将角柱钢筋配好，然后用公式计算，直到满足为止。

二、双向偏心受拉构件

对采用对称配筋的矩形截面钢筋混凝土双向偏心受拉构件，其正截面受拉承载力应符合下列规定：

$$N \leqslant \frac{1}{\dfrac{1}{N_{u0}} + \dfrac{e_0}{M_u}} \tag{7-38}$$

式中　N_{u0}——构件的轴心受拉承载力设计值，$N_{u0}=f_y A_s$；

e_0——轴向拉力作用点至截面重心的距离；

M_u——按通过轴向拉力作用点的弯矩平面计算的正截面受弯承载力设计值。

可采用下列公式计算：

$$\frac{e_0}{M_u} = \sqrt{\left(\frac{e_{0x}}{M_{ux}}\right)^2 + \left(\frac{e_{0y}}{M_{uy}}\right)^2} \tag{7-39}$$

式中　e_{0x}、e_{0y}——轴向拉力对通过截面重心的 y 轴、x 轴的偏心距；

M_{ux}、M_{uy}——x 轴、y 轴方向的正截面受弯承载力设计值，按受弯构件的计算公式求出。

小　结

（1）根据偏心距的大小和配筋情况，偏心受压构件可分为大偏心受压和小偏心受压两种情形。其界限破坏状态与适筋梁和超筋梁的界限完全相同。当 $\xi \leqslant \xi_b$ 时，构件处于大偏心受压状态（含界限状态）；当 $\xi > \xi_b$ 时，构件为小偏心受压状态。

（2）在大偏心受压承载力极限状态时，受拉钢筋和受压钢筋都达到屈服（当 $\xi < 2a_s'/h_0$ 时 A_s' 不屈服），混凝土压应力图形与适筋梁相同，据此建立的两个平衡方程是进行截面选择和承载力校核的依据。

（3）在小偏心受压承载力极限状态下，离纵向力较近一侧钢筋受压屈服，混凝土被压碎，但离纵向力较远一侧的钢筋无论受拉和受压都不会屈服，混凝土压应力图形也比较复杂。在小偏心受压计算中，引入 σ_s 与 ξ 的线性关系式以及偏心距调整系数 C_m 和弯矩增大系数 η_{ns}，是解决上述问题的关键，并使小偏心受压的计算与大偏心受压的计算公式相协调。

（4）由于纵向挠曲对柱子的影响（P-δ 效应）是通过调整柱端最大设计弯矩来实现的。当柱端弯矩比值、轴压比且长细比满足一定要求时，可不考虑附加弯矩的影响。一般长柱均按 $M=C_m \eta_{ns} M_2$ 来确定弯矩的设计值。当单向弯曲（M_1 与 M_2 同号）且 $M_1=M_2$ 时，C_m 最大；构件的长细比 l_0/h 越大，η_{ns} 越大。

（5）非对称配筋的截面选择，需要根据偏心距的大小判断大小偏心受压情形：当 $e_i > 0.3h_0$ 时，按大偏心受压计算；当 $e_i \leqslant 0.3h_0$ 时，按小偏心受压计算。而对称配筋的截面选择，则可按 N 的大小直接判断。

（6）偏心受压构件的受压承载力不仅取决于截面尺寸和材料强度等，还取决于内力 N 和 M 的组合，因此截面的承载力校核是在给定 e_0 的条件下进行的。在利用承载力公式解联立方程时，应首先解出 ξ。

（7）钢筋混凝土偏心受拉构件也分为两种情形：当偏心拉力作用在 A_s 和 A'_s 之间（即 $e_0 < h/2 - a_s$）时，为小偏心受拉；当拉力作用在 A_s 和 A'_s 之外（即 $e_0 > h/2 - a_s$）时为大偏心受拉。

（8）小偏心受拉的受力特点类似于轴心受拉构件，破坏时拉力全部由钢筋承受；大偏心受拉的受力特点类似于受弯构件或大偏心受压构件，破坏时截面有混凝土受压区存在。

（9）偏心受压或偏心受拉的斜截面抗剪计算，与受弯构件独立梁受集中荷载的抗剪公式有密切联系。轴向压力的存在对抗剪有利，而轴向拉力的存在将降低抗剪承载力。

思 考 题

1. 什么是偏心受压构件？什么是偏心受拉构件？试举例说明。
2. 对偏心受压构件的材料有哪些要求？偏心受压构件的箍筋直径、间距如何选择？
3. 大、小偏心受压破坏有何本质区别？其判别的界限条件是什么？
4. 偏心距的变化对偏心受压构件的承载力有何影响？
5. 偏心受压短柱和长柱的破坏有什么区别？弯矩增大系数 η_{ns} 的物理意义是什么？
6. 附加偏心距 e_a 的物理意义是什么？
7. 矩形截面非对称配筋大偏心受压构件的受压承载力公式如何表达？其适用条件如何？
8. 小偏心受压构件受压承载力的计算公式是如何得出的？
9. 为什么偏心受压构件要进行垂直于弯矩作用平面的校核？
10. 在计算大偏心受压构件的配筋时：（1）在什么情况下假定 $\xi = \xi_b$？当求得的 $A'_s \leqslant 0$ 或 $A_s \leqslant 0$ 时，应如何处理？（2）当 A'_s 为已知时，是否也可假定 $\xi = \xi_b$，求 A_s？（3）什么情况下出现 $\xi < 2a'_s/h_0$ 的情况？此时如何求钢筋面积？
11. 在计算小偏心受压构件配筋时，若 A_s 和 A'_s 均未知，为什么一般可取 A_s 等于最小配筋量（$A_s = 0.002bh$）？在什么情形下 A_s 可能超过最小配筋量？如何计算？
12. 矩形截面对称配筋与非对称配筋相比，有哪些特点？如何进行偏心受压构件对称配筋时的设计计算？
13. 在 I 形截面对称配筋的截面选择中，如何判别中和轴的位置？
14. 如何区分钢筋混凝土大、小偏心受拉构件？它们的受力特点和破坏特征各有何不同？
15. 轴向压力和轴向拉力对钢筋混凝土抗剪承载力有何影响？在偏心受力构件斜截面承载力计算公式中是如何反映的？

习 题

7-1 已知一矩形截面柱尺寸 $b \times h = 400mm \times 600mm$，设计使用年限为 50 年，环境类别为一类，计算长度 $l_0 = 6.5m$，承受轴向压力设计值 $N = 720kN$，弯矩设计值 $M_1 = M_2 = 288kN \cdot m$，单曲率弯曲，采用 C30 混凝土、HRB400 级纵向钢筋和 HPB300 级钢箍。试求非对称配筋时的纵向钢筋截面面积 A_s 和 A'_s 并绘配筋截面图（取 $a_s = a'_s = 45mm$）。

7-2 某矩形截面偏心受压柱尺寸 $b \times h = 400mm \times 600mm$，设计使用年限为 50 年，环境类别为一类，

计算长度 $l_0=6.9$m，承受轴向压力设计值 $N=480$kN，弯矩设计值 $M_1=M_2=410$kN·m，采用 C30 混凝土、HRB400 级纵向钢筋和 HPB335 级箍筋。若已知 $A_s'=452$mm² （4 Φ 12），试求 A_s 并绘配筋截面图（取 $a_s=a_s'=45$mm）。

7-3 已知某矩形截面偏心受压短柱，设计使用年限为 50 年，环境类别为一类。截面尺寸 $b\times h=$ 400mm×600mm，采用 C30 混凝土，HRB400 级纵向钢筋和 HPB300 级钢筋；承受轴向压力设计值 $N=$ 500kN，弯矩设计值 $M_1=236$kN·m，$M_2=295$kN·m，并已知 $A_s'=1256$mm² （4 Φ 20）。试求 A_s 并绘配筋截面图（$a_s=a_s'=40$mm）。

7-4 某矩形截面偏心受压柱截面尺寸 $b\times h=350$mm×500mm，设计使用年限为 50 年，环境类别为一类，计算长度 $l_0=7.8$m，承受轴向压力设计值 $N=655$kN，弯矩设计值 $M_1=-100$kN·m，$M_2=200$kN·m，双曲率弯曲，采用 HRB400 级纵向钢筋且离纵向力较近一侧已配有 3 Φ 20，试选择该柱混凝土强度等级并计算另一侧纵向钢筋面积、选择钢筋直径、根数，按构造规定选择箍筋，画出配筋断面图。

7-5 已知矩形截面偏压柱尺寸 $b\times h=400$mm×600mm，设计使用年限为 50 年，环境类别为一类，计算长度 $l_0=4.5$m，承受轴向压力设计值 $N=2800$kN，弯矩设计值 $M_1=M_2=75$kN·m，混凝土强度等级为 C30，采用 HRB400 级纵向钢筋和 HPB300 级钢箍。试求非对称配筋时的纵向钢筋截面面积 A_s 和 A_s' 并绘配筋截面图（$a_s=a_s'=45$mm）。

7-6 已知一矩形截面偏压柱尺寸 $b\times h=400$mm×600mm，设计使用年限为 50 年，环境类别为一类，计算长度 $l_0=4.2$m，采用 C30 混凝土。其中 A_s 为 5 Φ 20，A_s' 为 3 Φ 25，$a_s=a_s'=40$mm。试校核：当轴向压力设计值 $N=600$kN 和 $N=850$kN 时，该柱受压承载力是否满足要求（取 $e_0=140$mm 已考虑纵向弯曲影响后）？

7-7 某矩形截面偏心受压柱尺寸 $b\times h=400$mm×600mm，计算长度 $l_0=4.5$m，采用 C30 混凝土和 HRB400 级纵筋，且 A_s 为 4 Φ 20，A_s' 为 4 Φ 22。试求：当 $e_0=120$mm 时，该柱所能承受的最大轴力设计值和弯矩设计值（取 $a_s=a_s'=40$mm）。

7-8 某对称配筋的矩形截面偏心受压柱，设计使用年限为 50 年，环境类别为一类，截面尺寸 $b\times h=$ 400mm×600mm，承受轴向压力设计值 $N=1500$kN，弯矩设计值 $M_1=M_2=360$kN·m，该柱采用的混凝土强度等级为 C30，纵向受力钢筋为 HRB400 级，试求纵向受力钢筋面积 $A_s=A_s'=$？并选择钢筋直径、根数，画出配筋断面图（箍筋按构造规定选取）。

7-9 已知某矩形截面偏心受压柱尺寸为：$b\times h=350$mm×550mm，设计年限为 50 年，环境类别为一类。计算长度 $l_0=4.8$m；承受轴向压力设计值 $N=1200$kN，弯矩设计值 $M_1=M_2=250$kN·m，采用 C30 混凝土和 HRB400 级纵筋、HPB300 级钢箍。试求按对称配筋计算的钢筋截面面积 A_s 和 A_s'，并绘配筋图（取 $a_s=a_s'=40$mm）。

7-10 矩形截面偏心受压柱尺寸为 $b\times h=500$mm×700mm，设计使用年限为 50 年，环境类别为一类，计算长度 $l_0=4.8$m；承受轴向压力设计值 $N=2800$kN，弯矩设计值 $M_1=M_2=75$kN·m，采用 C30 混凝土、HRB400 级纵向钢筋和 HPB300 级钢箍。试求按对称配筋的钢筋截面面积 A_s 和 A_s'，并画出配筋断面图。

7-11 已知承受轴向压力设计值 $N=800$kN、偏心距 $e_0=403$mm（已考虑纵向弯曲影响后）的矩形截面偏心受压柱，设计使用年限为 50 年，环境类别为一类，其截面尺寸，$b\times h=400$mm×600mm，计算长度 $l_0=8.2$m，采用 C30 混凝土，并配有 HRB400 级纵筋 $A_s=A_s'=1964$mm² （每边各 4 Φ 25）。试校核该柱承载力是否满足要求（取 $a_s=a_s'=40$mm）。

7-12 某矩形截面偏心受压柱，设计使用年限为 50 年，环境类别为一类，截面尺寸 $b\times h=300$mm×400mm，采用 C30 混凝土、对称配筋并已知 $A_s=A_s'=1520$mm² （每侧 4 Φ 22、钢筋为 HRB400 级），试求当偏心距使截面恰好为界限偏心时截面所能承受的轴向力设计值 N_b 和相应的弯矩设计值 M 为何值？

7-13 某矩形截面偏心受压柱，设计使用年限为 50 年，环境类别为一类，截面尺寸 $b\times h=350$mm×500mm，计算长度 $l_0=3.9$m，采用 C30 混凝土、HRB400 级纵向钢筋，且已知采用对称配筋时的钢筋面

积 $A_s = A_s' = 509\text{mm}^2$（2 Φ 18），试求当轴向力设计值 $N=1200\text{kN}$，$e_0=140\text{mm}$（已考虑纵向弯曲影响后）时，该配筋能否满足受压承载力要求？

7-14 已知某对称 I 形截面尺寸为：$b \times h = 120\text{mm} \times 600\text{mm}$，设计使用年限为 50 年，环境类别为一类，$b_f = b_f' = 500\text{mm}$，$h_f = h_f' = 120\text{mm}$，计算长度 $l_0 = 5\text{m}$；采用 C30 混凝土，HRB400 级纵筋和 HPB300 级钢箍；承受轴向压力设计值 $N=125\text{kN}$，弯矩设计值 $M_1 = M_2 = 200\text{kN·m}$。试求采用对称配筋的纵筋截面面积 A_s 和 A_s'，并绘配筋截面图。

7-15 已知一承受轴向压力设计值 $N=1500\text{kN}$、弯矩设计值 $M_1 = M_2 = 150\text{kN·m}$ 的对称 I 形截面柱，设计使用年限为 50 年，环境类别为一类，计算长度 $l_0 = 14.2\text{m}$，截面尺寸为：$b \times h = 150\text{mm} \times 800\text{mm}$，$b_f = b_f' = 400\text{mm}$，$h_f = h_f' = 120\text{mm}$，采用 C30 混凝土，HRB400 级纵筋和 HPB300 级钢箍。试求对称配筋时的钢筋截面面积并绘配筋截面图。

7-16 已知一对称 I 形截面柱尺寸为：$b \times h = 120\text{mm} \times 800\text{mm}$，$b_f = b_f' = 500\text{mm}$，$h_f = h_f' = 120\text{mm}$，设计使用年限为 50 年，环境类别为一类，计算长度 $l_0 = 5.2\text{m}$，承受轴向压力设计值 $N=1250\text{kN}$，采用混凝土强度等级 C30，HRB400 级纵筋每边各 6 Φ 18（$A_s = A_s' = 1527\text{mm}^2$）。试校核当 e_0 分别为 150mm、200mm、250mm、300mm 如已考虑纵向弯曲的影响时该截面受压承载力是否满足？

7-17 某桁架受拉弦杆的截面为矩形截面，$b \times h = 200\text{mm} \times 300\text{mm}$，设计使用年限为 50 年，环境类别为一类，截面的轴向拉力设计值 $N=225\text{kN}$，弯矩设计值 $M=22.5\text{kN·m}$，若采用 C30 混凝土，HRB400 级纵筋。试按受拉承载力要求计算该截面纵向受力钢筋（取 $a_s = a_s' = 40\text{mm}$）。

7-18 一钢筋混凝土矩形水池池壁厚 $h=150\text{mm}$，设计使用年限为 50 年，环境类别为一类，采用混凝土强度等级为 C30，钢筋为 HRB400 级；沿池壁 1m 高度的垂直截面上（取 $b=1000\text{mm}$）作用的轴向拉力设计值 $N=22.5\text{kN}$，平面外的弯矩设计值 $M=16.88\text{kN·m}$（池外侧受拉）。试确定该 1m 高的垂直截面中池壁内外所需的水平受力钢筋，并绘配筋图。

7-19 某钢筋混凝土框架柱，截面为矩形，$b \times h = 400\text{mm} \times 600\text{mm}$，柱净高 $H_n = 4.8\text{m}$，计算长度 $l_0 = 6.3\text{m}$，采用 C30 混凝土，HRB400 级纵向钢筋和 HPB300 级钢箍。若该柱柱端作用的内力设计值 $M=420\text{kN·m}$，$N=1250\text{kN}$，$V=350\text{kN}$，试求该截面配筋并绘配筋截面图（采用对称配筋，取 $a_s = a_s' = 45\text{mm}$）。

第八章　钢筋混凝土构件裂缝宽度和变形验算

提　　要

本章的重点是：

（1）了解钢筋混凝土结构构件荷载裂缝与非荷载裂缝形成的原因及相应的预防措施；了解钢筋混凝土构件荷载裂缝宽度（以下简称裂缝宽度）和变形验算的目的和条件；

（2）了解裂缝出现后钢筋和混凝土应变分布规律，裂缝宽度和截面抗弯刚度随荷载大小及其持续作用时间变化的特性；

（3）掌握钢筋混凝土构件荷载裂缝宽度和受弯构件挠度的计算方法。

本章的难点是：裂缝出现后裂缝宽度和截面抗弯刚度公式的建立过程。

第一节　概　　述

如前所述，结构构件除应满足承载能力极限状态的要求以保证其安全性外，还应满足正常使用极限状态的要求，以保证其适用性和耐久性。对于钢筋混凝土结构构件，裂缝的出现和开展使构件刚度降低，变形增大，当它处于有侵蚀性介质或高湿度环境中时，裂缝过宽将加速钢筋锈蚀，影响构件的耐久性。对于某些梁板构件，变形过大还将影响精密仪器的使用、吊车的正常运行、屋面的通畅排水以及引起非结构构件（如隔墙、顶棚、门窗、地面等）的损坏。同时，当裂缝宽度和挠度达到一定限值后，有损结构美观，造成不安全感。因此，钢筋混凝土构件除按前述章节进行承载力计算之外，还应进行裂缝宽度和挠度验算。

裂缝按其形成的原因可分两大类：一类是由荷载引起的裂缝；另一类是由非荷载因素引起的裂缝，如由材料收缩、温度变化、混凝土碳化（钢筋锈蚀膨胀）以及地基不均匀沉降等原因引起的裂缝。很多裂缝往往是几种因素共同作用的结果。调查表明，工程实践中结构物的裂缝，属于非荷载因素为主引起的约占80%，属于荷载为主引起的约占20%。

在钢筋混凝土结构构件中，荷载裂缝的方向与结构的受力状态有直接关系，一般与主拉应力方向垂直。如轴心受拉构件，由于全截面受拉，因而出现横向的贯穿全截面的裂缝（图8-1a）。偏心受拉构件，当偏心距较小时，与轴心受拉构件一样，出现横向的贯穿全截面的裂缝；当偏心距较大时，将仅在靠近轴向力一侧的受拉区出现横向裂缝（图8-1b）。偏心受压构件，当偏心距较大时，在远离轴向力一侧的受拉区出现横向裂缝（图8-1c）。简支受弯构件一般在跨中截面受拉区出现垂直裂缝，而在支座截面附近出现斜裂缝

（图 8-1d）。受扭构件在表面出现连续的斜裂缝，形成空间的螺旋状裂缝（图 8-1e）。荷载裂缝是由荷载产生的主拉应力超过混凝土的抗拉强度引起的。为控制荷载裂缝的宽度，应根据构件的使用要求和所处环境条件，按第二章关于正常使用极限状态进行裂缝宽度验算。本章关于裂缝宽度的验算，仅仅是指对荷载作用下的正截面裂缝宽度的控制。

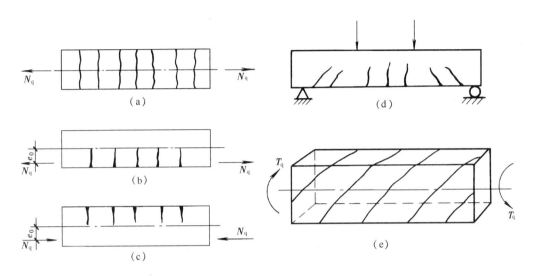

图 8-1　荷载裂缝

（a）轴心受拉；（b）偏心受拉；（c）偏心受压；（d）受弯；（e）受扭

在非荷载裂缝中，最常见的是温度收缩裂缝，它是混凝土干缩与冷缩共同作用的结果。由于内部或外部约束，当混凝土不能自由收缩时，会在混凝土内引起约束拉应力而产生裂缝。这种非荷载裂缝，从环境变化，变形的产生到约束应力的形成，裂缝的出现与开展等都不是在同一时间完成的，有一个"时间过程"，是一个多次产生和发展的过程。裂缝出现后早先被约束的变形得到释放或部分释放，约束应力随即消失或部分消失。这些是区别于荷载裂缝的主要特点。现有的试验资料表明，混凝土在一年内可完成总收缩值的 $60\% \sim 85\%$。因此，在实际工程中许多温度收缩裂缝在一年左右出现，对于上下有梁约束的现浇混凝土墙，这种裂缝的形状呈枣核形（图 8-2a）；对于与基础整体浇筑的基础梁，可形成若干根贯穿构件截面的裂缝（图 8-2b）。《规范》控制这类温度收缩裂缝采取的措施是，规定钢筋混凝土结构伸缩缝最大间距（表 8-1）和加强梁、板、墙的构造配筋。

在非荷载裂缝中，值得注意的另一种裂缝是由碳化引起的锈蚀膨胀裂缝。对于保护层较薄、混凝土密实性较差的构件，混凝土的碳化过程在较短时期就达到钢筋表面，混凝土失去对钢筋的保护作用，钢筋因锈蚀而体积增大，将混凝土胀裂，形成沿钢筋长度方向的顺筋锈蚀膨胀裂缝（图 8-2c）。这种裂缝的特点是"先锈后裂"，一旦出现问题已十分严重。《规范》控制这种裂缝的措施是，规定受力钢筋的混凝土保护层的最小厚度。

此外，在施工过程中，预应力混凝土 I 形薄腹梁受拉翼缘与腹板交界处可能出现贯穿的纵向裂缝；两端与柱焊接的折线形吊车梁在支座内折角处常出现斜裂缝（图 8-2d）；大体积混凝土结硬时，其水化热使构件外表面和内部形成较大的温差，因而在温度低的外表层出现垂直于构件表面的刀口状裂缝（图 8-2e）等。

钢筋混凝土结构伸缩缝最大间距（mm）　　表 8-1

结构类别		室内或土中	露天
排架结构	装配式	100	70
框架结构	装配式	75	50
	现浇式	55	35
剪力墙结构	装配式	65	40
	现浇式	45	30
挡土墙、地下室墙壁等类结构	装配式	40	30
	现浇式	30	20

注：1. 装配整体式结构的伸缩缝间距，可根据结构的具体情况取表中装配式结构与现浇式结构之间的数值；
　　2. 框架-剪力墙结构或框架核心筒结构房屋的局部伸缩缝间距，可根据结构的具体情况，取表中框架结构与剪力墙结构之间的数值；
　　3. 当屋面无保温或隔热措施时，框架结构、剪力墙结构的伸缩间距宜按表中露天栏的数值采用；
　　4. 现浇天沟、挑檐、雨篷等外露结构的局部伸缩缝间距不宜大于 12m。

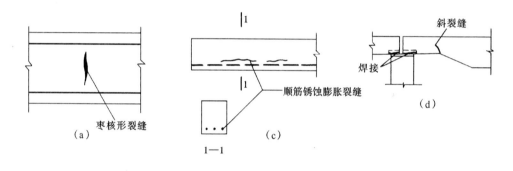

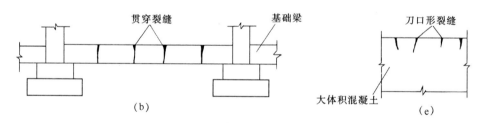

图 8-2　非荷载裂缝

（a）枣核形裂缝；（b）贯穿裂缝；（c）顺筋锈蚀膨胀裂缝；（d）斜裂缝；（e）刀口形裂缝

　　在实际工程中，应从结构设计方案、结构布置、结构计算、构造、施工、材料等方面采取措施，避免出现影响适用性和耐久性的各种裂缝。对于已出现的裂缝，则应善于根据裂缝的形状、部位、所处环境、配筋及结构形式以及对结构构件承载力危害程度等进行具体分析，作出安全、适用、经济的处理方案。

　　钢筋混凝土是非匀质、非弹性材料，因而其受弯构件的变形（挠度）不能直接应用弹性材料的公式计算，而裂缝更是钢筋混凝土结构固有的非弹性特性，必须在试验研究的基础上，建立钢筋混凝土构件裂缝宽度和受弯构件挠度的计算方法。

　　应该指出，裂缝宽度和挠度一般可分别用控制最大钢筋直径和最大跨高比来满足适用性和耐久性的要求。但是，对于采用较高强度的钢筋以及较小截面尺寸的大跨度的简支构件和悬臂构件，在使用荷载下钢筋应力较高，且常为变截面构件，其裂缝宽度和挠度的验算应给予足够重视。

还应指出，截面刚度的大小，不仅直接影响构件的挠度，而且还与超静定结构的内力及自振频率等问题密切相关。随着刚度（变形）计算方法的完善，许多与刚度有关的问题，也可获得更加准确的解答。

第二节　裂缝宽度验算

众所周知，混凝土是一种非匀质材料，其抗拉强度离散性较大，因而构件裂缝的出现和开展宽度也带有随机性，这就使裂缝宽度计算的问题变得比较复杂。对此，国内外从20世纪30年代开始进行研究，并提出各种不同的计算方法。这些方法大致可归纳为两种：一种是试验统计法，即通过大量的试验获得实测数据，然后通过回归分析得出各种参数对裂缝宽度的影响，再由数理统计建立包含主要参数的计算公式；另一种是半理论半经验法，即根据裂缝出现和开展的机理，在若干假定的基础上建立理论公式，然后根据试验资料确定公式中的参数，从而得到裂缝宽度的计算公式。《规范》采用的是后一种方法。

一、裂缝出现和开展过程

现以图 8-3（a）所示的轴心受拉构件为例说明裂缝出现和开展的过程。设 N_q 为按荷载效应准永久组合计算的轴向力，N_{cr} 为构件沿正截面的开裂轴向力，N 为任意荷载产生的轴向力。

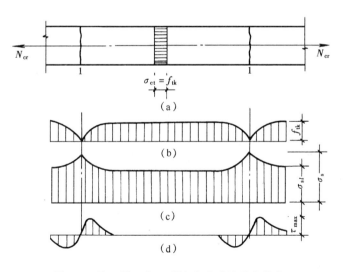

图 8-3　第一批（条）裂缝出现后的受力状态
（a）轴心受拉 σ_{ct} 沿截面高度分布；（b）σ_{ct} 沿构件长度方向分布；
（c）σ_s 沿构件长度方向分布；（d）τ 沿构件长度方向分布

如同第三章所述，当 $N < N_{cr}$ 时，正截面上混凝土法向拉应力 σ_{ct} 小于混凝土抗拉强度标准值 f_{tk}，截面应力状态处于第 I 阶段。

当加载到 $N=N_{cr}$ 时，理论上各截面的混凝土法向拉应力均达 f_{tk}，各截面均进入 I_a 阶段（出现裂缝的极限状态），裂缝即将出现。但实际上并非如此。由于混凝土的非匀质性，仅在混凝土最薄弱处，首先出现第一批（或第一条）裂缝（图 8-3a）。各截面原均匀分布的应力状态立即发生变化：裂缝截面混凝土退出抗拉工作（图 8-3b），受拉钢筋应力突然由 σ_{sl} 增加到 σ_s（图 8-3c）。离开裂缝的截面，由于混凝土与钢筋共同工作，通过它们之间的粘结应力 τ（图 8-3d），突增的钢筋应力又逐渐传给混凝土，使混凝土的应力逐渐恢复到 f_{tk}，而钢筋应力则逐渐降低到 σ_{sl}。

当继续少许加载时（$N=N_{cr}+\Delta N$），在离开裂缝截面一定距离的部位，由于轴向力引起的拉应力超过该处的混凝土抗拉强度标准值 f_{tk}，因而可能出现第二批（或条）裂缝（图 8-4a）。如上所述，此时，构件各截面应力又发生变化（图 8-4b、c、d、e）。当裂缝间距小到一定程度之后，离开裂缝的各截面混凝土的拉应力，已经不能通过粘结力再增大到该处的混凝土抗拉强度，即使轴向力增加，混凝土也再不会出现新的裂缝。当然，实际上构件难免还会出现一些新的微小裂缝，不过这些裂缝一般不会成为主要裂缝。因此，可以认为裂缝已基本稳定。这一过程可视为裂缝出现的过程。

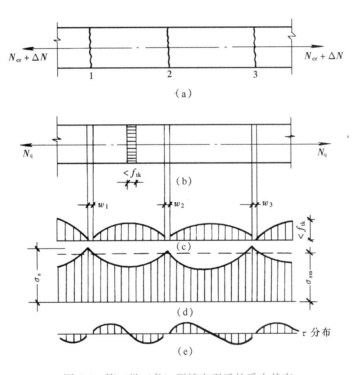

图 8-4　第二批（条）裂缝出现后的受力状态

（a）出现第二批（条）裂缝；（b）非均匀裂缝宽度；（c）σ_{ct} 分布图；（d）σ_s 分布图；（e）τ 分布图

当继续加载到 N_q，此时裂缝截面的钢筋应力与裂缝间截面钢筋应力差减小，裂缝间混凝土与钢筋的粘结应力降低，钢筋水平处混凝土的法向拉应力也随之减小，混凝土回缩，裂缝开展，各条裂缝在钢筋水平位置处达到各自的宽度（图 8-4b 中的 w_1、w_2、w_3），裂缝截面处钢筋应力增大到 σ_s，如图 8-4（d）所示。这一过程可视为裂缝开展的过程。

为了说明裂缝出现和开展的过程，对上述混凝土及钢筋的应力状态采用了理想化的图形。实际上，由于材料的非匀质性，这些曲线必然是不光滑的。

二、裂缝宽度的计算公式

（一）平均裂缝宽度 w_m

如前所述，在裂缝出现的过程中，存在一个裂缝基本稳定的阶段。因此，对于一根特定的构件，其平均裂缝间距 l_{cr} 可以用统计方法根据试验资料求得，相应地也存在一个平均裂缝宽度 w_m。

现仍以轴心受拉构件为例来建立平均裂缝宽度 w_m 的计算公式。

如图 8-5（a）所示，在轴向力 N_q 作用下，平均裂缝间距 l_{cr} 之间的各截面，由于混凝土承受的应力（应变）不同，相应的钢筋应力（应变）也发生变化，在裂缝截面混凝土退出工作，钢筋应变最大（图 8-5c）；中间截面由于粘结应力使混凝土应变恢复到最大值（图 8-5b），而钢筋应变最小。根据裂缝开展的粘结-滑移理论，认为裂缝宽度是由于钢筋与混凝土之间的粘结破坏，出现相对滑移，引起裂缝处混凝土回缩而产生的。因此，平均裂缝宽度 w_m，应等于平均裂缝间距 l_{cr} 之间沿钢筋水平位置处钢筋和混凝土总伸长之差，即

$$w_m = \int_0^{l_{cr}} (\varepsilon_s - \varepsilon_c) \mathrm{d}l$$

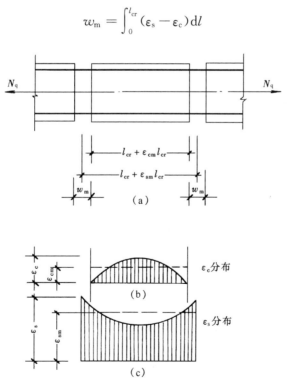

图 8-5 裂缝之间混凝土和钢筋的应变分布
（a）裂缝宽度计算简图；（b）ε_c 分布图；（c）ε_s 分布图

为计算方便，现将曲线应变分布简化为竖标为平均应变 ε_{sm} 和 ε_{cm} 的直线分布，如图 8-5（c）、图 8-5（b）所示，于是

$$w_m = (\varepsilon_{sm} - \varepsilon_{cm})l_{cr}$$

$$= \left(1 - \frac{\varepsilon_{cm}}{\varepsilon_{sm}}\right)\varepsilon_{sm}l_{cr} = \left(1 - \frac{\varepsilon_{cm}}{\varepsilon_{sm}}\right)\frac{\sigma_{cm}}{E_s}l_{cr} \tag{8-1}$$

令 $\alpha_c = 1 - \dfrac{\varepsilon_{cm}}{\varepsilon_{sm}}$、$\sigma_{sm} = \psi\sigma_s$，则

$$w_m = \alpha_c\psi\frac{\sigma_s}{E_s}l_{cr}$$

由试验得知对轴心受拉构件 $\varepsilon_{cm}/\varepsilon_{sm} \cong 0.15$，故 $\alpha_c = 1 - \varepsilon_{cm}/\varepsilon_{sm} = 1 - 0.15 = 0.85$，则式（8-1）为

$$w_m = 0.85\psi\frac{\sigma_s}{E_s}l_{cr} \tag{8-2}$$

上式不仅适用于轴心受拉构件，也同样适用于偏心受拉构件。式中 E_s 为钢筋弹性模量。但是，应该指出的是，按式（8-2）计算的 w_m，是指钢筋位置处的裂缝宽度，由于钢筋对混凝土的约束，使得截面上各点的裂缝宽度并非如图 8-5（a）所示处处相等。现将 l_{cr}、σ_s、ψ 的计算分述如下：

1. 平均裂缝间距 l_{cr}

理论分析及试验研究表明，裂缝间距主要取决于有效配筋率 ρ_{te}、钢筋直径 d 及其表面形状。此外，还与混凝土钢筋保护层厚度 c_s 有关。

有效配筋率 ρ_{te} 是指按有效受拉混凝土截面面积 A_{te} 计算的纵向受拉钢筋的配筋率，即

$$\rho_{te} = A_s/A_{te} \tag{8-3}$$

有效受拉混凝土截面面积 A_{te} 按下列规定取用：

对轴心受拉构件，A_{te} 取构件截面面积；

对受弯、偏心受压和偏心受拉构件，取

$$A_{te} = 0.5bh + (b_f - b)h_f \tag{8-4}$$

式中 b——矩形截面宽度，T 形和 I 形截面腹板厚度；

h——截面高度；

b_f、h_f——分别为受拉翼缘的宽度和高度。

对于矩形、T 形、倒 T 形及 I 形截面，A_{te} 的取用见图 8-6（a）、（b）、（c）、（d）所示的阴影面积。

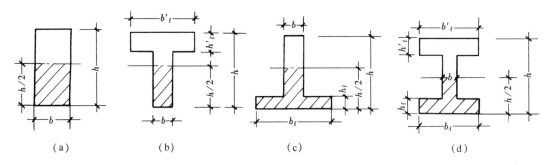

图 8-6 有效受拉混凝土截面面积（图中阴影部分面积）

试验表明，有效配筋率 ρ_{te} 愈高，钢筋直径 d 愈小，则裂缝愈密，其宽度愈小。随着混凝土钢筋保护层 c_s 的增大，外表混凝土比靠近钢筋的内部混凝土所受约束要小。因此，

当构件出现第一批（条）裂缝后，保护层大的与保护层小的相比，只有在离开裂缝截面较远的地方，外表混凝土的拉应力才能增大到其抗拉强度，才可能出现第二批（条）裂缝，其间距 l_{cr} 将相应增大。

根据试验结果，平均裂缝间距可按下列半理论半经验公式计算

$$l_{cr} = \beta\left(1.9c_s + 0.08\frac{d_{eq}}{\rho_{te}}\right) \tag{8-5a}$$

$$d_{eq} = \frac{\sum n_i d_i^2}{\sum n_i \nu_i d_i} \tag{8-5b}$$

式中　β——系数，对轴心受拉构件取 $\beta = 1.1$，对受弯、偏心受压、偏心受拉构件取 $\beta = 1.0$；

　　　c_s——最外层纵向受拉钢筋外边缘至受拉区底边的距离（mm），当 $c_s < 20$ 时，取 $c_s = 20$，当 $c_s > 65$ 时，取 $c_s = 65$；

　　　ν_i——受拉区第 i 种纵向钢筋的相对粘结特性系数，光面钢筋为 0.7，带肋钢筋为 1.0；

　　　d_i——受拉区第 i 种纵向钢筋的公称直径（mm）；

　　　n_i——受拉区第 i 种纵向钢筋的根数；

　　　d_{eq}——受拉区纵向钢筋的等效直径（mm），当只采用一种等直径的纵向钢筋时，$d_{eq} = d/\nu$。

2. 裂缝截面钢筋应力 σ_{sk}

在荷载准永久组合作用下，构件裂缝截面处纵向受拉钢筋的应力，根据使用阶段（Ⅱ阶段）的应力状态（图 8-7），可按下列公式计算

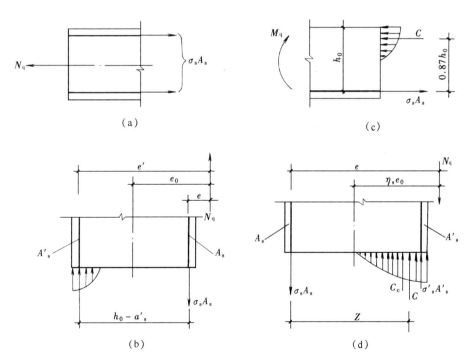

图 8-7　构件使用阶段的截面应力状态

（a）轴心受拉；（b）偏心受拉；（c）受弯；（d）偏心受压

（1）轴心受拉（图 8-7a）

$$\sigma_s = \frac{N_q}{A_s} \tag{8-6a}$$

（2）偏心受拉（图 8-7b）

$$\sigma_s = \frac{N_q e'}{A_s(h_0 - a'_s)} \tag{8-6b}$$

（3）受弯（图 8-7c）

$$\sigma_s = \frac{M_q}{0.87 h_0 A_s} \tag{8-6c}$$

（4）偏心受压（图 8-7d）

$$\sigma_s = \frac{N_q(e - z)}{A_s z} \tag{8-6d}$$

$$z = \left[0.87 - 0.12(1 - \gamma'_f)\left(\frac{h_0}{e}\right)^2 \right] h_0 \tag{8-6e}$$

$$e = \eta_s e_0 + y_s \tag{8-6f}$$

$$\eta_s = 1 + \frac{1}{4000 e_0 / h_0}\left(\frac{l_0}{h}\right)^2 \tag{8-6g}$$

当 $\frac{l_0}{h} \leqslant 14$ 时，可取 $\eta_s = 1.0$

以上式中

A_s——受拉区纵向钢筋截面面积：对轴心受拉构件，A_s 取全部纵向钢筋截面面积；对偏心受拉构件，A_s 取受拉较大边的纵向钢筋截面面积；对受弯构件和偏心受压构件，A_s 取受拉区纵向钢筋截面面积；

e'——轴向拉力作用点至受压区或受拉较小边纵向钢筋合力点的距离；

e——轴向压力作用点至纵向受拉钢筋合力点的距离；

z——纵向受拉钢筋合力点至受压区合力点之间的距离，且 $z \leqslant 0.87 h_0$；

η_s——使用阶段的轴向压力偏心距增大系数，当 l_0/h 不大于 14 时，取 1.0；

y_s——截面重心至纵向受拉钢筋合力点的距离，对矩形截面 $y_s = h/2 - a_s$；

γ'_f——受压翼缘截面面积与腹板有效面积之比值：$\gamma'_f = \dfrac{(b'_f - b) h'_f}{b h_0}$，其中，$b'_f$、$h'_f$ 为受压翼缘的宽度、高度，当 $h'_f > 0.2 h_0$ 时，取 $h'_f = 0.2 h_0$。

3. 钢筋应变不均匀系数 ψ

系数 ψ 为裂缝之间钢筋的平均应变（或平均应力）与裂缝截面钢筋应变（或应力）之比，即

$$\psi = \sigma_{sm}/\sigma_s = \varepsilon_{sm}/\varepsilon_s$$

系数 ψ 愈小，裂缝之间的混凝土协助钢筋抗拉作用愈强；当系数 $\psi = 1$，即 $\sigma_{sm} = \sigma_s$ 时，裂缝截面之间的钢筋应力等于裂缝截面的钢筋应力，钢筋与混凝土之间的粘结应力完全退化，混凝土不再协助钢筋抗拉。因此，系数 ψ 的物理意义是，反映裂缝之间混凝土协助钢筋抗拉工作的程度。《规范》规定，该系数可按下列经验公式计算

$$\psi = 1.1 - \frac{0.65 f_{tk}}{\rho_{te} \sigma_s} \tag{8-7}$$

式中 f_{tk}——混凝土抗拉强度标准值。

为避免过高估计混凝土协助钢筋抗拉的作用,当按式(8-7)算得的 $\psi < 0.2$ 时,取 $\psi = 0.2$。当 $\psi > 1.0$ 时,取 $\psi = 1.0$。对直接承受重复荷载的构件,$\psi = 1.0$。

(二)最大裂缝宽度 w_{max}

由于混凝土的非匀质性及其随机性,裂缝并非均匀分布,具有较大的离散性。因此,在荷载准永久组合作用下,其短期最大裂缝宽度应等于平均裂缝宽度 w_m 乘以荷载短期效应裂缝扩大系数 τ_s。根据可靠概率为 95% 的要求,该系数可由实测裂缝宽度分布直方图的统计分析求得:对于轴心受拉和偏心受拉构件 $\tau_s = 1.9$;对于受弯和偏心受压构件 $\tau_s = 1.5$。此外,最大裂缝宽度 w_{max} 尚应考虑在荷载准永久组合作用下,由于受拉区混凝土应力松弛和滑移徐变,裂缝间受拉钢筋平均应变还将继续增长;同时混凝土收缩,也使裂缝宽度有所增大。因此,短期最大裂缝宽度还需乘上荷载长期效应裂缝扩大系数 τ_l。考虑到短期效应与长期效应的组合作用,尚需乘以组合系数 α_{sl}。对各种受力构件,《规范》均取 $\alpha_{sl}\tau_l = 0.9 \times 1.66 \approx 1.5$。这样,最大裂缝宽度为

$$w_{max} = \tau_s \alpha_{sl} \tau_l w_m$$

将式(8-1)和式(8-5a)代入上式可得

$$w_{max} = \alpha_c \tau_s \alpha_{sl} \tau_l \beta \psi \frac{\sigma_s}{E_s}\left(1.9 c_s + 0.08 \frac{d_{eq}}{\rho_{te}}\right)$$

令

$$\alpha_{cr} = \alpha_c \tau_s \alpha_{sl} \tau_l \beta \tag{8-8}$$

式中 α_c——裂缝间混凝土伸长对裂缝宽度的影响系数,轴心和偏心受拉构件为 0.85,受弯和偏心受压构件为 0.77。

即可得到用于各种受力构件正截面最大裂缝宽度的统一的计算公式

$$w_{max} = \alpha_{cr} \psi \frac{\sigma_s}{E_s}\left(1.9 c_s + 0.08 \frac{d_{eq}}{\rho_{te}}\right) \tag{8-9}$$

式中 α_{cr}——构件受力特征系数,利用式(8-8)和前述数据可算得:

对轴心受拉构件 $\alpha_{cr} = 2.7$;

对偏心受拉构件 $\alpha_{cr} = 2.4$;

对受弯和偏心受压构件 $\alpha_{cr} = 1.9$。

在计算最大裂缝宽度时,按式(8-3)算得的 $\rho_{te} < 0.01$ 时,《规范》规定应取 $\rho_{te} = 0.01$。这一规定是基于目前对低配筋构件的试验和理论研究尚不充分的缘故。

对 $e_0/h_0 \leqslant 0.55$ 的偏心受压构件,可不作裂缝宽度验算。

钢筋混凝土构件裂缝的最大宽度应符合下列规定:

$$w_{max} \leqslant w_{lim} \tag{8-10}$$

式中 w_{max}——按荷载准永久组合并考虑长期作用影响的最大裂缝宽度;

w_{lim}——最大裂缝宽度限值;按附表 1-11 采用。

式(8-10)是式(2-4)在裂缝宽度计算中的具体形式。w_{max} 相当于式(2-4)中的 S,w_{lim} 相当于式(2-4)中的 C。

由附表 1-11 可知,钢筋混凝土结构裂缝控制等级为三级,对处于一般室内正常环境(一类)$w_{lim} = 0.3mm$,对处于二、三类环境 $w_{lim} = 0.2mm$。该限值仅用于验算荷载作用引起的最大裂缝宽度。

在验算裂缝宽度时，构件的材料、截面尺寸及配筋、按荷载准永久组合计算的钢筋应力，即式（8-9）中的 ψ、E_s、σ_s、ρ_{te} 均为已知，而 c_s 值按构造一般变化很小，故 w_{max} 主要取决于 d、ν 这两个参数。因此，当计算得出 $w_{max} > w_{lim}$ 时，宜选择较细直径的变形钢筋，以增大钢筋与混凝土接触的表面积，提高钢筋与混凝土的粘结强度。但钢筋直径的选择也要考虑施工方便。

如采用上述措施不能满足要求时，也可增加钢筋截面面积 A_s，加大有效配筋率 ρ_{te}，从而减小钢筋应力 σ_s 和裂缝间距 l_{cr}。改变截面形式和尺寸，提高混凝土强度等级，效果甚差，一般不宜采用。

【例 8-1】 某钢筋混凝土屋架下弦按轴心受拉构件设计，其端节间最大的荷载基本组合值 $N = 238kN$（已考虑安全等级提高一级），荷载准永久组合值 $N_q = 175kN$。截面尺寸 $b \times h = 200mm \times 140mm$，混凝土强度等级为 C30（$f_{tk} = 2.01N/mm^2$），钢筋为 HRB400 级（$f_y = 360N/mm^2$），最大裂缝宽度限值 $w_{lim} = 0.2mm$，混凝土保护层 $c_s = 25mm$。试计算该构件的纵向受拉钢筋。

【解】 **1. 满足承载力要求的配筋计算**

$$A_{s,u} = \frac{N}{f_y} = \frac{238000}{360} = 661mm^2$$

$$A_{s,min} = \rho_{min}bh = 0.0015 \times 200 \times 140 = 42mm^2$$

选配 4 Φ 16，$A_s = 804mm^2$

2. 裂缝宽度验算

$$\sigma_s = \frac{N_q}{A_s} = \frac{175000}{804} = 218N/mm^2$$

$$\rho_{te} = \frac{A_s}{A_{te}} = \frac{804}{200 \times 140} = 0.0287 > 0.01$$

$$\psi = 1.1 - \frac{0.65 f_{tk}}{\rho_{te}\sigma_s} = 1.1 - \frac{0.65 \times 2.01}{0.0287 \times 218} = 0.89$$

$$w_{max} = 2.7\psi \frac{\sigma_s}{E_s}\left(1.9c_s + 0.08\frac{d_{eq}}{\rho_{te}}\right)$$

$$= 2.7 \times 0.89 \times \frac{218}{2 \times 10^5} \times \left(1.9 \times 25 + 0.08 \times \frac{16}{0.0287}\right)$$

$$= 0.24mm > 0.2mm \text{（不满足）}$$

3. 变化配筋重新验算

改配 4 Φ 18，$A_s = 1017mm^2$

$$\sigma_s = \frac{175000}{1017} = 172N/mm^2$$

$$\rho_{te} = \frac{1017}{200 \times 140} = 0.0363$$

$$\psi = 1.1 - \frac{0.65 \times 2.01}{0.0363 \times 172} = 0.89$$

$$W_{max} = 2.7 \times 0.89 \times \frac{172}{2 \times 10^5} \times \left(1.9 \times 25 + 0.08 \times \frac{18}{0.0363}\right) = 0.18mm \leqslant 0.2mm \text{（满足）}$$

如改配 8 Φ 12，$A_s = 904mm^2$，可算得 $w_{max} = 0.18mm < w_{lim} = 0.2mm$（满足）

由本例可知，减小钢筋直径和提高有效配筋率是满足裂缝宽度要求的有效措施。钢筋直径由 18mm 减小为 12mm，可节约钢筋 11.1%，但根数不宜过多，以方便施工。此外由本例还可知：当截面配筋由最大裂缝宽度限值控制时，采用 HRB500 级钢筋，配筋数量相同。因此，本例不宜采用强度更高的钢筋配筋。

【例 8-2】 一矩形水池池壁某 1m 高垂直截面上按荷载准永久组合计算的轴向拉力 $N_q=18kN$，弯矩 $M_q=13.5kN·m$，最大裂缝宽度限值 $w_{lim}=0.2mm$，混凝土强度等级为 C25（$f_{tk}=1.78N/mm^2$），钢筋为 HPB300 级（$E_s=210kN/mm^2$），混凝土保护层厚度 $c_s=25mm$，水池壁厚 $h=150mm$，垂直截面按偏心受拉构件正截面承载力计算的结果如图 8-8所示（外侧配 ϕ 12@140，每米长度上的钢筋截面面积 $A_s=808mm^2$）。试验算裂缝宽度是否满足要求。

【解】 $e_0=\dfrac{M_q}{N_q}=\dfrac{13500000}{18000}=750mm$

$e'=e_0+\dfrac{h}{2}-a'_s$

$\quad=750+\dfrac{150}{2}-31=794mm$

$\sigma_s=\dfrac{N_q e'}{A_s\,(h_0-a'_s)}$

$\quad=\dfrac{18000\times794}{808\times(119-31)}$

$\quad=201N/mm^2$

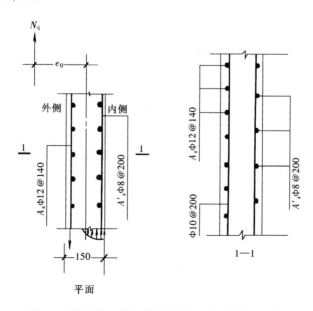

图 8-8 满足偏心受拉构件承载力要求的截面配筋

$\rho_{te}=\dfrac{A_s}{A_{te}}=\dfrac{808}{0.5\times1000\times150}=0.0108>0.01$

$c_s=25mm>20mm$，取 $c_s=25mm$

$d=12mm$，HPB300 级钢筋，$\nu=0.7$，$E_s=210kN/mm^2$

$$\psi = 1.1 - \frac{0.65 \times 1.78}{0.0108 \times 201} = 0.567$$

$$w_{max} = 2.4\psi \frac{\sigma_s}{E_s}\left(1.9c_s + 0.08\frac{d_{eq}/\nu}{\rho_{te}}\right)$$

$$= 2.4 \times 0.567 \times \frac{201}{2.1 \times 10^5} \times \left(1.9 \times 25 + 0.08 \times \frac{12/0.7}{0.0108}\right)$$

$$= 0.227\text{mm} > [w_{lim}] = 0.2\text{mm}（不满足）$$

配筋改为Φ 12@100，$A_s = 1131\text{mm}^2$，相应的 $\sigma_s = 144\text{N/mm}^2$，$\rho_{te} = 0.0151 > 0.01$，$\psi = 0.568$，故

$$w_{max} = 2.4 \times 0.568 \times \frac{144}{210000} \times \left(1.9 \times 25 + 0.08 \times \frac{12/0.7}{0.0151}\right)$$

$$= 0.129\text{mm} < [w_{lim}] = 0.2\text{mm}（满足）$$

【例 8-3】 某简支梁计算跨长 $l_0 = 7\text{m}$，矩形截面尺寸 $b \times h = 250\text{mm} \times 700\text{mm}$，混凝土强度等级为 C30（$E_c = 3.0 \times 10^4\text{N/mm}^2$，$f_{tk} = 2.01\text{N/mm}^2$，$h_0 = 659\text{mm}$），钢筋为 HRB400 级（$E_s = 200\text{kN/mm}^2$），承受均布恒荷载标准值（含梁自重）$g_k = 19.24\text{kN/m}$，均布活荷载准永久值 $q_q = 10.5\text{kN/m}$（活荷载标准值乘以准永久值系数）。通过正截面受弯承载力计算，已选定纵向受拉钢筋为 $2\Phi22 + 2\Phi20$（$A_s = 1388\text{mm}^2$，$h_0 = 659\text{mm}$）。该梁处于室内正常环境，裂缝宽度限值 $w_{lin} = 0.3\text{mm}$，试验算其裂缝宽度是否满足要求。

【解】 恒荷载标准值引起的跨中最大弯矩

$$M_{gk} = \frac{1}{8}g_k l_0^2 = \frac{1}{8} \times 19.24 \times 7.0^2 = 117.85\text{kN} \cdot \text{m}$$

活荷载准永久值引起的跨中最大弯矩

$$M_q = \frac{1}{8}q_q l_0^2 = \frac{1}{8} \times 10.5 \times 7.0^2 = 64.31\text{kN} \cdot \text{m}$$

按荷载效应准永久组合计算的跨中最大弯矩

$$M_{q,max} = M_{gk} + M_q = 117.85 + 64.31 = 182.16\text{kN} \cdot \text{m}$$

根据式（8-6c），裂缝截面的钢筋应力

$$\sigma_s = \frac{M_{q,max}}{0.87h_0 A_s} = \frac{182160000}{0.87 \times 659 \times 1388} = 229\text{N/mm}^2$$

有效配筋率

$$\rho_{te} = \frac{A_s}{A_{te}} = \frac{1388}{0.5 \times 250 \times 700} = 0.0159 > 0.01$$

钢筋应变不均匀系数

$$\psi = 1.1 - \frac{0.65f_{tk}}{\rho_{te}\sigma_s} = 1.1 - \frac{0.65 \times 2.01}{0.0159 \times 229} = 0.741$$

混凝土保护层厚度按构造要求 $c_s = 25\text{mm} > 20\text{mm}$，HRB400 级钢筋 $\nu = 1.0$，钢筋等效直径 $d_{eq} = (2 \times 20^2 + 2 \times 22^2)/(2 \times 1 \times 20 + 2 \times 1 \times 22) = 21\text{mm}$，于是根据式（8-9）可得

$$w_{max} = 1.9 \times 0.741 \times \frac{229}{200000} \times \left(1.9 \times 25 + 0.08 \times \frac{21}{0.0159}\right)$$

$$= 0.25\text{mm} < w_{lim} = 0.3\text{mm}（满足）$$

【例 8-4】　某处于室内正常环境中的简支圆孔板，截面尺寸及配筋如图 8-9 所示。板计算跨度 $l_0=3.18$m，承受均布恒荷载准永久值 $g_q=2.5$kN/m^2，均布活荷载准永久值 $q_q=4.0$kN/m^2，混凝土强度等级为 C30，钢筋为 HPB300 级，试验算其裂缝宽度。

【解】　先根据截面面积和惯性矩相等的条件，将圆孔截面换算成矩形孔截面，即

$$b_1 h_1 = \frac{\pi d^2}{4} = \frac{\pi \times 80^2}{4}$$

$$\frac{1}{12} b_1 h_1^3 = \frac{\pi d^4}{64} = \frac{\pi \times 80^4}{64}$$

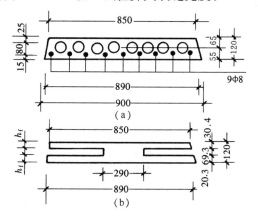

联立解上两式得 $b_1=72.5$mm，$h_1=69.3$mm。

由矩形孔与圆形孔重心不变的条件，可得换算 I 形截面，如图 8-9（b）所示，图中

$$h_f'=65-\frac{1}{2} \times 69.3=30.4\text{mm}$$

$$h_f=120-30.4-69.3=20.3\text{mm}$$

$$b=(890+850)/2-72.5 \times 8=290\text{mm}$$

图 8-9　圆孔板的截面尺寸、配筋及换算 I 形截面
(a) 圆孔板实际截面；(b) 换算 I 形截面

受拉区配置 9φ8，$A_s=453$mm^2，$h_0=120-15=105$mm，板宽 900mm（标志尺寸），则 1m 长度内均布恒荷载标准值和活荷载准永久值之和为

$$g_k+q_q=0.9(2.5+4.0)=5.85\text{kN/m}$$

按荷载效应准永久组合计算的跨中最大弯矩为

$$M_{q,\text{max}}=\frac{1}{8}(g_k+q_q)l_0^2=\frac{1}{8} \times 5.85 \times 3.18^2=7.4\text{kN} \cdot \text{m}$$

$$\sigma_s=\frac{M_{q,\text{max}}}{0.87h_0 A_s}=\frac{7400000}{0.87 \times 105 \times 453}=179\text{N/mm}^2$$

$$\rho_{te}=\frac{A_s}{A_{te}}=\frac{453}{(890-290) \times 20.3+0.5 \times 290 \times 120}$$
$$=0.0153>0.01$$

$$\psi=1.1-\frac{0.65f_{tk}}{\rho_{te}\sigma_s}=1.1-\frac{0.65 \times 2.01}{0.0153 \times 179}=0.623$$

混凝土保护层厚度 $c_s=15$mm<20mm，取 $c_s=20$mm，HPB300 级光面钢筋，$\nu=0.7$，$E_s=210$kN/mm^2，故最大裂缝宽度

$$w_{\text{max}}=1.9\psi \frac{\sigma_s}{E_s} \times \left(1.9c_s+0.08\frac{d/\nu}{\rho_{te}}\right)$$

$$=1.9 \times 0.623 \times \frac{179}{210000} \times \left(1.9 \times 20+0.08 \times \frac{8/0.7}{0.0153}\right)$$

$$=0.10\text{mm}<w_{\text{lim}}=0.3\text{mm（满足）}$$

【例 8-5】　已知处于室内正常环境的一矩形截面偏心受压柱截面尺寸 $b \times h=400$mm$\times$600mm，对称配筋 $A_s'=A_s=1520$mm^2（4φ22）HRB400 级钢筋（$E_s=200$kN/mm^2），混凝土为 C30（$f_{tk}=2.01$N/mm^2），保护层厚度 $c_s=28$mm，按荷载准永久组合计算的轴向压力 $N_q=405$kN，弯矩 $M_q=210$kN$\cdot$m，柱的计算长度 $l_0=4.5$m，试验算裂缝宽度是否符合最大裂缝宽度限值 $w_{\text{lim}}=0.3$mm 的要求。

【解】　$e_0 = \dfrac{M_q}{N_q} = \dfrac{210000}{405} = 519\text{mm}$

$a_s = a'_s = c_s + \dfrac{d}{2} = 28 + \dfrac{22}{2} = 39\text{mm}$

$h_0 = h - a_s = 600 - 39 = 561\text{mm}$

$\dfrac{e_0}{h_0} = \dfrac{519}{561} = 0.925 > 0.55$，需做裂缝宽度验算。

$\dfrac{l_0}{h} = \dfrac{4500}{600} = 7.5 < 14$，取 $\eta_s = 1.0$

$e = \eta_s e_0 + \dfrac{h}{2} - a'_s = 519 + \dfrac{600}{2} - 39 = 780\text{mm}$

$z = \left[0.87 - 0.12 \times \left(\dfrac{h_0}{e} \right)^2 \right] h_0 = \left[0.87 - 0.12 \times \left(\dfrac{561}{780} \right)^2 \right] \times 561 = 453\text{mm}$

$\sigma_s = \dfrac{N_q(e-z)}{A_s z} = \dfrac{405000 \times (780 - 453)}{1520 \times 453} = 192.3\text{N/mm}$

$\rho_{te} = \dfrac{A_s}{A_{te}} = \dfrac{1520}{0.5 \times 400 \times 600} = 0.0127 > 0.01$

$\psi = 1.1 - \dfrac{0.65 f_{tk}}{\rho_{te} \sigma_s} = 1.1 - \dfrac{0.65 \times 2.01}{0.0127 \times 192.3} = 0.565$

$w_{max} = 1.9 \psi \dfrac{\sigma_s}{E_s} \left(1.9 c_s + 0.08 \dfrac{d/\nu}{\rho_{te}} \right)$

$\qquad = 1.9 \times 0.565 \times \dfrac{192.3}{200000} \times \left(1.9 \times 28 + 0.08 \times \dfrac{22}{0.0127} \right)$

$\qquad = 0.20\text{mm} < w_{lim} = 0.3\text{mm}$（满足）

第三节　受弯构件挠度验算

一、钢筋混凝土受弯构件挠度计算的特点

承受均布荷载 $g_k + q_k$ 的简支弹性梁，其跨中挠度为

$$a_f = \frac{5(g_k + q_k)l_0^4}{384EI} = \frac{5M_k l_0^2}{48EI}$$

式中 EI 为匀质弹性材料梁的抗弯刚度。

当梁的材料、截面和跨度一定时，挠度与弯矩呈线性关系，如图 8-10 中的虚线所示。

钢筋混凝土梁的挠度与弯矩的关系是非线性的，因为梁的截面刚度不仅随弯矩变化（图 8-10b），而且随荷载持续作用的时间变化（图 8-11），因此不能用 EI 这个常量来表示。通常用 B_s 表示钢筋混凝土梁在荷载标准组合作用下的截面抗弯刚度，简称短期刚度；而用 B 表示按荷载标准组合并考虑荷载长期作用影响的截面抗弯刚度。

由于在钢筋混凝土受弯构件中可采用平截面假定，故在变形计算中可以直接引用材料力学中的计算公式。唯一不同的是，钢筋混凝土受弯构件的抗弯刚度不再是常量 EI，而是变量 B。例如，承受均布荷载 $g_k + q_k$ 的钢筋混凝土简支梁，其跨中挠度

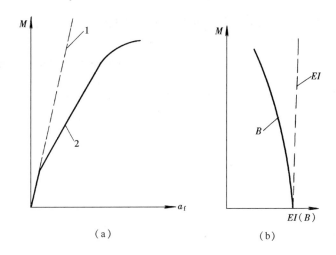

图 8-10　M-a_f 与 M-EI（B）的关系曲线

（a）M-a_f 关系曲线；（b）M-EI（B）关系曲线

1—均匀弹性材料梁；2—钢筋混凝土适筋梁

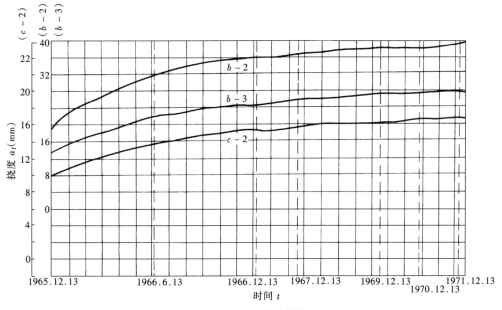

图 8-11　a_f-t 关系曲线

$$a_f = \frac{5(g_k + q_k)l_0^4}{384B} = \frac{5M_k l_0^2}{48B} \tag{8-11}$$

由此可见，钢筋混凝土受弯构件的变形计算问题实质上是如何确定其抗弯刚度的问题。

下面，先分别在解决短期刚度 B_s 和刚度 B 计算的基础上，然后讨论钢筋混凝土受弯构件变形的计算方法。

二、短期刚度 B_s 的计算

受弯构件的抗弯刚度反映其抵抗弯曲变形的能力。如图 5-1 中的 CD 纯弯段，当弯矩一定时，截面抗弯刚度大，则其弯曲变形（如曲率）小；反之，弯曲变形大。因此，弯矩作用下的截面曲率与其刚度有关。从几何关系分析曲率是由构件截面受拉区伸长、受压区缩短形成的。显然，截面拉、压变形愈大，其曲率也愈大。如果知道截面受拉区和受压区的应变值则能求得其曲率，再根据相应的弯矩与曲率的关系，即可定钢筋混凝土受弯构件的截面刚度。

由材料力学可知，匀质弹性材料梁的弯矩 M 和曲率 $\frac{1}{r}$ 的关系为

$$\frac{1}{r} = \frac{M}{EI} \tag{8-12a}$$

或

$$EI = \frac{M}{\frac{1}{r}} \tag{8-12b}$$

式中 r 为截面曲率半径；$1/r$ 即为截面曲率。刚度 EI 也就是 M-$1/r$ 曲线的斜率（图 8-12）。

试验表明，钢筋混凝土适筋梁 M-$1/r$ 曲线的斜率随弯矩增大而减小（图 8-12）。如果把实测的抗弯刚度（即实测 M-$1/r$ 曲线的斜率）与按换算截面惯性矩 I_0 和混凝土弹性模量 E_c 求得的抗弯刚度 $E_c I_0$ 相比较，则可知即使在未开裂之前的第 I 阶段，由于混凝土在受拉区已经表现出一定的塑性，实测抗弯刚度已经较 $E_c I_0$ 为低。在混凝土未裂之前，通常可偏安全地取钢筋混凝土构件的短期刚度为

$$B_s = 0.85 E_c I_0 \tag{8-12c}$$

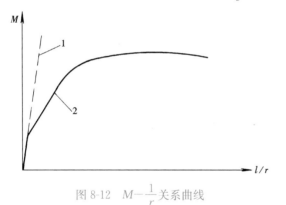

图 8-12　M—$\frac{1}{r}$ 关系曲线

1—均质弹性材料梁；2—钢筋混凝土适筋梁

构件受拉区混凝土开裂后，由于裂缝截面受拉区混凝土逐步退出工作，截面抗弯刚度比第 I 阶段的明显下降。钢筋混凝土受弯构件一般允许带裂缝工作，因此，其变形（刚度）计算就以第 II 阶段的应力应变状态为根据。

现仍以图 5-1 所示的适筋构件纯弯段 CD 为分析对象。

在荷载效应标准组合作用下，该区段内裂缝基本稳定，裂缝分布实际上并不十分均匀，但可理想化为如图 8-13 所示均匀分布状态，其间距 l_{cr} 可视为平均裂缝间距。

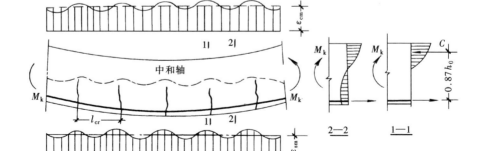

图 8-13　构件中混凝土和钢筋应变分布

裂缝出现后，受压混凝土和受拉钢筋的应变沿构件长度方向的分布是不均匀的(图 8-13)，中和轴呈波浪状，曲率分布也是不均匀的：裂缝截面曲率最大；裂缝中间截面曲率最小。为简化计算，截面上的应变、中和轴位置、曲率均采用平均值。若以裂缝平均间距 l_{cr} 为一计算单元(图 8-14)，根据平截面假定，其受拉钢筋伸长 Δ_s 为：

$$\Delta_s = \varepsilon_{sm} l_{cr}$$

受压边缘混凝土缩短 Δ_c 为：

$$\Delta_c = \varepsilon_{cm} l_{cr}$$

由图 8-14 可知，由于三角形 oab 与三角形 $o'a'b'$ 相似，利用几何关系即可得出

$$\frac{l_{cr}}{r} = \frac{\Delta_c + \Delta_s}{h_0} = \frac{(\varepsilon_{cm} + \varepsilon_{sm})l_{cr}}{h_0}$$

故

$$\frac{1}{r} = \frac{\varepsilon_{cm} + \varepsilon_{sm}}{h_0} \qquad (8\text{-}13)$$

而曲率 $1/r$ 与弯矩 M_k 和刚度 B_s 有如下关系

$$\frac{1}{r} = \frac{M_k}{B_s} \qquad (8\text{-}14)$$

将式 (8-13) 代入式 (8-14) 并整理得

$$B_s = \frac{M_k h_0}{\varepsilon_{cm} + \varepsilon_{sm}} \qquad (8\text{-}15)$$

式中 ε_{sm} 为裂缝截面之间受拉钢筋的平均应变，ε_{cm} 为裂缝截面之间受压区混凝土边缘的平均应变。

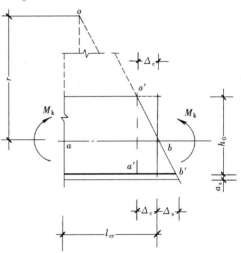

图 8-14　截面曲率计算简图

由前述可知，ε_{sm} 的计算公式为

$$\varepsilon_{sm} = \psi \varepsilon_s = \psi \frac{\sigma_s}{E_s} = \psi \frac{M_k}{\eta h_0 A_s E_s} \qquad (8\text{-}16)$$

而 ε_{cm} 则可按下式计算

$$\varepsilon_{cm} = \frac{\sigma_{cm}}{E_c} = \frac{M_k}{\zeta b h_0^2 E_c} \qquad (8\text{-}17)$$

式中 ζ 为确定受压边缘混凝土平均应变的抵抗矩系数，它综合反映受压区混凝土塑性、应力图形完整性、内力臂系数及裂缝间混凝土应变不均匀性等因素的影响，故又称综合影响系数。

将式 (8-16) 和式 (8-17) 代入式 (8-15) 得

$$B_s = \frac{h_0}{\dfrac{1}{\zeta b h_0^2 E_c} + \dfrac{\psi}{\eta h_0 A_s E_s}} \qquad (8\text{-}18)$$

以 $E_s h_0 A_s$ 同乘分子和分母，并取 $\alpha_E = E_s/E_c$，$\rho = A_s/bh_0$，同时近似地取 $\eta = 0.87$，即得

$$B_s = \frac{E_s A_s h_0^2}{1.15\psi + \dfrac{\alpha_E \rho}{\zeta}} \qquad (8\text{-}19)$$

通过常见截面受弯构件实测结果的分析，可取

$$\frac{\alpha_E \rho}{\zeta} = 0.2 + \frac{6\alpha_E \rho}{1 + 3.5\gamma_f'}$$

从而可得矩形、T 形、倒 T 形、I 形截面受弯构件短期刚度的公式

$$B_s = \frac{E_s A_s h_0^2}{1.15\psi + 0.2 + \dfrac{6\alpha_E \rho}{1 + 3.5\gamma'_f}} \tag{8-20}$$

式中 ψ 按式（8-7）计算；ρ 为按有效截面面积 bh_0 计算的纵向受拉钢筋配筋率；γ'_f 为 T 形、I 形截面受压翼缘面积与腹板有效面积之比，计算公式为

$$\gamma'_f = \frac{(b'_f - b)h'_f}{bh_0} \tag{8-21}$$

b'_f、h'_f 分别为截面受压翼缘的宽度和高度，当 $h'_f > 0.2h_0$ 时，取 $h'_f = 0.2h_0$。

三、刚度 B 的计算

如前所述，当构件在持续荷载作用下，其挠度将随时间而不断缓慢增长（图 8-11）。这也可理解为构件的抗弯刚度将随时间而不断缓慢降低。这一过程往往持续数年之久，主要原因是截面受压区混凝土的徐变。此外，还由于裂缝之间受拉混凝土的应力松弛，以及受拉钢筋和混凝土之间的滑移徐变使裂缝之间的受拉混凝土不断退出工作，从而引起受拉钢筋在裂缝之间的应变不断增长。

受弯构件的刚度按下式计算：

$$B = \frac{M_k}{M_q(\theta - 1) + M_k} B_s \tag{8-22}$$

式中，M_k 按荷载效应标准组合算得，M_q 按荷载准永久组合算得。在标准组合中荷载取标准值，在准永久组合中恒荷载取标准值，活荷载取标准值乘以准永久值系数 ψ_q。各项荷载的标准值和准永久值系数 ψ_q 可从附录 4 的表中查得。

当采用荷载准永久组合时，钢筋混凝土受弯构件考虑荷载长期作用影响的刚度也可按下式简化计算：

$$B = \frac{B_s}{\theta} \tag{8-22a}$$

根据试验结果，对于荷载长期作用下的挠度增大系数 θ，按《规范》建议用下式计算

$$\theta = 2.0 - 0.4\rho'/\rho \tag{8-23}$$

式中，ρ（$\rho = A_s/bh_0$）和 ρ'（$\rho' = A'_s/bh_0$）分别为按有效截面面积 bh_0 计算的纵向受拉和受压钢筋的配筋率，当 $\rho'/\rho > 1$ 时，取 $\rho'/\rho = 1$。由于受压钢筋能阻碍受压区混凝土的徐变，因而可以减小长期挠度，上式的 ρ'/ρ 项反映了受压钢筋的这一有利影响。此外，根据国内试验结果。翼缘在受拉区的 T 形截面的 θ 值比配筋率相同的矩形截面的为大，故《规范》规定，对翼缘在受拉区的倒 T 形截面，θ 应在式（8-23）的基础上增大 20%。

四、受弯构件挠度的计算

钢筋混凝土受弯构件截面的抗弯刚度随弯矩增大而减小。因此，即使对于等截面梁，由于各截面的弯矩并不相同，故其抗弯刚度都不相等。例如，承受均布荷载的简支梁，当中间部分开裂后，其抗弯刚度分布情况如图 8-15（a）所示。按照这样的变刚度来计算梁的挠度显然是十分烦琐的。在实用计算中，考虑到支座附近弯矩较小区段虽然刚度较大，

但它对全梁变形的影响不大，故一般取同号弯矩区段内弯矩最大截面的抗弯刚度作为该区段的抗弯刚度。对于简支梁即取最大正弯矩截面按式（8-22）计算的截面刚度，并以此作为全梁的抗弯刚度（图8-15b）。对于带悬挑的简支梁、连续梁或框架梁，则取最大正弯矩截面和最小负弯矩截面的刚度，分别作为相应弯矩区段的刚度。这就是挠度计算中通称的"最小刚度原则"，据此可很方便地确定构件的刚度分布。例如，受均布荷载作用带悬挑的等截面简支梁其弯矩如图8-16（a）所示，而截面刚度分布即如图8-16（b）所示。

为简化计算，《规范》还规定：当计算跨度内的支座截面刚度不大于跨中截面刚度的2倍，或不小于跨中截面刚度的1/2时，该跨也可按等刚度构件进行计算，其构件刚度可取跨中最大弯矩截面的刚度。

构件刚度分布图确定后，即可按结构力学的方法计算钢筋混凝土受弯构件的挠度。

受弯构件挠度除弯曲变形外，还受剪切变形的影响。一般情况下，这种剪切变形的影响很小，可忽略不计。但是，对于受荷较大的I形、T形截面等薄腹构件，则应酌情考虑。

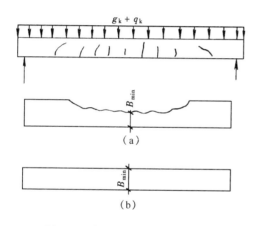

图8-15　简支梁抗弯刚度分布图
（a）实际抗弯刚度分布图；（b）计算抗弯刚度分布图

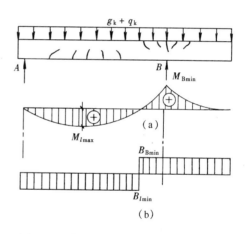

图8-16　带悬挑简支梁抗弯刚度分布图
（a）弯矩分布图；（b）计算抗弯刚度分布图

钢筋混凝土构件挠度的最大值应符合下列规定：

$$a_{\rm f,max} \leqslant a_{\rm f,lim} \tag{8-24}$$

式中　$a_{\rm f,max}$——按荷载准永久组合并考虑长期作用影响的最大挠度值；

　　　$a_{\rm f,lim}$——最大挠度限值；按附表1-10采用。

公式（8-24）是公式（2-4）在挠度计算中的具体形式。$a_{\rm f,max}$相当于公式（2-4）中的S，$a_{\rm f,lim}$相当于公式（2-4）中的C。

当该要求不能满足时，从短期刚度$B_{\rm s}$式（8-20）、刚度B式（8-22）可知：最有效的措施是增加截面高度；当设计上构件截面尺寸不能加大时，可考虑增加纵向受拉钢筋截面面积或提高混凝土强度等级；对某些构件还可以充分利用纵向受压钢筋对长期刚度的有利影响，在构件受压区配置一定数量的受压钢筋。此外，采用预应力混凝土构件则是提高受弯构件刚度最为有效的措施。此时，《规范》规定刚度B采用荷载标准组合时的公式（8-22）计算。

五、不需作挠度验算的最大跨高比

对配置 HRB400 级钢筋、混凝土强度等级为 C25～C30、挠度限值为 $l_0/200$、结构重要性系数 $\gamma_0=1$、活荷载的准永久值系数 $\psi_q=0.4$，且承受均布荷载的等截面简支受弯构件，为简化计算，从同时满足承载力和变形条件出发，可求得钢筋混凝土受弯构件不需作挠度验算的跨高比（图 8-17）。当构件实际跨高比 l_0/h_0 不大于图 8-17 中的相应数值时，一般情况下可不进行挠度验算。

当不符合上述条件时，对图 8-17 中的跨高比，应考虑下列修正系数：

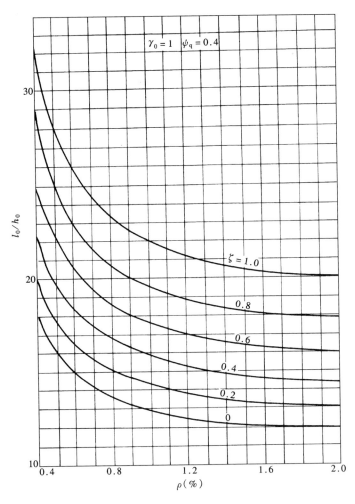

图 8-17　钢筋混凝土受弯构件不需作挠度验算的最大跨高比 l_0/h_0

（1）采用 HPB300 级钢筋作为纵向受拉钢筋时，应乘以系数 1.05。

（2）当挠度限值为 $l_0/250$ 时，应乘以系数 0.8；当挠度限值为 $l_0/300$ 时，应乘以系数 0.67。

（3）当准永久值系数 ψ_q 不为 0.4 时，应乘以下列系数

$$\eta=\frac{2-0.6\zeta}{2-(1-\psi_q)\zeta}$$

$$(8-25)$$

式中 ζ——系数，$\zeta = 1 - M_{GK}/M_k$，此处，M_{GK} 为永久荷载标准值在计算截面产生的弯矩标准值。

（4）根据构件类型及支承条件乘以表 8-2 规定的修正系数。

构件类型及支承条件修正系数　　　　　　表 8-2

构件类型	简支	两端连续	悬臂
板和独立梁	1.0	1.25	0.5
整体肋形梁	1.25	1.5	—

如使用上对构件挠度有特殊要求，或构件的配筋率较大（如 $\rho > 2\%$），或采用的混凝土强度等级为 C30 且配筋率较小（如 $\rho < 0.8\%$）时，构件的挠度应按前述方法进行验算。

【例 8-6】 某试验楼楼盖的钢筋混凝土简支梁，截面尺寸及配筋如图 8-18 所示。混凝土强度等级为 C30（$E_c = 3.0 \times 10^4 \text{N/mm}^2$），钢筋为 HRB400 级钢（$E_s = 2.0 \times 10^5 \text{N/mm}^2$）。梁上承受的均布恒荷载标准值（含梁自重）$g_k = 18 \text{kN/m}$，均布活荷载准永久值 $q_q = 12 \text{kN/m}$，通过正截面抗弯承载力计算，已选定受拉钢筋为 $3 \Phi 22$（$A_s = 1140 \text{mm}^2$）。试验算其变形能否满足最大挠度不超过 $l_0/250$ 的要求。

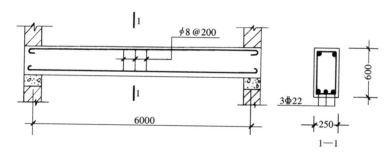

图 8-18　简支梁截面尺寸及配筋

【解】 1. 计算梁中最大弯矩标准值

恒荷载标准值产生的跨中最大弯矩

$$M_{gk} = \frac{1}{8} g_k l_0^2 = \frac{1}{8} \times 18 \times 6^2 = 81 \text{kN} \cdot \text{m}$$

活荷载标准值产生的跨中最大弯矩

$$M_{qk} = \frac{1}{8} q_k l_0^2 = \frac{1}{8} \times 12 \times 6^2 = 54 \text{kN} \cdot \text{m}$$

查荷载规范得楼面活荷载的准永久值系数为 0.5，则活荷载准永久值引起的跨中最大弯矩为

$$0.5 M_{qk} = 0.5 \times 54 = 27 \text{kN} \cdot \text{m}$$

故按荷载标准组合计算的跨中最大弯矩为

$$M_k = M_{gk} + M_{qk} = 81 + 54 = 135 \text{kN} \cdot \text{m}$$

按荷载准永久组合计算的跨中最大弯矩为

$$M_q = M_{gk} + 0.5 M_{qk} = 81 + 27 = 108 \text{kN} \cdot \text{m}$$

2. 计算受拉钢筋应变不均匀系数 ψ

$$h_0 = h - (c_s + d_1 + d_2/2) = 600 - (25 + 8 + 22/2) = 556 \text{mm}$$

根据式（8-6c），使用阶段的钢筋应力

$$\sigma_s = \frac{M_q}{0.87 h_0 A_s} = \frac{108000000}{0.87 \times 556 \times 1140} = 196 \text{N/mm}^2$$

根据式（8-3）计算有效配筋率

$$\rho_{te} = \frac{A_s}{A_{te}} = \frac{1140}{0.5 \times 250 \times 600} = 0.0152 > 0.01$$

由附表 1-6 查得 C30 混凝土的抗拉强度标准值 $f_{tk} = 2.01 \text{N/mm}^2$，根据式（8-7），钢筋应变不均匀系数为

$$\psi = 1.1 - \frac{0.65 f_{tk}}{\rho_{te} \sigma_{sk}} = 1.1 - \frac{0.65 \times 2.01}{0.0152 \times 196} = 0.66$$

3. 计算短期刚度 B_s 和刚度 B

$$\alpha_E = \frac{E_s}{E_c} = \frac{2.0 \times 10^5}{3.0 \times 10^4} = 6.67$$

受拉纵筋配筋率

$$\rho = \frac{A_s}{b h_0} = \frac{1140}{250 \times 556} = 0.0082$$

根据式（8-20），短期刚度为

$$B_s = \frac{E_s A_s h_0^2}{1.15\psi + 0.2 + \frac{6\alpha_E \rho}{1 + 3.5\gamma_f'}}$$

对于矩形截面 $\gamma_f' = 0$，于是

$$B_s = \frac{2.0 \times 10^5 \times 1140 \times 556^2}{1.15 \times 0.66 + 0.2 + \frac{6 \times 6.66 \times 0.0082}{1}} = 548 \times 10^{11} \text{N} \cdot \text{mm}^2$$

由于未配置受压钢筋，$\rho' = 0$，故按式（8-23）计算的 $\theta = 2$，代入式（8-22a），得刚度

$$B = B_s/\theta = B_s/2 = 274 \times 10^{11} \text{N} \cdot \text{mm}^2$$

4. 计算跨中挠度 a_f

$$a_f = \frac{5 M_q l_0^2}{48 B} = \frac{5 \times 108 \times 10^6 \times 6000^2}{48 \times 274 \times 10^{11}} = 14.8 \text{mm} < l_0/250 = 24 \text{mm}$$

本例利用图 8-17 挠度验算如下：

$$\zeta = 1 - \frac{M_{GK}}{M_k} = 1 - \frac{81}{135} = 0.4$$

根据 $\zeta = 0.4$，$\rho = 0.82\%$，查图 8-17 得不需作挠度验算的最大跨高比 $[l_0/h_0] = 16.7$。本例挠度限值 $a_{f,lim} = l_0/250$，故 $[l_0/h_0]$ 需乘以 0.8 的修正系数。

本例活荷载的准永久值系数 $\psi_q = 0.5$，故 $[l_0/h_0]$ 还需乘以 η 修正系数

$$\eta = \frac{2 - 0.6\zeta}{2 - (1-\psi_q)\zeta} = \frac{2 - 0.6 \times 0.4}{2 - (1-0.5) \times 0.4} = 0.98$$

实际跨高比 $l_0/h_0 = 6000/556 = 10.8 < 0.8\eta [l_0/h_0] = 0.8 \times 0.98 \times 16.7 = 13.1$（满足），这也表明该梁的变形满足正常使用极限状态的要求。

【例 8-7】 计算条件同例 8-4，若允许挠度 $a_{f,lim} = l_0/200$，试验算该板挠度。

【解】 由例 8-4 已知：$h_0=105\text{mm}$，$A_s=453\text{m}^2$，$E_s=2.1\times10^5\text{N/mm}^2$，$\psi=0.623$，$g_k+q_k=5.85\text{kN/m}$，$M_k=7.4\text{kN}\cdot\text{m}$；

查附表 1-8，混凝土 C30 的 $E_c=3.0\times10^4\text{N/mm}^2$，$\alpha_E=E_s/E_c=2.1\times10^5/3.0\times10^4=7.0$

$$\rho=\frac{A_s}{bh_0}=\frac{453}{290\times105}=0.0149$$

$$\gamma'_f=\frac{(b'_f-b)\,h'_f}{bh_0}=\frac{(850-290)\times30.4}{290\times105}=0.559$$

将以上数据代入式（8-20）得短期刚度

$$B_s=\frac{2.1\times10^5\times453\times105^2}{1.15\times0.623+0.2+\dfrac{6\times7.0\times0.0149}{1+3.5\times0.559}}=930\times10^9\text{N}\cdot\text{mm}^2$$

楼面活荷载标准值为 4kN/m^2，其准永久值系数 $\psi_q=0.5$，楼面恒荷载标准值为 2.5kN/m^2，圆孔板宽 $b=0.9\text{m}$，故按荷载准永久组合计算的跨中最大弯矩为

$$M_q=\frac{1}{8}\,(g_k+\psi_q q_k)\times b\times l_0^2=\frac{1}{8}\times(2.5+0.5\times4)\times0.9\times3.18^2=5.12\text{kN}\cdot\text{m}$$

由于 $\rho'=0$，故 $\theta=2$，代入式（8-22b），则刚度

$$B=B_s/\theta=930\times10^9/2=465\times10^9\text{N}\cdot\text{mm}^2$$

板的跨中挠度

$$a_f=\frac{5M_q l_0^2}{48B}=\frac{5\times5.12\times10^6\times3180^2}{48\times465\times10^9}=11.6\text{mm}$$

$$a_{f,\text{lim}}=l_0/200=3180/200=15.9\text{mm}$$

$$a_f=11.6\text{mm}<a_{f,\text{lim}}=15.9\text{mm}\,（满足）。$$

对于恒荷载较大的屋面构件，为减少板型，可配置受压钢筋，以减小长期荷载作用下的挠度。

<h2 style="text-align:center">小　结</h2>

（1）裂缝和变形验算的目的是保证构件进入正常使用极限状态的概率足够小，以满足适用性和耐久性的要求。与承载力极限状态的要求相比，这一验算的重要性位居第二。故钢筋混凝土结构构件可按荷载准永久组合计算的内力进行验算，但要考虑荷载长期作用的影响。

（2）钢筋混凝土结构构件除荷载裂缝外，还存在不少非荷载因素产生的变形裂缝，如温度收缩裂缝、碳化锈蚀膨胀裂缝等，对此应引起重视。应从结构设计（如设置变形缝、足够的混凝土保护层厚度和对付温度应力的受拉钢筋）、材料以及施工质量（如保证混凝土的密实性和及时良好的养护）等方面采取措施，避免出现各种有害的非荷载裂缝。

（3）由于混凝土的非均质性及其抗拉强度的离散性，荷载裂缝的出现和开展均带有随机性，裂缝的间距和宽度则具有不均匀性。但在裂缝出现的过程中存在裂缝基本稳定的阶段，随着荷载的增加，裂缝不会无限加密，因而有平均裂缝间距、宽度以及最大裂缝宽度，在裂缝宽度计算中引入荷载短期效应裂缝扩大系数。

（4）构件截面抗弯刚度不仅随弯矩增大而减小，同时也随荷载持续作用而减小。前者

是混凝土裂缝的出现和开展以及存在塑性变形的结果；后者则是受压区混凝土收缩、徐变以及受拉区混凝土的松弛和钢筋与混凝土之间粘结滑移徐变使钢筋应变增加的缘故。因此，在裂缝宽度计算中引入荷载长期效应裂缝扩大系数；在挠度计算中引入短期刚度和考虑荷载长期作用刚度的概念。

（5）系数 ψ 是在裂缝宽度和挠度计算中描述裂缝之间钢筋应变（应力）分布不均匀性的参数，其物理意义是反映裂缝之间的混凝土协助钢筋抗拉工作的程度。当截面尺寸、配筋及材料级别一定时，它主要与内力大小有关，其值在 0.2～1.0 之间变化。ψ 愈小（钢筋应变愈不均匀），裂缝之间的混凝土协助钢筋抗拉的作用愈大；反之则愈小。

（6）提高构件截面刚度的有效措施是增加截面高度；减小裂缝宽度的有效措施是增加用钢量和采用直径较细的钢筋。因此，在设计中常用控制跨高比来满足变形要求；用控制钢筋的应力和直径来满足裂缝宽度的要求。

（7）对于钢筋和混凝土均采用较高强度等级且负荷较大的大跨度简支和悬臂构件，往往需要按计算控制构件的挠度。此时，可根据最小刚度原则（即假定同号弯矩区段各截面抗弯刚度均近似等于该段内弯矩最大处的截面抗弯刚度）按结构力学的公式进行计算。

思　考　题

1. 验算钢筋混凝土受弯构件变形和裂缝宽度的目的是什么？验算时，其内力为什么要用荷载准永久组合值，同时还要考虑荷载长期作用的影响？

2. 引起钢筋混凝土结构构件开裂的主要原因有哪些？应采取哪些相应的控制措施？

3. 随着荷载的增加钢筋混凝土受弯构件为什么裂缝条数不会无限制地增加，而是在加载到一定阶段裂缝会基本稳定？

4. 为什么钢筋混凝土受弯构件的截面抗弯刚度随着荷载的增加及其持续作用时间的增加而减小呢？

5. 钢筋混凝土构件裂缝宽度的计算方法有哪两大类？《规范》采用了哪种方法计算？其基本思路是什么？

6. 钢筋混凝土构件受拉区裂缝之间的钢筋应变（应力）不均匀系数 ψ 与哪些因素有关？它的物理意义是什么？

7. 按《规范》计算最大裂缝宽度和挠度时，对荷载持续作用的影响是如何考虑的？

8. 钢筋混凝土受弯构件的刚度和裂缝宽度与哪些因素有关？提高构件截面抗弯刚度和减小裂缝宽度的主要措施是什么？

9. 什么是最小刚度原则？计算钢筋混凝土受弯构件挠度的步骤有哪些？

习　　题

8-1　某钢筋混凝土筒仓环境为一类，壁厚 $h=160\text{mm}$，混凝土强度等级为 C25（$f_{tk}=1.78\text{N/mm}^2$），受力钢筋为 HRB400 级（$f_y=360\text{N/mm}^2$），若在某 1m 高垂直截面按承载力需在筒壁内、外侧各均匀配置 ϕ 10@160 的环向受拉钢筋（$A_s=2\times491=982\text{mm}^2$），已知按荷载准永久组合计算的该 1m 高垂直截面上中心受拉的轴向拉力 $N_q=245\text{kN}$，最大裂缝宽度限值 $w_{lim}=0.2\text{mm}$，试验算该筒仓仓壁是否满足裂缝宽度要求？并绘出满足裂缝宽度要求的截面配筋图。

8-2　某桁架下弦为偏心受拉构件，处于一类环境，截面为矩形，$b\times h=200\text{mm}\times300\text{mm}$，混凝土强度等级用 C30，钢筋用 HRB400 级，$c_s=25\text{mm}$，按正截面承载力计算靠近轴向力一侧需配钢筋 3 ϕ 18

（A_s=763mm²）；已知按荷载准永久组合计算的轴向拉力 N_q=180kN，弯矩 M_q=18kN·m，最大裂缝宽度限值 w_{lim}=0.3mm，试验算其裂缝宽度是否满足要求？

8-3 例 8-3 的钢筋混凝土简支梁，处于二 a 类环境，且 w_{lim}=0.2mm，其配筋（受力钢筋种类、直径和根数）为何才能满足裂缝宽度要求？

8-4 已知某矩形截面偏心受压构件处于一类环境，截面尺寸 $b \times h$=400mm×600mm，受压和受拉钢筋均为 4Φ25（A_s=A'_s=1964mm²）的 HRB400 级钢筋；混凝土强度等级为 C30，混凝土保护层厚度 c_s=25mm，构件计算长度 l_0=4.8m，最大裂缝宽度限值 w_{lim}=0.3mm，按荷载准永久组合计算的轴向压力 N_q=410kN，弯矩 M_q=225kN·m。试验算裂缝宽度是否符合要求？

第九章　预应力混凝土构件设计计算

<table>
<tr><td>

提　要

预应力混凝土构件是不同于钢筋混凝土构件的另一种类型的构件。本章的重点是：

（1）了解预应力混凝土的基本概念；

（2）熟练掌握预应力混凝土轴心受拉构件的设计计算方法；

（3）熟悉预应力混凝土构件的构造要求；

（4）了解部分预应力混凝土与无粘结预应力混凝土的基本概念。

本章的难点是：预应力钢筋的应力损失及由此引起的各阶段应力变化。由于引起预应力损失的因素较多，各种预应力损失出现的时刻和延续的时间各不相同，先张法构件和后张法构件在同一应力阶段上发生的预应力损失也不尽相同，因而增加了计算的复杂性。

</td></tr>
</table>

第一节　预应力混凝土的基本知识

一、预应力混凝土的基本原理

（一）钢筋混凝土的缺点

如同前面几章所介绍的，钢筋混凝土受拉构件、受弯构件、大偏心受压构件等构件在受到各种作用时，构件内都存在受拉区，而混凝土的抗压强度高、抗拉强度低，抗压极限应变大、抗拉极限应变小（混凝土抗拉强度约为抗压强度的 1/10，抗拉极限应变也约为抗压极限应变的 1/10），这就导致钢筋混凝土构件存在以下一些自身难以克服的缺点：

1. 使用荷载下受拉区混凝土有可能开裂

构件开裂之前，混凝土与钢筋牢固地粘结在一起，二者有相同的应变值。但是由于混凝土抗拉极限应变值 ε_{ctu} 大约为 0.00015，则可以推算出构件即将开裂时的钢筋拉应力为：

$$\sigma_s = E_s\varepsilon_s = E_s\varepsilon_{ctu} = 2\times10^5\times0.00015 = 30N/mm^2$$

这个数值远低于钢筋的屈服强度，此时的荷载也很小。因此，钢筋混凝土结构构件一般都带裂缝工作。

2. 高强度钢筋和高强混凝土得不到利用

从第八章裂缝宽度的验算中可知，在钢筋混凝土受弯构件中，当裂缝宽度达到其允许限值 0.2~0.3mm 时，受拉钢筋的应力值为 200N/mm² 左右，配筋量也往往由裂缝宽度控制。现代冶炼技术已经可以生产强度高达 1960N/mm² 的钢筋，但是将它们用于钢筋混凝土结构，则在其强度远未充分利用之前，裂缝的开展宽度和变形早已超过允许限值，不能满足正常使用要求。

因此，在钢筋混凝土结构中，高强度钢筋不能发挥作用，只能采用强度较低的 HPB300 级、HRB335 级、HRB400 级和 HRB500 级的热轧钢筋以及冷轧带肋钢筋。

随着混凝土强度等级的提高，混凝土的轴心抗压强度和弯曲抗压强度都有相当大的提高，但轴心抗拉强度则提高很少。如果为了提高构件的抗裂性而提高混凝土的强度等级，不但效果甚微，而且受压强度更加得不到充分利用，费用需要增加，结构的脆性加大。因此，钢筋混凝土结构中一般采用强度等级为 C30 至 C50 的混凝土。

3. 结构的自重大，使用性能不好

由于高强钢筋和高强混凝土得不到利用，因此，钢筋混凝土结构构件的截面尺寸通常都比较大，导致结构的自重大。即使如此，由于结构一般都带裂缝工作，结构的刚度较小，变形较大，使用性能不好。

若要使结构在使用阶段不出现裂缝，其截面尺寸需要增加，构件的自重将进一步加大。

（二）预应力混凝土的基本原理

预应力混凝土的基本原理是：在结构承受外荷载之前，在其受拉部位，预先人为地施加压应力，以抵消或减少外荷载产生的拉应力，使构件在正常使用的情况下不开裂，或裂缝开得较晚、开展宽度较小。

如图 9-1 所示的混凝土受弯构件，如果预先在构件使用之前在其两端的截面核心区内施加一对集中压力，则构件各截面均处于全截面受压状态，截面上压应力的分布如图 9-1（a）所示；在使用荷载（$g_k + q_k$）作用下，截面重心轴以下纤维受拉，重心轴以上纤维受压，应力分布如图 9-1（b）所示；利用材料力学的叠加原理，便得到预应力混凝土构件使用阶段的应力图（图 9-1c），这时，截面上的拉应力大为减少。

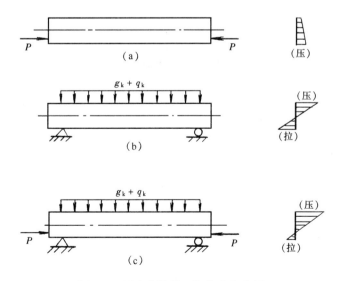

图 9-1　预应力混凝土构件受力分析

（三）预应力混凝土构件的受力特征

对照图 9-1（c）和图 9-1（b），可得到预应力混凝土构件具有以下的一些特点：

1. 对混凝土构件施加预应力可以提高构件的抗裂性

构件在承受使用荷载之前，混凝土受拉区受到预压应力（图 9-1a）。构件在使用荷载作用下产生的受拉区混凝土拉应力首先要抵消该预压应力，因而构件的拉应力远小于钢筋混凝土构件相同纤维处的拉应力，从而使构件的抗裂性得到提高。

2. 预应力的大小和位置可以根据需要调整

预应力是一种人为施加的应力，因此它的大小和施加位置可以由设计人员根据需要调整。例如，将图 9-1 中的压应力 P 加大，则可使构件使用时下边缘纤维的应力也变为压应力。显然，施加的预压应力越高，构件在使用阶段的抗裂性也越高。

3. 在使用荷载作用下，预应力混凝土构件基本上处于弹性工作阶段

正因为使用荷载作用下产生的拉应力需要抵消预压应力，预应力混凝土构件在使用荷载作用下往往不开裂，因而构件处于弹性工作阶段，材料力学的公式可以一直应用到预应力混凝土构件截面开裂为止。

4. 施加预应力对构件的正截面承载力无明显影响

对构件施加预应力主要是改善构件使用阶段的性能（抗裂性、刚度），克服钢筋混凝土的固有缺点，预应力的存在对构件承载力无明显影响。

图 9-2 所示为三根简支梁的荷载-跨中挠度试验曲线。这三根梁的混凝土强度相同，钢筋品种和数量一样，梁的截面尺寸也完全相同，只是预应力的大小各不相同。其中，钢筋张拉控制应力 $\sigma_{con}=0$ 的梁是钢筋混凝土梁，$\sigma_{con}=0.655f_{ptk}$ 的梁是三根试件中预应力最高的梁（f_{ptk} 为这种钢筋的抗拉强度标准值）。由图 9-2 可见，尽管三根试件的开裂荷载随预应力的增大而明显提高，使用荷载下挠度随预应力的增大而显著减小，但三根试件的破坏荷载 P_u 却基本相同。因此，预应力的存在对构件的承载力并无明显的影响。

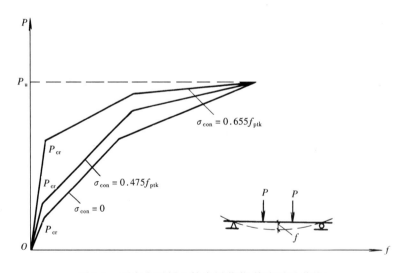

图 9-2　预应力混凝土简支梁荷载-挠度试验曲线

二、预应力的建立方法

预应力的建立方法有多种。但是，最常用也是较简便的方法是通过张拉配置在结构构件内的纵向受力钢筋并且在放松钢筋后阻止其产生回缩，达到对构件施加预应力的目的。

按照张拉钢筋与浇捣混凝土的先后次序，可将建立预应力的方法分为下面两种。

（一）先张法

先张法要求设置台座（或钢模），钢筋先在台座（或钢模）上张拉并锚固，然后支模和浇捣混凝土，待混凝土达到一定的强度后放松和剪断钢筋。钢筋放松后将产生弹性回缩，但钢筋与混凝土之间的粘结力阻止其回缩，因而对构件产生预应力。这种在台座上张拉预应力钢筋后浇筑混凝土，并通过放张预应力钢筋由粘结传递而建立预应力的混凝土结构，称为先张法预应力结构。先张法的主要工序如图 9-3 所示。

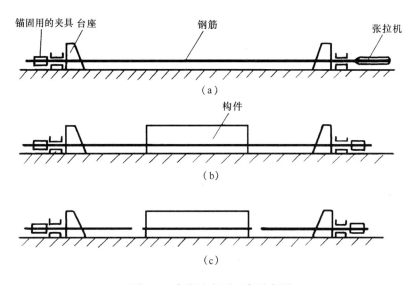

图 9-3 先张法主要工序示意图
（a）张拉钢筋；（b）支模并浇捣混凝土；（c）放松并截断预应力钢筋

（二）后张法

后张法要求在制作构件时预留孔道，待混凝土达到一定的强度后在孔道内穿入钢筋，并按照设计要求张拉钢筋，然后用锚具在构件端部将钢筋锚固，阻止钢筋回缩，从而对构件施加预应力。钢筋锚固完毕后，为了使预应力钢筋与混凝土牢固结合并共同工作，防止预应力钢筋锈蚀，应对孔道进行压力灌浆。为了保证灌浆密实，在远离灌浆孔的适当部位应预留出气孔。这种浇筑混凝土达到规定的强度后，通过张拉预应力钢筋并在结构上锚固而建立预应力的混凝土结构，称为后张法预应力混凝土结构。后张法的主要工序如图 9-4 所示。

将先张法和后张法对比可以看出，先张法的生产工序少，工艺简单，质量容易保证。同时，先张法不用工作锚具，生产成本较低，台座越长，一条长线上生产的构件数量越多，所以适合于工厂内成批生产中、小型预应力构件。但是，先张法生产所用的台座及张拉设备一次性投资费用较大，而且台座一般只能固定在一处，不够灵活。后张法直接在构件上进行张拉，构件本身相当于是张拉台座，不需要像先张法那样的固定台座，因而比较灵活，构件在现场施工制作时，张拉工作可以在工地进行。但是，后张法构件只能单一逐个地施加预应力，工序较多，操作也较麻烦。同时，后张法构件的锚具耗钢量大，锚具加工要求的精度较高，成本较高。因此，后张法适用于运输不便的大、中型构件。

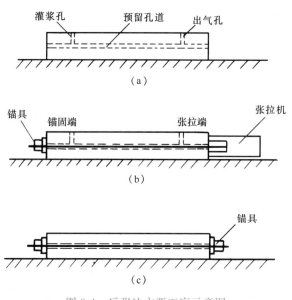

图 9-4　后张法主要工序示意图

(a) 制作混凝土构件；(b) 张拉钢筋；(c) 张拉端锚固并对孔道灌浆

三、预应力混凝土构件的锚、夹具

为了阻止被张拉的钢筋发生回缩，必须将钢筋端部进行锚固。锚固预应力钢筋和钢丝的工具通常分为夹具和锚具两种类型。在构件制作完毕后，能够取下重复使用的，称为夹具；锚固在构件端部，与构件联成一体共同受力，不能取下重复使用的，称为锚具。有时为了简便起见，将锚具和夹具统称为锚具。

锚、夹具的种类很多，图 9-5 所示为几种常用锚、夹具示意图。其中，图 9-5 (a) 为锚固钢丝用的套筒式夹具，图 9-5 (b) 为锚固粗钢筋用的螺丝端杆锚具，图 9-5 (c) 为锚固光面钢筋束用的 JM12 夹片式锚具。

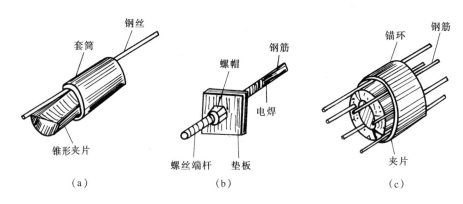

图 9-5　几种常用的锚、夹具示意图

(a) 套筒式夹具；(b) 螺丝端杆锚具；(c) JM12 夹片锚具

四、预应力混凝土构件对材料的要求

预应力钢筋在张拉时就受到很高的拉应力，在使用荷载作用下，钢筋的拉应力会继续提高；在张拉时，混凝土也受到高压应力的作用。为了提高预应力的效果，预应力混凝土构件要求采用强度等级较高的混凝土和强度较高的钢筋。

（一）混凝土

预应力混凝土构件的混凝土强度等级不宜低于 C40，且不应低于 C30。

（二）钢筋

预应力筋可采用钢绞线、中强度预应力钢丝、消除应力钢丝、预应力冷轧带肋钢筋和预应力螺纹钢筋。它们的强度标准值和设计值分别见附表 1-2 和附表 1-4。

五、预应力混凝土构件的优缺点

与钢筋混凝土构件相比，预应力混凝土构件具有下列优点：

（一）抗裂性好

由于对构件受力后可能开裂的部位施加了预压应力，且预应力的大小可根据需要人为地控制，因而可避免钢筋混凝土构件在正常使用情况下出现裂缝或裂缝过宽的现象。对于某些抗裂性要求较高的结构和构件，如钢筋混凝土屋架下弦、水池、油罐、压力容器等，施加预应力尤为必要。

（二）耐久性好，刚度大，变形小

由于预应力可以使构件在使用荷载作用下不出现裂缝，避免钢筋受外界有害因素的侵蚀，从而大大提高了这类构件的耐久性。

钢筋混凝土构件开裂后，刚度迅速降低，变形显著增大。预应力构件由于在使用阶段可避免裂缝，因而刚度不发生突变，变形也不明显增大。同时，预应力还将使受弯构件产生一定的反拱。所以，在使用荷载下，预应力混凝土梁、板构件的挠度，往往只有相同情况下钢筋混凝土梁、板构件的几分之一。

（三）可利用强度等级高的钢筋，减轻结构自重

由于预应力混凝土构件中钢筋强度的发挥不再受混凝土抗拉极限应变的限制，而且为了提高预应力的效果，预应力混凝土构件中要求采用强度等级较高的钢筋和混凝土。材料的强度等级较高时，其耗用量降低，使构件截面减小，故结构自重一般可减轻 20%～30%，工程造价相应地也将降低。

（四）可提高构件的抗剪能力

试验表明，纵向预应力钢筋起着锚栓的作用，阻碍着构件斜裂缝的出现与开展，因而可提高构件的抗剪能力。在剪力较大的受弯构件中，可将预应力钢筋在端部弯起，曲线钢筋预应力合力的竖向分力将部分地抵消剪力，因而也对构件抗剪能力的提高产生积极作用。

（五）可提高受压构件的稳定性

混凝土的抗压强度很高，钢筋混凝土受压构件一般都能有效地工作。但是，当受压构件的长细比较大时，在受到一定的压力后便容易被压弯，以致丧失稳定而破坏。如果对钢筋混凝土柱施加预应力，使纵向受力钢筋张拉得很紧，不但预应力钢筋本身不容易压弯，而且可以帮助周围的混凝土提高抵抗压弯的能力，从而提高了构件的稳定性。这也是为什么在必要时将钢筋混凝土桩做成预应力混凝土桩的道理。

（六）可提高构件的抗疲劳性能

在承受多次重复荷载作用的构件中（如吊车梁和桥梁等），当这种反复过程变化频繁，并且超过一定次数时，混凝土和钢筋便会因疲劳而降低强度，从而引起构件破坏。构件的这种破坏称为疲劳破坏。在预应力混凝土构件中，由于受力钢筋事先已张拉，在往复移动荷载的作用下，钢筋应力的变化幅度一般在10%左右，不会引起钢筋疲劳，因而提高了构件的抗疲劳性能。

预应力混凝土构件也存在下列缺点：施工制作要求较高的机械设备与技术条件，施工工序较多。此外，预应力混凝土构件的设计计算比钢筋混凝土构件的要复杂一些。但是，预应力混凝土从本质上改善了钢筋混凝土构件的性能。因此，应该尽量推广使用预应力混凝土构件。

六、预应力混凝土结构的发展和应用

预应力混凝土结构于19世纪末开始出现，但早期的预应力混凝土由于采用的材料强度低，对预应力损失（尤其是混凝土收缩、徐变等引起的损失）认识不深，预应力效果不显著，预应力混凝土未能很好地发挥其作用。20世纪30年代以来，随着高强钢材的大量生产，锚夹具的不断改进，预应力混凝土才得到了真正的发展。目前已在世界各国的房屋建筑、公路与铁道桥梁等工程中广泛应用。在工业与民用建筑中，预应力混凝土不仅用于屋架、折板、吊车梁以及空心板、小梁、檩条等预制构件，而且在大跨度、高层房屋的现浇结构中也得到应用。

第二节　预应力混凝土构件设计的一般规定

一、计算内容

预应力混凝土构件的设计计算，一般应包括以下内容：

（一）使用阶段计算

1. 承载力计算。对预应力混凝土轴心受拉构件，应进行正截面承载力计算。对预应力混凝土受弯构件，除应进行正截面承载力计算外，还须进行斜截面承载力计算。

2. 裂缝控制验算。根据结构物使用及耐久性要求。对于使用阶段不允许开裂的构件，应进行抗裂验算；对于使用阶段允许开裂的构件，则须进行裂缝开展宽度的验算。

3. 变形验算。对于预应力混凝土受弯构件，还应进行挠度验算。

（二）施工阶段验算

预应力混凝土构件除应根据使用条件进行承载力计算及变形、抗裂、裂缝宽度和应力验算外，还应根据具体情况对制作、运输、吊装等施工阶段进行验算，以防止这些构件在制作、运输或吊装时便开裂或破坏。

二、张拉控制应力 σ_{con}

（一）定义

张拉控制应力是指张拉钢筋时，张拉设备（如千斤顶）上的测力计所指示的总张拉力除以预应力钢筋截面面积得出的应力值，用 σ_{con} 表示。

由于摩擦阻力等因素的影响，有时张拉控制应力不一定等于预应力钢筋在张拉时所受到的拉应力。

（二）张拉控制应力的确定原则

张拉控制应力的数值与预应力钢筋的强度标准值 f_{pyk}（有明显屈服点钢筋）或 f_{ptk}（无明显屈服点钢筋）有关。其确定的原则是：

1. 张拉控制应力应定得高一些。σ_{con} 越高，在预应力混凝土构件配筋相同的情况下产生的预应力就越大，构件的抗裂性能越好。《规范》规定：消除应力钢丝、钢绞线、中强度预应力钢丝的张拉控制应力值不应小于 $0.4f_{ptk}$；预应力螺纹钢筋的张拉控制应力值不宜小于 $0.5f_{ptk}$。

2. 张拉控制应力不能过高。σ_{con} 过高时，张拉过程中可能发生将钢筋拉断的现象；同时，构件抗裂能力过高时，开裂荷载将接近破坏荷载，使得构件发生破坏前会缺乏预兆。

3. 根据钢筋种类及张拉方法确定适当的张拉控制应力。

《规范》确定的张拉控制应力允许值见表 9-1。

在下列情况下，表 9-1 中的张拉控制应力允许值可提高 $0.05f_{ptk}$：（1）为了提高构件在施工阶段的抗裂性能而在使用阶段受压区内设置的预应力钢筋；（2）为了部分抵消由于应力松弛、摩擦、钢筋分批张拉以及预应力钢筋与张拉台座之间的温差等因素产生的预应力损失。

预应力筋张拉控制应力 σ_{con}　　　　　　　　　表 9-1

钢种	张拉控制应力
消除应力钢丝、钢绞线	$\sigma_{con}\leqslant0.75f_{ptk}$
中强度预应力钢丝	$\sigma_{con}\leqslant0.70f_{ptk}$
预应力螺纹钢筋	$\sigma_{con}\leqslant0.85f_{pyk}$

注：f_{ptk} 为预应力筋极限强度标准值；f_{pyk} 为预应力螺纹钢筋屈服强度标准值。

三、预应力损失 σ_l

按照某一控制应力值张拉好的预应力钢筋的初始张拉应力值，会由于各种原因而降低。这种预应力值降低的现象称为预应力损失❶。

引起预应力损失的因素很多，主要有：张拉端锚具变形和钢筋内缩、预应力钢筋与管道壁的摩擦、混凝土加热养护时被张拉钢筋与承受拉力的设备之间的温差、钢筋的应力松弛、混凝土的收缩与徐变以及配置螺旋式预应力钢筋的环形构件中由于混凝土的局部挤压等。下面将分别对它们进行介绍。

（一）张拉端锚具变形和钢筋内缩引起的预应力损失 σ_{l1}

在台座上或直接在构件上张拉钢筋时，一般总是先将钢筋的一端锚固，然后在另一端张拉，待钢筋应力达到设计规定的控制应力值后，再将钢筋在张拉端锚固（图 9-6）。在张拉过程中，锚固端的锚具变形（包括锚具本身的弹性变形、锚具各部件与钢筋之间的相对

---

❶　由于混凝土弹性压缩引起预应力钢筋初始张拉应力降低的预应力损失，我国现行《规范》未列入。

滑移以及锚具下垫块之间缝隙被压紧等）引起的应力损失，能够为张拉设备及时补偿。而张拉端的锚具变形和钢筋内缩引起的损失，是在该钢筋张拉结束并且传力后产生的，不能再由张拉设备补偿，因此在计算中必须考虑这种预应力损失。

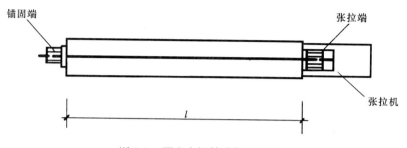

图 9-6　预应力钢筋张拉示意图

预应力直线钢筋由于锚具变形和钢筋内缩引起的预应力损失 σ_{l1}，可按下列公式计算：

$$\sigma_{l1} = \frac{a}{l} E_s \tag{9-1}$$

式中　a——张拉端锚具变形和钢筋内缩值，按表 9-2 取用；

　　　l——张拉端至锚固端之间的距离（mm）。

块体拼成的结构，其预应力损失尚应计及块体间填缝的预压变形。当采用混凝土或砂浆为填缝材料时，每条填缝的预压变形值可取为 1mm。

后张法构件预应力曲线钢筋或折线钢筋由于锚具变形和预应力钢筋内缩引起的预应力损失值 σ_{l1}，应根据预应力曲线钢筋或折线钢筋与孔道壁之间反向摩擦影响长度 l_f 范围内的预应力钢筋变形值等于锚具变形和钢筋内缩值的条件确定，反向摩擦系数可按表 9-3 中的数值采用。

锚具变形和预应力筋内缩值 a（mm）　　　　　表 9-2

锚具类别		a
支承式锚具（钢丝束镦头锚具等）	螺帽缝隙	1
	每块后加垫板的缝隙	1
夹片式锚具	有顶压时	5
	无顶压时	6~8

注：1. 表中的锚具变形和预应力筋内缩值也可根据实测数据确定；
　　2. 其他类型的锚具变形和预应力筋内缩值应根据实测数据确定。

摩 擦 系 数　　　　　表 9-3

孔道成型方式	κ	μ	
		钢绞线、钢丝束	预应力螺纹钢筋
预埋金属波纹管	0.0015	0.25	0.50
预埋塑料波纹管	0.0015	0.15	—
预埋钢管	0.0010	0.30	—
抽芯成型	0.0014	0.55	0.60
无粘结预应力筋	0.0040	0.09	—

注：摩擦系数也可根据实测数据确定。

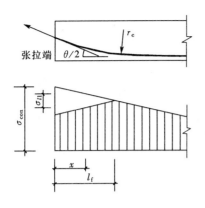

图 9-7　圆弧形曲线预应力
钢筋的预应力损失 σ_{l1}

常用束形的后张预应力钢筋在反向摩擦影响长度 l_f 范围内的预应力损失值 σ_{l1} 可按《混凝土结构设计规范（2015 年版）》GB 50010—2010 附录 J 计算。例如，对于抛物线形预应力钢筋可近似按圆弧形曲线预应力钢筋考虑。当其对应的圆心角 $\theta \leqslant 45°$ 时（图 9-7），由于锚具变形和钢筋内缩，在反向摩擦影响长度 l_f 范围内的预应力损失值 σ_{l1} 可按下列公式计算：

$$\sigma_{l1} = 2\sigma_{con} l_f \left(\frac{\mu}{r_c} + \kappa \right) \left(1 - \frac{x}{l_f} \right) \qquad (9-2)$$

反向摩擦影响长度 l_f（m）可按下列公式计算：

$$l_f = \sqrt{\frac{aE_s}{1000\sigma_{con}(\mu/r_c + \kappa)}} \qquad (9-3)$$

式中　r_c——圆弧形曲线预应力钢筋的曲率半径（m）；

　　　μ——预应力钢筋与孔道壁之间的摩擦系数，按表 9-3 采用；

　　　κ——考虑孔道每米长度局部偏差的摩擦系数，按表 9-3 采用；

　　　x——张拉端至计算截面的距离（m）；

　　　a——张拉端锚具变形和钢筋内缩值（mm），按表 9-2 采用；

　　　E_s——预应力钢筋弹性模量。

预应力直线钢筋不考虑反向摩擦对 σ_{l1} 的影响。

（二）预应力钢筋与孔道壁之间的摩擦引起的预应力损失 σ_{l2}

后张法构件在张拉钢筋时，预应力钢筋与孔道壁之间的摩擦引起的预应力损失 σ_{l2} 可按下列公式计算（图 9-8）：

$$\sigma_{l2} = \sigma_{con} \left(1 - \frac{1}{e^{\kappa x + \mu\theta}} \right) \qquad (9-4)$$

式中　x——从张拉端至计算截面的孔道长度（m），亦可近似取该段孔道在纵轴上的投影长度；

　　　θ——从张拉端至计算截面曲线孔道部分切线的夹角（rad）。

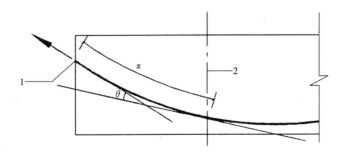

图 9-8　预应力摩擦损失计算

1—张拉端；2—计算截面

当 $\mu\theta + \kappa x$ 不大于 0.3 时，σ_{l2} 可按下列公式近似计算：

$$\sigma_{l2} = (\kappa x + \mu\theta)\sigma_{con} \tag{9-5}$$

先张法构件中，张拉钢筋时混凝土尚未浇灌，因此无此项损失。

（三）受张拉的钢筋与承受拉力的设备之间的温差引起的预应力损失 σ_{l3}

在先张法构件中，预应力钢筋在台座上张拉锚固且构件浇灌成型后，如采用加热养护，在加热养护初期，混凝土强度尚来不及发展，钢筋则处在自由变形状态中，因受热膨胀而伸长，而台座长度却基本维持不变，于是钢筋变形略有恢复，预应力相应地有所降低。当降温时，混凝土已结硬，钢筋不能回缩，所以降低了的预应力也不会恢复。这就是先张法构件采用加热养护时，被张拉的钢筋与承受拉力的设备之间的温差所引起的预应力损失。

以 Δt 表示这个温差（以摄氏度计），钢筋的线膨胀系数 $\alpha = 1.0 \times 10^{-5}/℃$，取钢筋的弹性模量 $E_s = 2.0 \times 10^5 \text{N/mm}^2$，于是有：

$$\sigma_{l3} = E_s \cdot \varepsilon_{st} = 2.0 \times 10^5 \times 1.0 \times 10^{-5}\Delta t = 2\Delta t \tag{9-6}$$

当采用钢模工厂化生产先张法构件时，预应力钢筋加温养护过程中的伸长值与钢模的相同，因而不存在由于加温养护引起的应力损失。

后张法构件及不采用加热养护的先张法构件中均无此项预应力损失。

（四）预应力钢筋的应力松弛引起的预应力损失 σ_{l4}

钢筋的应力松弛现象是指钢筋在高应力状态下，由于钢筋的塑性变形而使应力随时间的增长而降低的现象。这种现象在预应力钢筋张拉时就存在，而且在张拉后的头几分钟内发展得特别快，往后则趋于缓慢，但持续的时间较长，要一个月左右才基本稳定下来。这种应力松弛将引起钢筋预应力的损失，无论在先张法还是在后张法中它都存在。

试验表明，对钢筋进行超张拉可提高钢筋的弹性性质，并减少因松弛而引起的应力损失。

《规范》规定，由于钢筋应力松弛引起的预应力损失 σ_{l4} 可按下列规定计算：

1. 消除应力钢丝、钢绞线

（1）普通松弛

$$\sigma_{l4} = 0.4\left(\frac{\sigma_{con}}{f_{ptk}} - 0.5\right)\sigma_{con}$$

（2）低松弛

1）当 $\sigma_{con} \leqslant 0.7f_{ptk}$ 时

$$\sigma_{l4} = 0.125\left(\frac{\sigma_{con}}{f_{ptk}} - 0.5\right)\sigma_{con}$$

2）当 $0.7f_{ptk} < \sigma_{con} \leqslant 0.8f_{ptk}$ 时

$$\sigma_{l4} = 0.2\left(\frac{\sigma_{con}}{f_{ptk}} - 0.575\right)\sigma_{con}$$

2. 中强度预应力钢丝

$$\sigma_{l4} = 0.08\sigma_{con}$$

3. 预应力螺纹钢筋

$$\sigma_{l4} = 0.03\sigma_{con}$$

（五）由于混凝土的收缩、徐变引起的预应力损失 σ_{l5}

混凝土受预压后，混凝土的收缩和徐变变形将引起受拉区和受压区预应力钢筋的预应

力损失 σ_{l5} 和 σ'_{l5}（收缩和徐变都导致构件长度缩短，预应力钢筋回缩）。混凝土的收缩和徐变引起的预应力损失值，主要取决于施加预应力时的混凝土立方体抗压强度、预压应力的大小以及纵向钢筋配筋率等因素，并与时间及环境条件等有关。在总的预应力损失中，该项损失所占比重最大。

《规范》根据试验分析结果，给出由混凝土收缩、徐变引起的受拉区和受压区预应力钢筋的预应力损失 σ_{l5}、σ'_{l5} 的计算公式：

1. 先张法构件

$$\sigma_{l5} = \frac{60 + 340\dfrac{\sigma_{pc}}{f'_{cu}}}{1 + 15\rho} \tag{9-7}$$

$$\sigma'_{l5} = \frac{60 + 340\sigma'_{pc}/f'_{cu}}{1 + 15\rho'} \tag{9-8}$$

2. 后张法构件

$$\sigma_{l5} = \frac{55 + 300\sigma_{pc}/f'_{cu}}{1 + 15\rho} \tag{9-9}$$

$$\sigma'_{l5} = \frac{55 + 300\sigma'_{pc}/f'_{cu}}{1 + 15\rho'} \tag{9-10}$$

式中　σ_{pc}、σ'_{pc}——受拉区、受压区预应力钢筋在各自合力点处混凝土法向压应力，此时仅考虑混凝土预压前（第一批）的预应力损失值，即 σ_{pc}、σ'_{pc} 分别为 σ_{pcI} 和 σ'_{pcI}（计算公式后面述及），且 σ_{pcI} 及 σ'_{pcI} 不得大于 $0.5f'_{cu}$，当 σ'_{pc} 为拉应力时，应取 $\sigma'_{pc}=0$ 计算，非预应力钢筋中的应力 σ_{l5}、σ'_{l5} 值应取为零；

　　　　f'_{cu}——施加预应力时的混凝土立方体抗压强度，不低于 $0.75f_{cu}$；

　　　　ρ、ρ'——受拉区、受压区预应力钢筋和非预应力钢筋的配筋率：对先张法构件，$\rho = \dfrac{A_p + A_s}{A_0}$，$\rho' = \dfrac{A'_p + A'_s}{A_0}$，对后张法构件，$\rho = \dfrac{A_p + A_s}{A_n}$，

　　　　$\rho' = \dfrac{A'_p + A'_s}{A_n}$，对于对称配置预应力钢筋和非预应力钢筋的构件，取 $\rho = \rho'$，此时配筋率应按其钢筋截面面积的一半进行计算。

　　　　A_0、A_n——换算截面面积、净截面面积，计算方法详后。

计算 σ_{pc} 和 σ'_{pc} 时，可根据构件制作情况考虑自重影响（对梁式构件，一般可取 0.4 跨度处的自重应力）。

当结构处于年平均相对湿度低于 40% 的环境下，σ_{l5} 及 σ'_{l5} 值应增加 30%。

当采用泵送混凝土时，宜根据实际情况考虑混凝土收缩、徐变引起预应力损失值的增大。

对于重要的结构构件，有时还需要考虑与时间相关的混凝土收缩、徐变及钢筋应力松弛损失，宜按《规范》附录 K 进行计算。

（六）用螺旋式预应力钢筋作配筋的环形构件，由于混凝土的局部挤压引起的预应力损失 σ_{l6}

电杆、水池、油罐、压力管道等环形构件，可配置环状或螺旋式预应力钢筋，采用后

张法直接在混凝土上进行张拉。这时，预应力钢筋将对环形构件的外壁产生径向压力，使混凝土产生局部挤压，因而引起预应力钢筋的预应力损失。《规范》规定，当构件的外径 $d \leqslant 3\text{m}$ 时，取：

$$\sigma_{l6} = 30\text{N/mm}^2 \tag{9-11}$$

当构件的外径 $d > 3\text{m}$ 时，不考虑此项损失。

除了上述六项预应力损失以外，在后张法构件中，当预应力钢筋的根数较多时，常采用分批张拉预应力钢筋的方法。此时，考虑张拉后批钢筋时所产生的混凝土弹性压缩（或伸长）的影响，应将先批张拉钢筋的控制应力 σ_{con} 增加（或减小）一个等于 $\alpha_E \sigma_{pc}$ 的数值。此处，α_E 为钢筋弹性模量与混凝土弹性模量的比值，σ_{pc} 为张拉后批钢筋时，在已张拉钢筋重心处由预加应力产生的混凝土法向应力。

四、预应力损失值的组合及减少预应力损失的措施

（一）各阶段预应力损失值的组合

上述各项预应力损失 $\sigma_{l1} \sim \sigma_{l6}$ 对先张法构件和后张法构件是各不相同的，其出现的先后也有差别。为了计算上的方便起见，预应力构件在各阶段预应力损失值宜按表 9-4 的规定进行组合。

当计算求得的预应力总损失 σ_l 小于下列数值时，应按下列数值取用：

先张法构件　　100N/mm²；

后张法构件　　80N/mm²。

先张法构件由于钢筋应力松弛引起的损失值 σ_{l4} 在第一批和第二批损失中所占的比例，如需区分，可根据实际情况确定；电热后张法构件可不考虑摩擦损失 σ_{l2}。

各阶段预应力损失值组合表　　　　　　　　　　表 9-4

项次	预应力损失的组合	先张法构件	后张法构件
1	混凝土预压前（第一批）损失 $\sigma_{lⅠ}$	$\sigma_{l1}+\sigma_{l2}+\sigma_{l3}+\sigma_{l4}$	$\sigma_{l1}+\sigma_{l2}$
2	混凝土预压后（第二批）损失 $\sigma_{lⅡ}$	σ_{l5}	$\sigma_{l4}+\sigma_{l5}+\sigma_{l6}$

（二）减少预应力损失的措施

设计和制作预应力混凝土构件时，应注意尽量减少预应力损失，以保证预应力效果。下列减少预应力损失的措施可供设计和施工时参考：

（1）采用强度等级较高的混凝土和高强度等级水泥，减少水泥用量，降低水灰比，采用级配好的骨料，加强振捣和养护，以减少混凝土的收缩、徐变损失。

（2）控制预应力钢筋放张时的混凝土立方体抗压强度并控制混凝土的预压应力，使 σ_{pc} 和 σ'_{pc} 不大于 $0.5f'_{cu}$，以减少由于混凝土非线性徐变所引起的损失。

（3）对预应力钢筋进行超张拉，以减小钢筋松弛损失。

（4）对后张法构件的曲线预应力钢筋采用两端张拉的方法，以减少预应力钢筋与管道壁之间的摩擦损失。

（5）选择变形小和钢筋内缩小的锚夹具，尽量减少垫板的数量，增加先张法台座长度，以减少由于锚具变形和钢筋内缩的预应力损失。

（6）按如下程序进行"两阶段升温养护"：

1）浇灌混凝土 $\dfrac{\Delta t_1 = 20℃}{(\sigma_{l3} = 40\text{N/mm}^2)}$ $\longrightarrow$ $f'_{cu} = 7.5 \sim 10\text{N/mm}^2$，钢筋与混凝土已粘结在一起；

2）升温至规定养护温度 $\dfrac{}{(\text{此阶段不产生 } \sigma_{l3})}$ $\longrightarrow f'_{cu}$

以减少先张法构件由于加热养护引起的预应力损失。

预应力主要用在混凝土轴心受拉构件和受弯构件。本书将介绍其在轴心受拉构件中的应用。

第三节　预应力混凝土轴心受拉构件的应力分析

预应力混凝土构件从制作到破坏可分为两个大的阶段：施工阶段和使用阶段。施工阶段是指构件承受外荷载之前的受力阶段；使用阶段是指构件承受外荷载之后的受力阶段。了解预应力轴心受拉构件在各个受力阶段中混凝土和钢筋的应力状态，有助于对计算公式的理解。

一、先张法构件

（一）施工阶段

1. 放松预应力钢筋之前

先张法构件在经过预应力钢筋张拉、锚固、浇捣混凝土、养护、混凝土达到设计规定的立方体抗压强度 f'_{cu} 时，已完成第一批预应力损失 σ_{lI}。在放松（截断）预应力钢筋之前，混凝土尚未受力，预应力钢筋中的力由台座承受（图9-9），此时混凝土、预应力钢筋和非预应力钢筋的应力分别为：

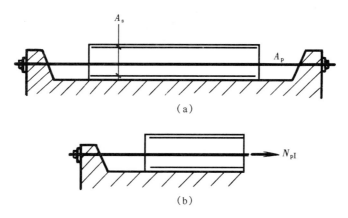

图 9-9　放松预应力钢筋之前的受力状态
（a）构件在台座上情况；（b）脱离体图

$$\sigma_{pc} = 0$$

$$\sigma_p = \sigma_{con} - \sigma_{lI}$$

$$\sigma_s = 0$$

式中　σ_{pc}——由预加力产生的混凝土法向应力；

σ_{p}——预应力钢筋的应力；

σ_{con}——张拉控制应力；

σ_{l1}——第一批预应力损失；

σ_{s}——非预应力钢筋的应力。

2. 放松预应力钢筋时

放松预应力钢筋时，预应力合力 N_{pI} 全部由构件截面承担。混凝土压应力沿截面均匀分布，其值为 σ_{pcI}，混凝土受到弹性压缩；由于钢筋与混凝土变形一致，钢筋也随之缩短，此时非预应力钢筋应力为：

$$\sigma_{\mathrm{sI}} = \alpha_{\mathrm{Es}}\sigma_{\mathrm{pcI}} \tag{9-12a}$$

预应力钢筋应力为：

$$\sigma_{\mathrm{pI}} = \sigma_{\mathrm{con}} - \sigma_{l\mathrm{I}} - \alpha_{\mathrm{E}}\sigma_{\mathrm{pcI}} \tag{9-12b}$$

式中　α_{Es}、α_{E}——非预应力钢筋、预应力钢筋弹性模量与混凝土弹性模量的比值。

由截面内力平衡条件（图 9-10），有：

$$\sigma_{\mathrm{pcI}} A_{\mathrm{c}} + \sigma_{\mathrm{sI}} A_{\mathrm{s}} = (\sigma_{\mathrm{con}} - \sigma_{l\mathrm{I}} - \alpha_{\mathrm{E}}\sigma_{\mathrm{pcI}}) A_{\mathrm{p}}$$

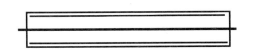

图 9-10　先张法构件放松预应力钢筋时的受力状态

整理得：

$$\sigma_{\mathrm{pcI}} = \frac{(\sigma_{\mathrm{con}} - \sigma_{l\mathrm{I}}) A_{\mathrm{p}}}{A_0} \tag{9-13}$$

式中　A_0——换算截面面积，$A_0 = A_{\mathrm{c}} + \alpha_{\mathrm{Es}} A_{\mathrm{s}} + \alpha_{\mathrm{E}} A_{\mathrm{p}}$；

A_{c}——扣除孔道、凹槽及钢筋截面面积后的混凝土截面面积。

按式（9-13）计算出的 σ_{pcI} 用于收缩、徐变损失 σ_{l5}、σ'_{l5} 的计算以及施工阶段的验算。

由式（9-12）可知，在混凝土与钢筋有牢固粘结力的情况下，非预应力钢筋的应力是混凝土应力的 α_{Es} 倍，预应力钢筋应力的变化值是混凝土应力变化值的 α_{E} 倍。下面还将多次利用这一结论。

3. 完成第二批损失之后

预应力混凝土构件从放松预应力钢筋到投入使用还有一段时间，假定这段时间内构件中第二批预应力损失已经完成，亦即完成全部预应力损失 σ_l，则利用平衡条件同样可求得混凝土和钢筋的应力（图 9-11）：

$$\left.\begin{aligned}
\sigma_{\mathrm{sII}} &= \alpha_{\mathrm{Es}}\sigma_{\mathrm{pcII}} \\
\sigma_{\mathrm{pII}} &= \sigma_{\mathrm{con}} - \sigma_l - \alpha_{\mathrm{E}}\sigma_{\mathrm{pcII}} \\
\sigma_{\mathrm{pcII}} &= \frac{(\sigma_{\mathrm{con}} - \sigma_l) A_{\mathrm{p}}}{A_0}
\end{aligned}\right\} \tag{9-14}$$

式中，σ_{pcII} 是扣除全部预应力损失后，在混凝土中建立起来的预应力，该预应力对构件使用性能产生影响，称为混凝土有效预压应力，用于构件抗裂性的验算。

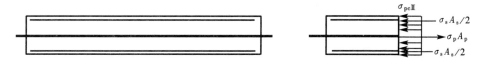

图 9-11　先张法构件完成第二批损失之后的受力状态

4. 非预应力钢筋对预应力的影响

在预应力混凝土构件中，非预应力钢筋对混凝土的变形起约束作用，使其收缩徐变值减少，从而使因收缩徐变产生的预应力损失有所降低。但是，当混凝土发生收缩徐变时，由于非预应力钢筋阻碍收缩徐变的发展，使混凝土中产生拉应力，因而降低了混凝土的有效预压应力，影响构件的抗裂性能。后者的不利影响要比前者的有利影响大，故当非预应力钢筋在预应力混凝土构件中的数量较大时，需要考虑这一不利影响。《规范》近似取

$$\sigma_{\mathrm{pcII}} = \frac{(\sigma_{\mathrm{con}} - \sigma_l)A_{\mathrm{p}} - \sigma_{l5}A_{\mathrm{s}}}{A_0} \tag{9-15}$$

$$\sigma_{\mathrm{sII}} = \alpha_{\mathrm{Es}}\sigma_{\mathrm{pcII}} + \sigma_{l5} \tag{9-16}$$

式中　σ_{l5}——非预应力钢筋由于混凝土收缩徐变而受到的压应力。

（二）使用阶段

在轴向力逐渐增加时，预应力轴心受拉构件逐渐伸长，混凝土预压应力逐渐减少至零；接着混凝土应力变为拉应力；当拉应力达到混凝土轴心抗拉强度标准值时，构件处于开裂状态；开裂后裂缝截面的内力全部由钢筋承受，裂缝逐渐发展，当钢筋达到屈服强度时，构件处于承载力极限状态。这就是使用阶段的受力过程。

1. 混凝土应力为零时

混凝土应力为零时的状态也称为消压状态。显然，当外荷载在截面上产生的拉应力刚好等于混凝土有效预压应力 σ_{pcII} 时，混凝土的应力将等于零（图 9-12）。

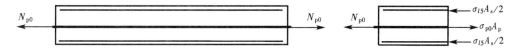

图 9-12　先张法构件混凝土的应力为零时的受力状态

构件在轴向拉力作用下，混凝土的应力增量（从完成全部预应力损失时算起）为 σ_{pcII}，非预应力钢筋和预应力钢筋的应力增量分别为 $\alpha_{\mathrm{Es}}\sigma_{\mathrm{pcII}}$ 和 $\alpha_{\mathrm{E}}\sigma_{\mathrm{pcII}}$，故在消压状态时它们的应力分别为：

$$\left.\begin{array}{l} \sigma_{\mathrm{pc}} = 0 \\ \sigma_{\mathrm{s}} = \sigma_{l5} \quad （压） \\ \sigma_{\mathrm{p}} = \sigma_{\mathrm{p0}} = \sigma_{\mathrm{con}} - \sigma_l \quad （拉） \end{array}\right\} \tag{9-17}$$

由内、外力的平衡条件，可得：

$$N_{\mathrm{p0}} = (\sigma_{\mathrm{con}} - \sigma_l)A_{\mathrm{p}} - \sigma_{l5}A_{\mathrm{s}} = \sigma_{\mathrm{pcII}} \cdot A_0 \tag{9-18}$$

式中　N_{p0}——混凝土法向应力为零时预应力及非预应力钢筋的合力。

该 N_{p0} 即为抵消截面上混凝土有效预压应力所需的轴向力，称为消压轴力。

2. 构件即将开裂时

轴向力继续增加，当混凝土拉应力达到混凝土轴心抗拉强度标准值 f_{tk} 时，构件处于即将开裂的状态（图 9-13）。

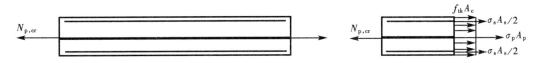

图 9-13　先张法构件即将开裂时的受力状态

此时混凝土和钢筋的应力分别为：

$$\left.\begin{aligned} \sigma_{pc} &= f_{tk} \\ \sigma_s &= \alpha_{Es} f_{tk} - \sigma_{l5} \\ \sigma_p &= \sigma_{con} - \sigma_l + \alpha_E f_{tk} \end{aligned}\right\} \tag{9-19}$$

由内外力的平衡条件 $N_{p,cr} = f_{tk} A_c + \sigma_s A_s + \sigma_p A_p$，并利用式（9-15）可推得：

$$N_{p,cr} = (f_{tk} + \sigma_{pcII}) A_0 \tag{9-20}$$

式中　$N_{p,cr}$——预应力混凝土轴心受拉构件即将开裂时所能承受的轴向力。

3. 构件破坏时

当荷载再继续增加时，构件便要开裂。构件开裂后，裂缝贯穿整个截面。裂缝截面上混凝土不承受外荷载，全部外荷载都由钢筋承受。当钢筋达到抗拉强度设计值 f_{py} 时，构件便被认为发生破坏，即达到其承载力极限状态（图 9-14）。

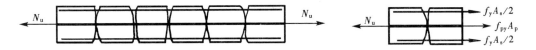

图 9-14　先张法预应力构件破坏时的受力状态

此时，

$$\left.\begin{aligned} \sigma_{pc} &= 0 \\ \sigma_s &= f_y \\ \sigma_p &= f_{py} \end{aligned}\right\} \tag{9-21}$$

由平衡条件可得：

$$N_u = f_{py} A_p + f_y A_s \tag{9-22}$$

式中　N_u——预应力混凝土轴心受拉构件破坏时的极限承载力。

由式（9-22）可见，对构件施加预应力并不能提高构件的承载力，但预应力的存在，可大大提高构件的抗裂性能（参见式（9-20））。

二、后张法构件

（一）施工阶段

1. 预应力钢筋锚固后

后张法构件在张拉并锚固预应力钢筋时，先后出现预应力损失 σ_{l2} 和 σ_{l1}，即已完成混凝土受预压前的损失 $\sigma_{l\,\mathrm{I}}=\sigma_{l1}+\sigma_{l2}$；而且，在张拉预应力钢筋的同时，混凝土的弹性压缩也已发生。此时，混凝土和钢筋的应力分别为：

$$
\left.
\begin{aligned}
\sigma_{\mathrm{pc}} &= \sigma_{\mathrm{pc\,I}} \\
\sigma_{\mathrm{p\,I}} &= \sigma_{\mathrm{con}} - \sigma_{l\,\mathrm{I}} \\
\sigma_{\mathrm{s\,I}} &= \alpha_{\mathrm{Es}}\sigma_{\mathrm{pc\,I}}
\end{aligned}
\right\}
\tag{9-23}
$$

式中　$\sigma_{\mathrm{pc\,I}}$——完成第一批损失后，混凝土所受到的预压应力。

由脱离体（图 9-15）截面的静力平衡条件，可得：

$$\sigma_{\mathrm{pc}}A_{\mathrm{c}}+\sigma_{\mathrm{s}}A_{\mathrm{s}}=\sigma_{\mathrm{p}}A_{\mathrm{p}}$$

即：

$$\sigma_{\mathrm{pc\,I}}A_{\mathrm{c}}+\alpha_{\mathrm{Es}}\sigma_{\mathrm{pc\,I}}A_{\mathrm{s}}=(\sigma_{\mathrm{con}}-\sigma_{l\,\mathrm{I}})A_{\mathrm{p}}$$

整理后得：

$$\sigma_{\mathrm{pc\,I}}=\frac{(\sigma_{\mathrm{con}}-\sigma_{l\,\mathrm{I}})A_{\mathrm{p}}}{A_{\mathrm{n}}} \tag{9-24}$$

式中　A_{n}——构件净截面面积，它等于换算截面面积减去全部纵向预应力钢筋截面面积换算成混凝土的截面面积，即 $A_{\mathrm{n}}=A_0-\alpha_{\mathrm{E}}A_{\mathrm{p}}$ 或 $A_{\mathrm{n}}=A_{\mathrm{c}}+\alpha_{\mathrm{Es}}A_{\mathrm{s}}$；

A_{c}——扣除孔道、凹槽、非预应力钢筋截面面积后的混凝土净截面面积；

α_{E}、α_{Es}——预应力钢筋、非预应力钢筋与混凝土的弹性模量比值。

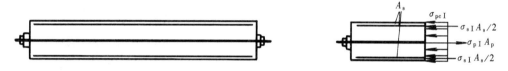

图 9-15　后张法构件预应力钢筋锚固后的受力状态

2. 完成第二批损失后

与先张法构件一样，后张法构件在投入使用之前假定已完成第二批预应力损失，亦即预应力损失全部完成，其受力状态如图 9-16 所示。

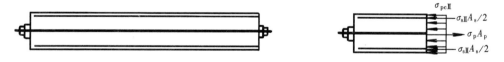

图 9-16　后张法构件完成第二批损失后的受力状态

此时，混凝土和钢筋的应力分别为：

$$
\left.
\begin{aligned}
\sigma_{\mathrm{pc}} &= \sigma_{\mathrm{pc\,II}} = \frac{(\sigma_{\mathrm{con}}-\sigma_{l})A_{\mathrm{p}}-\sigma_{l5}A_{\mathrm{s}}}{A_{\mathrm{n}}} \\
\sigma_{\mathrm{p}} &= \sigma_{\mathrm{p\,II}} = \sigma_{\mathrm{con}} - \sigma_{l} \\
\sigma_{\mathrm{s\,II}} &= \alpha_{\mathrm{Es}}\sigma_{\mathrm{pc\,II}} + \sigma_{l5}
\end{aligned}
\right\}
\tag{9-25}
$$

（二）使用阶段

1. 混凝土应力等于零（消压）时

与先张法构件类似，当外荷载产生的拉应力刚好等于混凝土有效预压应力 $\sigma_{\mathrm{pc\,II}}$ 时，构件截面混凝土处于应力为零的状态，则：

$$\left.\begin{aligned}
\sigma_{pc} &= \sigma_{pc\,II} - \sigma_{pc\,II} = 0 \\
\sigma_{s0} &= \alpha_{Es}\sigma_{pc\,II} - \sigma_{l5} - \alpha_{Es}\sigma_{pc\,II} = \sigma_{l5} \quad (\text{压}) \\
\sigma_{p0} &= \sigma_{p\,II} + \alpha_E\sigma_{pc\,II} = \sigma_{con} - \sigma_l + \alpha_E\sigma_{pc\,II}
\end{aligned}\right\} \tag{9-26}$$

相应的消压轴向力为：

$$\begin{aligned}
N_{p0} &= \sigma_{p0}A_p - \sigma_{s0}A_s \\
&= (\sigma_{con} - \sigma_l + \alpha_E\sigma_{pc\,II})A_p - \sigma_{l5}A_s \\
&= \sigma_{pc\,II} \cdot A_0
\end{aligned} \tag{9-27}$$

式中　A_0——构件换算截面面积，$A_0 = A_n + \alpha_E A_p$；

　　　$\sigma_{pc\,II}$——混凝土有效预压应力，按式（9-25）计算。

2. 构件即将开裂时

与先张法构件类似，此时：

$$\left.\begin{aligned}
\sigma_{pc} &= f_{tk} \\
\sigma_s &= \alpha_{Es}f_{tk} - \sigma_{l5} \\
\sigma_p &= \sigma_{p,cr} = (\sigma_{con} - \sigma_l) + \alpha_E(\sigma_{pc\,II} + f_{tk})
\end{aligned}\right\} \tag{9-28}$$

即将开裂时所能承受的轴向力：

$$\begin{aligned}
N_{p,cr} &= f_{tk}A_c + \sigma_s A_s + \sigma_p A_p \\
&= f_{tk}(A_c + \alpha_{Es}A_s) + (\sigma_{con} - \sigma_l)A_p + \alpha_E(\sigma_{pc\,II} + f_{tk})A_p \\
&= (f_{tk} + \sigma_{pc\,II})A_0
\end{aligned} \tag{9-29}$$

3. 构件破坏时

与先张法构件相同，裂缝截面上的内力全部由钢筋承担，其承载力可按式（9-22）计算。

比较先张法和后张法构件的相应公式可知：①施工阶段的混凝土预压应力 σ_{pc} 计算公式类似，不同的是先张法采用 A_0，后张法采用 A_n；②使用阶段的 N_{p0}、$N_{p,cr}$ 的计算公式，无论对先张法和后张法构件在形式上是相同的，截面面积都采用 A_0；③直到构件开裂前，预应力钢筋的应力 σ_p，先张法构件的总比后张法构件的少 $\alpha_E\sigma_{pc}$，或者说后张法构件的 σ_{con} 相当于先张法构件的 $(\sigma_{con} - \alpha_E\sigma_{pc})$；④无论对先张法和后张法构件，$N_u$ 的计算公式完全一样。掌握这些特点，对公式的记忆和运用有很大好处。

第四节　预应力混凝土轴心受拉构件的计算和验算

一、正截面受拉承载力

根据构件破坏时的受力状态（图 9-17），可得：

$$N \leqslant f_y A_s + f_{py} A_p \tag{9-30}$$

式中　f_y、f_{py}——非预应力钢筋、预应力钢筋的抗拉强度设计值；

　　　A_s、A_p——非预应力钢筋、预应力钢筋的截面面积；

　　　N——轴向力设计值。

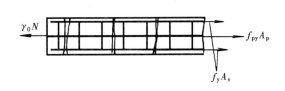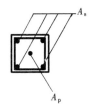

图 9-17　轴心受拉构件承载力计算简图

二、裂缝控制验算

与钢筋混凝土构件一样，预应力混凝土构件的裂缝控制等级也分为三级。对于裂缝控制等级为一级和二级的构件，须进行抗裂验算；对于裂缝控制等级为三级的构件，应进行裂缝开展宽度的验算。

预应力混凝土轴心受拉构件裂缝控制验算按如下规定进行。

（一）严格要求不出现裂缝的构件（裂缝控制等级一级）

在荷载的标准组合下应符合下列规定：

$$\sigma_{ck} - \sigma_{pc} \leq 0 \tag{9-31}$$

式中　σ_{ck}——荷载的标准组合下混凝土的法向应力，$\sigma_{ck} = N_s/A_0$；

N_s——按荷载的标准组合计算的轴向力值；

σ_{pc}——扣除全部预应力损失后的混凝土预压应力；$\sigma_{pc} = \sigma_{pcⅡ}$，按式（9-15）或式（9-25）计算。

（二）一般要求不出现裂缝的构件（裂缝控制等级二级）

在荷载效应的标准组合下应符合下列规定：

$$\sigma_{ck} - \sigma_{pc} \leq f_{tk} \tag{9-32}$$

式中　f_{tk}——混凝土的抗拉强度标准值；

σ_{ck}、σ_{pc}——同式（9-31）。

（三）使用阶段允许出现裂缝的构件（裂缝控制等级三级）

此时应采用荷载的标准组合验算裂缝宽度。验算方法和公式与第八章中钢筋混凝土构件相似，此处从略。

对二类 a 环境的预应力构件，在荷载的准永久组合下尚应符合下列规定：

$$\sigma_{cq} - \sigma_{pc} \leq f_{tk} \tag{9-33}$$

式中　σ_{cq}——在荷载准永久组合下的混凝土法向应力，$\sigma_{cq} = N_q/A_0$；

N_q——按荷载准永久组合计算的轴向力值。

三、施工阶段验算

预应力混凝土构件在制作、运输和吊装等施工阶段的受力状态，与使用阶段的受力状态不完全相同。此外，混凝土开始承受预应力时的立方体抗压强度，一般都低于混凝土的强度设计值。因此，除了应对预应力混凝土构件使用阶段的承载力、裂缝和变形进行验算以外，还应对其在施工阶段的受力情况进行验算。

对于先张法预应力混凝土轴心受拉构件，一般只需对放松预应力钢筋时构件的承载力进行验算。对于后张法预应力混凝土轴心受拉构件，除了应对张拉钢筋时构件的承载力进行验算外，还要求对预应力钢筋端部锚固区混凝土局部承压的承载力进行验算。如果预应力混凝土轴心受拉构件在制作、运输和吊装过程中，由于自重等作用（必要时应考虑动力系数）可能在构件中产生较大的应力时，还需要对这种受力情况进行验算。

（一）承载力验算

预应力混凝土轴心受拉构件施工阶段的承载力验算条件为：

$$\sigma_{cc} \leqslant 0.8 f'_{ck} \tag{9-34}$$

式中　f'_{ck}——放松（或张拉）预应力钢筋时混凝土立方体抗压强度 f'_{cu} 相应的抗压强度标准值，可用直线内插法取值；

σ_{cc}——放松（或张拉）预应力钢筋时混凝土的预压应力，对先张法构件取：

$$\sigma_{cc} = \frac{(\sigma_{con} - \sigma_{l \text{I}})A_p}{A_0} \tag{9-35}$$

对后张法构件取：

$$\sigma_{cc} = \frac{\sigma_{con}A_p}{A_n} \tag{9-36}$$

应当注意，在施加预应力时（即放松或张拉预应力钢筋时），混凝土立方体抗压强度 f'_{cu} 不宜低于设计的混凝土强度等级的 75%。

（二）后张法构件端部锚固的局部受压承载力验算

后张法构件中，预应力钢筋中的预压力是通过锚具传递给垫板，再由垫板传递给混凝土的。预压应力在构件的端面上是集中于垫板下一定的范围之内，然后在构件内逐步扩散，经过一定的扩散长度后才均匀地分布到构件的全截面上，一般取扩散长度等于构件的截面宽度 b（图 9-18）。

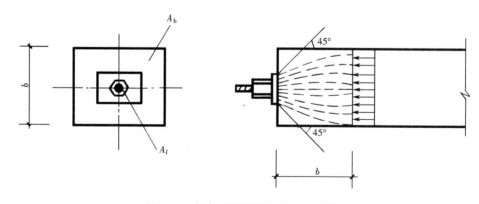

图 9-18　构件端部锚固区的应力传递

如果预压力很大，垫板面积又较小，离开构件端部一定距离的截面虽然不会破坏，但垫板下的混凝土有可能发生局部挤压破坏。因此，应对构件端部锚固区的混凝土进行局部承压验算。

1. 局部受压区的截面尺寸要求

为了防止构件端部局部受压面积太小而在使用阶段出现裂缝，混凝土局部受压区的截面尺寸应符合下列要求：

$$F_l \leqslant 1.35 \beta_c \beta_l f_c A_{ln} \qquad (9\text{-}37)$$

$$\beta_l = \sqrt{A_b / A_l} \qquad (9\text{-}38)$$

式中　F_l——局部受压面上作用的局部压力设计值；

　　　β_l——混凝土局部受压时的强度提高系数；

　　　β_c——混凝土强度影响系数；

　　　A_l——混凝土局部受压面积；

　　　A_{ln}——混凝土局部受压净面积；对后张法构件应在混凝土局部受压面积中扣除孔道、凹槽部分的面积；

　　　A_b——局部受压时的计算底面积，可根据局部受压面积与计算底面积同心、对称的原则确定，一般情形可按图 9-19 取用。

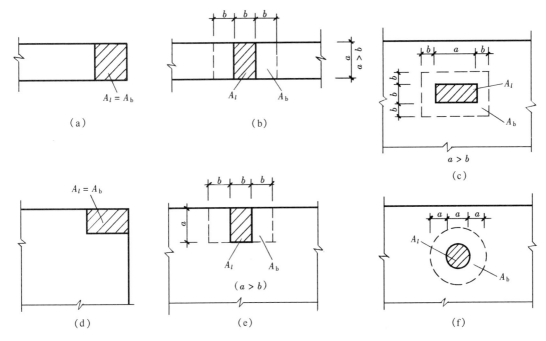

图 9-19　确定局部受压计算底面积 A_b

系数 β_l 是考虑到混凝土局部受压时，周围未直接受力的混凝土阻碍局部受压混凝土的横向变形，使它处于约束受力状态而取用的强度提高系数。

2. 局部受压承载力的计算

为了防止构件端部局部受压破坏，通常在该区段内配置方格网式或螺旋式间接钢筋（图 9-20）。

配置上述钢筋且其核芯面积 $A_{cor} \geqslant A_l$ 时，局部受压承载力按下列公式计算：

$$F_l \leqslant 0.9(\beta_c \beta_l f_c + 2\alpha \rho_V \beta_{cor} f_y) A_{ln} \qquad (9\text{-}39)$$

当为方格网配筋时（图 9-20a），其体积配筋率应按下式计算：

$$\rho_V = \frac{n_1 A_{s1} l_1 + n_2 A_{s2} l_2}{A_{cor} s} \qquad (9\text{-}40)$$

此时，在钢筋网两个方向的单位长度内，其钢筋截面面积相差不应大于 1.5 倍。

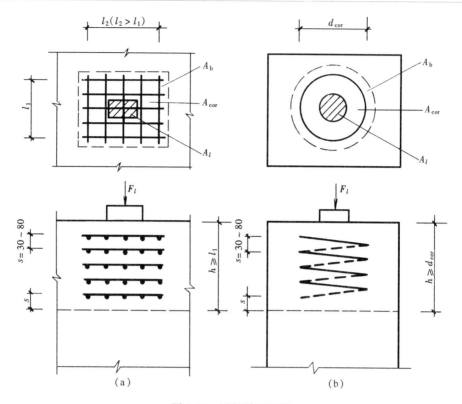

图 9-20 局部受压配筋

(a) 方格网配筋；(b) 螺旋式配筋

当为螺旋配筋时（图 9-20b），其体积配筋率应按下式计算：

$$\rho_V = \frac{4A_{ss1}}{d_{cor}s} \tag{9-41}$$

式中 β_{cor}——配置间接钢筋的局部承压承载力提高系数，仍按式（9-38）计算，但 A_b 以 A_{cor} 代替，当 $A_{cor} > A_b$ 时，应取 $A_{cor} = A_b$；

A_{cor}——方格网或螺旋形配筋以内的混凝土核心面积，且其重心应与 A_l 的重心相重合；

n_1、A_{s1}——方格网沿 l_1 方向的钢筋根数、单根钢筋的截面面积；

n_2、A_{s2}——同上，但沿 l_2 方向；

A_{ss1}——螺旋式单根间接钢筋的截面面积；

d_{cor}——螺旋式配筋以内的混凝土直径；

s——方格网或螺旋式钢筋的间距，宜取 30mm～80mm；

ρ_V——间接钢筋的体积配筋率（核心面积 A_{cor} 范围单位混凝土体积中所包含的间接钢筋体积）。

上述计算需要的间接钢筋应配置在图 9-20 所规定的 h 范围内。对方格网配筋，在 $h \geqslant l_1$ 范围内配置的方格网钢筋不应少于 4 片；对螺旋式配筋，在 $h \geqslant d_{cor}$ 范围内配置的螺旋式钢筋不应少于 4 圈。对柱接头，h 尚不应小于 $15d$，d 为柱的纵向钢筋直径。

【例 9-1】 某 24m 跨后张法预应力混凝土拱形屋架下弦，设计使用年限为 50 年，环境类别为一类，截面尺寸为 250mm×160mm，两个孔道的直径均为 50mm，锚具的直径为 100mm，垫圈的厚度为 18mm，采用抽芯成型，端部尺寸及构造如图 9-21 所示。混凝土的强度等级为C50，采用有粘结低松弛钢绞线束配筋，每束公称直径$\phi^s17.8$，$A_s=191\text{mm}^2$，$f_{ptk}=1860\text{N/mm}^2$，镦头锚具，一端张拉。非预应力钢筋按构造要求配置$4\Phi12$。下弦的轴心拉力设计值$N=525\text{kN}$，按荷载效应标准组合计算的轴心拉力值$N_k=460\text{kN}$，混凝土达强度设计值后开始张拉预应力钢筋。试进行下弦的承载力计算、抗裂验算以及屋架端部的局部受压承载力验算。

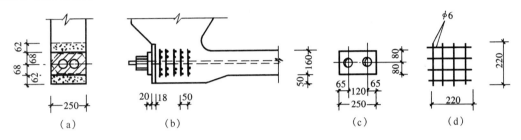

图 9-21 例 9-1 附图

(a) 端部受压面积图；(b) 下弦端节点；(c) 下弦截面；(d) 方格网

【解】 由附表 1-7～附表 1-9 分别查得：

混凝土强度等级为 C50 时，$f_c=23.1\text{N/mm}^2$，$f_t=1.89\text{N/mm}^2$，$f_{tk}=2.64\text{N/mm}^2$，$E_c=3.45\times10^4\text{N/mm}^2$，$f'_{cu}=50\text{N/mm}^2$，$f'_c=23.1\text{N/mm}^2$，$f'_{ck}=32.4\text{N/mm}^2$

由附表 1-4、附表 1-6 和附表 1-15 分别查得预应力钢筋 $f_{py}=1320\text{N/mm}^2$，$E_{s1}=1.95\times10^5\text{N/mm}^2$，HRB335 级钢筋 $f_y=300\text{N/mm}^2$，$E_{s2}=2\times10^5\text{N/mm}^2$，$A_s=452\text{mm}^2$

一、使用阶段计算

1. 承载力计算

承载力计算主要是确定预应力钢筋的截面面积。由式（9-30）可得：

$$A_p\geqslant\frac{N-f_yA_s}{f_{py}}=\frac{525000-300\times452}{1320}=295\text{mm}^2$$

选用 $2\phi^s17.8$，实配 $A_p=2\times\frac{1}{4}\pi d^2=2\times\frac{1}{4}\times3.14\times17.8^2=497\text{mm}^2$。

2. 抗裂验算

屋架的裂缝控制等级为二级。

（1）计算 A_n 和 A_0

$$\alpha_E=\frac{E_{s1}}{E_c}=\frac{1.95\times10^5}{3.45\times10^4}=5.65$$

$$\alpha_{Es}=\frac{E_{s2}}{E_c}=\frac{2\times10^5}{3.45\times10^4}=5.80$$

下弦的净截面面积为：

$$A_n=A_c+(\alpha_{Es}-1)A_s=250\times160-2\times\frac{\pi}{4}\times50^2+(5.80-1)\times452$$

$$=38243\text{mm}^2$$

下弦的换算截面面积为：

$$A_0=A+(\alpha_{Es}-1)A_s+(\alpha_E-1)A_p=250\times160+(5.80-1)\times452+(5.65-1)\times497$$

$$=44481\text{mm}^2$$

（2）确定张拉控制应力 σ_{con}

由表 9-1 查得：

$$\sigma_{con} = 0.75 f_{ptk} = 0.75 \times 1860 = 1395 \text{N/mm}^2$$

（3）计算预应力损失 σ_l

1）锚具变形损失

由表 9-2 查得螺帽缝隙 1mm，每块后加垫板缝隙 1mm，则 $a = 1+1 = 2$mm；

由式（9-1）：

$$\sigma_{l1} = \frac{a}{l} E_{s1} = \frac{2}{24000} \times 1.95 \times 10^5 = 16 \text{N/mm}^2$$

2）孔道摩擦损失

直线配筋，一端张拉，故 $\theta = 0$，$l = 24$m。

抽芯成型时，由表 9-3 查得，$\kappa = 0.0014$，$\mu = 0.55$，$\mu\theta + \kappa x = 0.55 \times 0 + 0.0014 \times 24 = 0.034 < 0.3$，故由式（9-5）得

$$\sigma_{l2} = \sigma_{con}(\kappa x + \mu\theta) = 1395 \times 0.034 = 47 \text{N/mm}^2$$

则第一批预应力损失

$$\sigma_{lI} = \sigma_{l1} + \sigma_{l2} = 16 + 47 = 63 \text{N/mm}^2$$

3）预应力钢筋的松弛损失

因为 $\sigma_{con} = 0.75 f_{ptk}$，则

$$\sigma_{l4} = 0.2\left(\frac{\sigma_{con}}{f_{ptk}} - 0.575\right)\sigma_{con} = 0.2(0.75 - 0.575) \times 1395$$
$$= 48.8 \text{N/mm}^2$$

4）混凝土的收缩徐变损失

此时混凝土的预压应力 σ_{pc} 仅考虑第一批预应力损失，故由式（9-24）：

$$\sigma_{pc} = \sigma_{pcI} = \frac{(\sigma_{con} - \sigma_{lI})A_p}{A_n} = \frac{(1395 - 63) \times 497}{38243} = 17.31 \text{N/mm}^2 < 0.5 f'_{cu} = 0.5 \times$$

$50 = 25\text{N/mm}^2$ 而且 $\rho = \frac{1}{2} \cdot \frac{A_s + A_p}{A_n} = \frac{1}{2} \times \frac{452 + 497}{38243} = 0.0124$

由式（9-9），有：

$$\sigma_{l5} = \frac{55 + 300\frac{\sigma_{pc}}{f_{cu}}}{1 + 15\rho} = \frac{55 + 300 \times \frac{13.31}{50}}{1 + 15 \times 0.0124} = 113.71 \text{N/mm}^2$$

第二批预应力损失为：

$$\sigma_{lII} = \sigma_{l4} + \sigma_{l5} = 48.8 + 113.71 = 162.51 \text{N/mm}^2$$

故总的预应力损失：

$$\sigma_l = \sigma_{lI} + \sigma_{lII} = 63 + 162.51 = 225.51 \text{N/mm}^2 > 80 \text{N/mm}^2$$

（4）抗裂验算

混凝土的有效预压应力 σ_{pc} 由式（9-25）求得：

$$\sigma_{pc} = \sigma_{pcII} = \frac{(\sigma_{con} - \sigma_l)A_p - \sigma_{l5}A_s}{A_n}$$
$$= \frac{(1395 - 225.51) \times 497 - 113.71 \times 452}{38243} = 13.85 \text{N/mm}^2$$

在荷载效应标准组合下的混凝土法向应力

$$\sigma_{ck} = \frac{N_k}{A_0} = \frac{460000}{44481} = 10.34 \text{N/mm}^2$$

则有　　$\sigma_{ck} - \sigma_{pc} = 10.34 - 13.85 = -3.51 \text{N/mm}^2 < f_{tk} = 2.64 \text{N/mm}^2$

屋架在正常使用状态下，下弦处在受压状况，故满足式（9-32）对于裂缝控制等级为二级的抗裂要求。

二、施工阶段承载力验算

由式（9-36），有：

$$\sigma_{cc} = \frac{\sigma_{con} A_p}{A_n} = \frac{1395 \times 497}{38243} = 18.13 \text{N/mm}^2$$

而　$f'_{ck} = 32.4 \text{N/mm}^2$，故有

$$\sigma_{cc} < 0.8 f'_{ck} = 0.8 \times 32.4 = 25.92 \text{N/mm}^2$$

施工阶段承载力满足要求。

三、屋架端部锚固区局部受压验算

（1）计算 β 值

计算混凝土局部受压面积 A_l 时，假定预压力沿锚具垫圈边缘，在构件端部预埋件中按 45° 刚性角扩散后的面积计算，锚具直径为 100mm，下弦端部钢板厚 18mm。因此

$$A_l = 2 \times \frac{\pi}{4} d_1^2 = 2 \times \frac{\pi}{4}(100 + 18 \times 2)^2 = 29053 \text{mm}^2$$

计算局部受压的计算底面积 A_b 时，近似以两实线所围矩形代替两虚线圆（图 9-21a），根据同心、对称原则，得：

$$A_b = 250 \times (136 + 2 \times 62) = 65000 \text{mm}^2$$

故混凝土局部受压强度提高系数为：

$$\beta = \sqrt{\frac{A_b}{A_l}} = \sqrt{\frac{65000}{29053}} = 1.50$$

（2）求局部压力设计值

$$F_l = \sigma_{con} A_p = 1395 \times 497 = 693315 \text{N}$$

（3）局部受压区截面尺寸验算

$$A_{ln} = A_l - 2 \times \frac{\pi}{4} d_2^2 = 29053 - 2 \times \frac{\pi}{4} \times 50^2 = 25126 \text{mm}^2$$

由式（9-37）得：

$1.5\beta f_c A_{ln} = 1.5 \times 1.50 \times 23.1 \times 25126 = 1305924 \text{N} > F_l = 693315 \text{N}$　（满足）

（4）局部受压承载力验算

设置 5 片钢筋网片，间距 $s = 50$mm，钢筋直径 $d = 6$mm，$f_y = 270 \text{N/mm}^2$，$A_{s1} = A_{s2} = 28.3 \text{mm}^2$（图 9-21b、d），则：

$$A_{cor} = 220 \times 220 = 48400 \text{mm}^2 < A_b = 65000 \text{mm}^2$$

$$\beta_{cor} = \sqrt{\frac{A_{cor}}{A_l}} = \sqrt{\frac{48400}{29053}} = 1.29$$

$$\rho_V = \frac{2nA_{s1}l_1}{A_{cor}s} = \frac{2 \times 4 \times 28.3 \times 220}{48400 \times 50} = 0.021$$

则由式（9-39），有：

$(\beta f_c + 2\rho_v \beta_{cor} f_y)A_{ln} = (1.50 \times 23.1 + 2 \times 0.021 \times 1.29 \times 270) \times 25126 = 1238174\text{N} > F_l = 693315\text{N}$（满足）。

第五节　部分预应力混凝土和无粘结预应力混凝土的概念

一、部分预应力混凝土

一般的预应力混凝土构件，都采用全预应力或有限预应力的形式制作。所谓全预应力混凝土构件是指在使用荷载作用下截面受拉区不出现拉应力的构件，它相当于《规范》规定的严格要求不出现裂缝的构件（裂缝控制等级为一级）；所谓有限预应力混凝土构件，则相当于《规范》中一般要求不出现裂缝的构件（裂缝控制等级为二级），在使用荷载作用下不同程度地保证受拉混凝土不开裂。

采用全预应力或有限预应力，对提高构件的抗裂性和构件刚度都很有利，但也存在如下缺点：①要求配置受力钢筋的数量较多，或者要求对构件施加的预压力大，因而徐变损失也大；②所需设备费用较高；③对于梁类构件，由于受拉区施加了大的预压力，一旦可变荷载不存在时，其恢复的反拱可能导致地面和隔墙开裂或桥面不平等问题。而适当降低预应力（其方法主要是减少预应力钢筋并相应增加非预应力钢筋数量）就可克服上述缺点。这类预应力构件虽然在荷载短期效应组合下会产生裂缝，但在荷载长期效应下裂缝可以闭合，因而称为部分预应力混凝土构件，它相当于《规范》中裂缝控制等级为三级的构件。部分预应力混凝土构件所需费用较少，在预应力混凝土结构中得到了应用和发展。

二、无粘结预应力混凝土

除部分预应力混凝土构件外，无粘结预应力混凝土构件的应用范围正在迅速扩大。无粘结预应力技术和部分预应力技术相结合，形成无粘结部分预应力混凝土。

无粘结预应力技术是克服一般后张法预应力构件的施工工艺缺点的有效技术。因为后张法预应力混凝土构件需要有预留孔道、穿筋、灌浆等施工工序，而预留孔道（尤其是曲线形孔道）和灌浆都比较麻烦，灰浆漏灌还易造成事故隐患。因此，若将预应力钢筋外表涂以防腐油脂并用油纸包裹，外套塑料管，它就可以像普通钢筋一样直接按设计位置放入钢筋骨架内并浇灌混凝土，当混凝土达到规定的强度（如不低于混凝土设计强度等级的75%）后即可对无粘结预应力钢筋进行张拉，建立预应力。因为与混凝土之间用油纸或塑料管隔离，无粘结。这种配置与混凝土之间可保持相对滑动的无粘结预应力筋的后张法混凝土结构，称为无粘结预应力混凝土结构。

无粘结预应力钢筋外涂油脂的作用是减少摩擦力，并能防腐，故要求它具有良好的化学稳定性，温度高时不流淌，温度低时不硬脆。无粘结预应力钢筋一般采用工业化生产。

无粘结预应力的概念是20世纪20年代由德国的R. Farber提出的，40年代开始用于桥梁结构。50年代初，美国开始用于房屋建筑的楼盖和屋盖，作为大跨度双向板的预应力配筋，可以不设梁，因而可以降低楼层高度，房屋的整体性也较好。我国从 70 年代开始陆续将无粘结预应力技术用于需要连续配筋的楼盖工程及具有曲线后张预应力筋的梁和其他构件，取得了很好效果。如 63 层的广东国际大厦工程采用无粘结预应力楼盖，节省钢材 420t，混凝土 7550m³，并使楼板厚度从 300mm 降低为 220mm。

由于无粘结预应力混凝土技术综合了先张法和后张法施工工艺的优点，因而具有广阔的发展前景。无粘结预应力混凝土过去有专门的设计规程，现在已纳入《规范》中。

小　结

（1）对混凝土构件施加预应力，是克服这种构件自重大、易开裂的最有效途径之一。由于预应力混凝土结构具有许多显著的优点，因此在实际工程中，应尽可能地推广使用预应力混凝土构件。

（2）预应力损失是预应力结构中特有的现象。预应力混凝土构件中，引起预应力损失的因素较多，不同预应力损失出现的时刻和延续的时间受许多因素制约，给计算工作增添了复杂性。深刻认识预应力损失现象，把握其变化规律，对于了解预应力混凝土构件的设计计算都是十分有益的。

（3）在施工阶段，预应力混凝土构件的计算分析是基于材料力学的分析方法，先张法构件和后张法构件采用不同的截面几何特征；在使用阶段，直到构件开裂前，材料力学的方法仍适用于预应力混凝土构件的分析，且先张法构件和后张法构件都采用换算截面进行。

（4）和钢筋混凝土构件相比，预应力混凝土构件的计算较麻烦，构造较复杂，施工制作要求一定的机械设备与技术条件，给预应力混凝土构件的广泛使用带来一定的限制，其改进与完善尚有待进一步研究。

思 考 题

1. 何谓预应力？为什么要对构件施加预应力？
2. 与钢筋混凝土构件相比，预应力混凝土构件有何优缺点？
3. 对构件施加预应力是否会改变构件的承载力？
4. 先张法和后张法各有何特点？
5. 预应力混凝土构件对材料有何要求？为什么预应力混凝土构件要求采用强度较高的钢筋和混凝土？
6. 何谓张拉控制应力？为什么要对钢筋的张拉应力进行控制？
7. 何谓预应力损失？有哪些因素引起预应力损失？
8. 先张法构件和后张法构件的预应力损失有何不同？
9. 如何减小预应力损失？
10. 为什么要对构件的端部局部加强？举出三种构件端部局部加强的构造措施。
11. 后张法构件中为什么要同时预留灌浆孔和出气孔？

习 题

9-1 已知预应力混凝土屋架下弦用后张法施加预应力，设计使用年限为 50 年，环境类别为一类。

截面尺寸为 $b \times h = 250\text{mm} \times 200\text{mm}$（图 9-22）。构件长 18m，混凝土强度等级 C40，预应力钢筋用 1×7 钢绞线，$f_{ptk} = 1860\text{N/mm}^2$，配置非预应力钢筋为 4$\Phi$10，当混凝土达到抗压强度设计值的 90% 时张拉预应力钢筋（采用两端同时张拉，超张拉），孔道直径为 $\phi 50$（充压橡皮管抽芯成型），轴向拉力设计值 $N = 460\text{kN}$，在荷载短期效应组合下，轴向拉力值 $N_s = 350\text{kN}$，在荷载长期效应组合下，轴向拉力值 $N_L = 300\text{kN}$，该构件属一般要求不出现裂缝构件，要求：

（1）确定钢筋数量；

（2）进行使用阶段正截面抗裂验算；

（3）验算施工阶段混凝土抗压承载力；

（4）验算施工阶段锚固区局部承压力（包括确定钢筋网的材料、规格、网片的间距以及垫板尺寸等）。

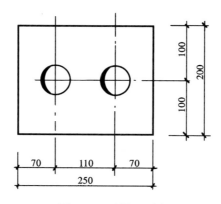

图 9-22 习题 9-1 图

附　录

附录1：常用表格

普通钢筋强度标准值（N/mm²）　　　　　　　　　　　　附表 1-1

牌号		符号	公称直径 d（mm）	屈服强度标准值 f_{yk}	极限强度标准值 f_{stk}
热轧钢筋	HPB300	Φ	6～14	300	420
	HRB335	Φ	6～14	335	455
	HRB400 HRBF400 RRB400	Φ Φ^F Φ^R	6～50	400	540
	HRB500 HRBF500	Φ Φ^F	6～50	500	630
冷轧带肋钢筋	CRB550	ΦR	4～12	500	—
	CRB600H	ΦRH	5～12	520	—

注：直径 4mm 的冷轧带肋钢筋仅用于混凝土制品。

预应力筋强度标准值（N/mm²）　　　　　　　　　　　　附表 1-2

种类		符号	公称直径 d（mm）	屈服强度标准值 f_{pyk}	极限强度标准值 f_{ptk}
钢绞线	1×3（三股）	Φ^S	8.6、10.8、12.9	—	1570
				—	1860
				—	1960
	1×7（七股）		9.5、12.7、15.2、17.8	—	1720
				—	1860
				—	1960
			21.6	—	1860
中强度预应力钢丝	光面螺旋肋	Φ^{PM} Φ^{HM}	5、7、9	620	800
				780	970
				980	1270
消除应力钢丝	光面螺旋肋	Φ^P Φ^H	5	—	1570
				—	1860
			7	—	1570
			9	—	1470
				—	1570

续表

种类		符号	公称直径 d（mm）	屈服强度标准值 f_{pyk}	极限强度标准值 f_{ptk}
预应力冷轧带肋钢筋	CRB650	Φ^R	5、6	—	650
	CRB650	Φ^{RH}			
	CRB800	Φ^R	5	—	800
	CRB800	Φ^{RH}	5、6		
	CRB970	Φ^R	5	—	970
预应力螺纹钢筋	螺纹	Φ^T	18、25、32、40、50	785	980
				930	1080
				1080	1230

注：极限强度标准值为 1960N/mm² 的钢绞线作后张预应力配筋时，应有可靠的工程经验。

普通钢筋强度设计值（N/mm²） 附表 1-3

牌号		抗拉强度设计值 f_y 与抗压强度设计值 f_y'
热轧钢筋	HPB300	270
	HRB335	300
	HRB400 HRBF400 RRB400	360
	HRB500 HRBF500	435
冷轧带肋钢筋	CRB550	400
	CRB600H	415

注：冷轧带肋钢筋不考虑其抗压强度设计值。

预应力筋强度设计值（N/mm²） 附表 1-4

种类	极限强度标准值 f_{ptk}	抗拉强度设计值 f_{py}
钢绞线	1570	1110
	1720	1220
	1860	1320
	1960	1390
中强度预应力钢丝	800	510
	970	650
	1270	810
消除应力钢丝	1470	1040
	1570	1110
	1860	1320
预应力冷轧带肋钢筋	650	430
	800	530
	970	650
预应力螺纹钢筋	980	650
	1080	770
	1230	900

注：当预应力筋的强度标准值不符合附表 1-4 的规定时，其强度设计值应进行相应的比例换算。

普通钢筋、冷轧带肋钢筋及预应力筋在最大力下的总伸长率限值

牌号或种类	普通钢筋				冷轧带肋钢筋	预应力筋
	HPB300	HRB335、HRB400、HRBF400、HRB500、HRBF500	RRB400	CRB550	CRB600H	
δ_{gt}（%）	10.0	7.5	5.0	2.0	5.0	3.5

钢筋的弹性模量（$\times 10^5 \, \text{N/mm}^2$）

牌号或种类	弹性模量 E_s
HPB300 钢筋	2.10
HRB335、HRB400、HRB500 钢筋 HRBF400、HRBF500 钢筋 RRB400 钢筋 预应力螺纹钢筋	2.00
消除应力钢丝、中强度预应力钢丝	2.05
钢绞线	1.95

注：必要时可采用实测的弹性模量。

混凝土强度标准值（N/mm^2）

强度种类	混凝土强度等级													
	C15	C20	C25	C30	C35	C40	C45	C50	C55	C60	C65	C70	C75	C80
f_{ck}	10.0	13.4	16.7	20.1	23.4	26.8	29.6	32.4	35.5	38.5	41.5	44.5	47.4	50.2
f_{tk}	1.27	1.54	1.78	2.01	2.20	2.39	2.51	2.64	2.74	2.85	2.93	2.99	3.05	3.11

混凝土强度设计值（N/mm^2）

强度种类	混凝土强度等级													
	C15	C20	C25	C30	C35	C40	C45	C50	C55	C60	C65	C70	C75	C80
f_c	7.2	9.6	11.9	14.3	16.7	19.1	21.1	23.1	25.3	27.5	29.7	31.8	33.8	35.9
f_t	0.91	1.10	1.27	1.43	1.57	1.71	1.80	1.89	1.96	2.04	2.09	2.14	2.18	2.22

混凝土弹性模量（$\times 10^4 \, \text{N/mm}^2$）

混凝土强度等级	C15	C20	C25	C30	C35	C40	C45	C50	C55	C60	C65	C70	C75	C80
E_c	2.20	2.55	2.80	3.00	3.15	3.25	3.35	3.45	3.55	3.60	3.65	3.70	3.75	3.80

受弯构件的挠度限值

构件类型		挠度限值
吊车梁	手动吊车	$l_0/500$
	电动吊车	$l_0/600$

续表

构件类型		挠度限值
屋盖、楼盖及楼梯构件	当 $l_0 < 7m$ 时	$l_0/200$（$l_0/250$）
	当 $7m \leqslant l_0 \leqslant 9m$ 时	$l_0/250$（$l_0/300$）
	当 $l_0 > 9m$ 时	$l_0/300$（$l_0/400$）

注：1. 表中 l_0 为构件的计算跨度；计算悬臂构件的挠度限值时，其计算跨度 l_0 按实际悬臂长度的 2 倍取用；
　　2. 表中括号内的数值适用于使用上对挠度有较高要求的构件；
　　3. 如果构件制作时预先起拱，且使用上也允许，则在验算挠度时，可将计算所得的挠度值减去起拱值；对预应力混凝土构件，尚可减去预加力所产生的反拱值；
　　4. 构件制作时的起拱值和预加力所产生的反拱值，不应超过构件在相应荷载组合作用下的计算挠度值；
　　5. 当使用功能和外观有较高要求时，构件挠度限值应适当加严。

结构构件的裂缝控制等级及最大裂缝宽度的限值（mm）　　　　附表 1-11

环境类别	钢筋混凝土结构		预应力混凝土结构	
	裂缝控制等级	w_{lim}	裂缝控制等级	w_{lim}
一	三级	0.30（0.40）	三级	0.20
二 a				0.10
二 b		0.20	二级	—
三 a、三 b			一级	—

注：1. 表中的规定适用于采用热轧钢筋的钢筋混凝土构件和采用预应力钢丝、钢绞线及预应力螺纹钢筋的预应力混凝土构件；当采用其他类别的钢丝或钢筋时，其裂缝控制要求可按专门标准确定；
　　2. 对处于年平均相对湿度小于 60％ 地区一级环境下的受弯构件，其最大裂缝宽度限值可采用括号内的数值；
　　3. 在一类环境下，对钢筋混凝土屋架、托架及需作疲劳验算的吊车梁，其最大裂缝宽度限值应取为 0.20mm；对钢筋混凝土屋面梁和托梁，其最大裂缝宽度限值应取为 0.30mm；
　　4. 在一类环境下，对预应力混凝土屋架、托架及双向板体系，应按二级裂缝控制等级进行验算；对一类环境下的预应力混凝土屋面梁、托梁、单向板，按表中二 a 级环境的要求进行验算；在一类和二类环境下的需作疲劳验算的预应力混凝土吊车梁，应按一级裂缝控制等级进行验算；
　　5. 表中规定的预应力混凝土构件的裂缝控制等级和最大裂缝宽度限值仅适用于正截面的验算；预应力混凝土构件的斜截面裂缝控制验算应符合相关要求；
　　6. 对于烟囱、筒仓和处于液体压力下的结构构件，其裂缝控制要求应符合专门标准的有关规定；
　　7. 对于处于四、五类环境下结构构件，其裂缝控制要求应符合专门标准的有关规定；
　　8. 混凝土保护层厚度较大的构件，允许根据研究成果和实践经验对表中裂缝宽度限值适当放宽。

钢筋混凝土受弯构件配筋计算用的 ξ 表　　　　附表 1-12

α_s	0	1	2	3	4	5	6	7	8	9
0.00	0.0000	0.0010	0.0020	0.0030	0.0040	0.0050	0.0060	0.0070	0.0080	0.0090
0.01	0.0101	0.0111	0.0121	0.0131	0.0141	0.0151	0.0161	0.0171	0.0182	0.0192
0.02	0.0202	0.0212	0.0222	0.0233	0.0243	0.0253	0.0263	0.0274	0.0284	0.0294
0.03	0.0305	0.0315	0.0325	0.0336	0.0346	0.0356	0.0367	0.0377	0.0388	0.0398
0.04	0.0408	0.0419	0.0429	0.0440	0.0450	0.0461	0.0471	0.0482	0.0492	0.0503
0.05	0.0513	0.0524	0.0534	0.0545	0.0555	0.0566	0.0577	0.0587	0.0598	0.0609

续表

α_s	0	1	2	3	4	5	6	7	8	9
0.06	0.0619	0.0630	0.0641	0.0651	0.0662	0.0673	0.0683	0.0694	0.0705	0.0716
0.07	0.0726	0.0737	0.0748	0.0759	0.0770	0.0780	0.0791	0.0802	0.0813	0.0824
0.08	0.0835	0.0846	0.0857	0.0868	0.0879	0.0890	0.0901	0.0912	0.0923	0.0934
0.09	0.0945	0.0956	0.0967	0.0978	0.0989	0.1000	0.1011	0.1022	0.1033	0.1045
0.10	0.1056	0.1067	0.1078	0.1089	0.1101	0.1112	0.1123	0.1134	0.1146	0.1157
0.11	0.1168	0.1180	0.1191	0.1202	0.1244	0.1225	0.1236	0.1248	0.1259	0.1271
0.12	0.1282	0.1294	0.1305	0.1317	0.1328	0.1340	0.1351	0.1363	0.1374	0.1386
0.13	0.1398	0.1409	0.1421	0.1433	0.1444	0.1456	0.1468	0.1479	0.1491	0.1503
0.14	0.1515	0.1527	0.1538	0.1550	0.1562	0.1574	0.1586	0.1598	0.1610	0.1621
0.15	0.1633	0.1645	0.1657	0.1669	0.1681	0.1693	0.1705	0.1717	0.1730	0.1742
0.16	0.1754	0.1766	0.1778	0.1790	0.1802	0.1815	0.1827	0.1839	0.1851	0.1864
0.17	0.1876	0.1888	0.1901	0.1913	0.1925	0.1938	0.1950	0.1963	0.1975	0.1988
0.18	0.2000	0.2013	0.2025	0.2038	0.2050	0.2063	0.2075	0.2088	0.2101	0.2113
0.19	0.2126	0.2139	0.2151	0.2164	0.2177	0.2190	0.2203	0.2215	0.2228	0.2241
0.20	0.2254	0.2267	0.2280	0.2293	0.2306	0.2319	0.2332	0.2345	0.2358	0.2371
0.21	0.2384	0.2397	0.2411	0.2424	0.2437	0.2450	0.2463	0.2477	0.2490	0.2503
0.22	0.2517	0.2530	0.2543	0.2557	0.2570	0.2584	0.2597	0.2611	0.2624	0.2638
0.23	0.2652	0.2665	0.2679	0.2692	0.2706	0.2720	0.2734	0.2747	0.2761	0.2775
0.24	0.2789	0.2803	0.2817	0.2831	0.2845	0.2859	0.2873	0.2887	0.2901	0.2915
0.25	0.2929	0.2943	0.2957	0.2971	0.2986	0.3000	0.3014	0.3029	0.3043	0.3057
0.26	0.3072	0.3086	0.3101	0.3115	0.3130	0.3144	0.3159	0.3174	0.3188	0.3203
0.27	0.3218	0.3232	0.3247	0.3262	0.3277	0.3292	0.3307	0.3322	0.3337	0.3352
0.28	0.3367	0.3382	0.3397	0.3412	0.3427	0.3443	0.3458	0.3473	0.3488	0.3504
0.29	0.3519	0.3535	0.3550	0.3566	0.3581	0.3597	0.3613	0.3628	0.3644	0.3660
0.30	0.3675	0.3691	0.3707	0.3723	0.3739	0.3755	0.3771	0.3787	0.3803	0.3819
0.31	0.3836	0.3852	0.3868	0.3884	0.3901	0.3917	0.3934	0.3950	0.3967	0.3983
0.32	0.4000	0.4017	0.4033	0.4050	0.4067	0.4084	0.4101	0.4118	0.4135	0.4152
0.33	0.4169	0.4186	0.4203	0.4221	0.4238	0.4255	0.4273	0.4290	0.4308	0.4325
0.34	0.4343	0.4361	0.4379	0.4396	0.4414	0.4432	0.4450	0.4468	0.4486	0.4505
0.35	0.4523	0.4541	0.4559	0.4578	0.4596	0.4615	0.4633	0.4652	0.4671	0.4690
0.36	0.4708	0.4727	0.4746	0.4765	0.4785	0.4804	0.4823	0.4842	0.4862	0.4881
0.37	0.4901	0.4921	0.4940	0.4960	0.4980	0.5000	0.5020	0.5040	0.5060	0.5081

α_s	0	1	2	3	4	5	6	7	8	9
0.38	0.5101	0.5121	0.5142	0.5163	0.5183	0.5204	0.5225	0.5246	0.5267	0.5288
0.39	0.5310	0.5331	0.5352	0.5374	0.5396	0.5417	0.5439	0.5461	0.5483	0.5506
0.40	0.5528	0.5550	0.5573	0.5595	0.5618	0.5641	0.5664	0.5687	0.5710	0.5734
0.41	0.5757									

注：$a_s=\dfrac{M}{\alpha_1 f_c b h_0^2}$，$A_s=\xi\dfrac{\alpha_1 f_c}{f_y}b h_0$

钢筋混凝土受弯构件配筋计算用的 γ_s 表 附表 1-13

α_s	0	1	2	3	4	5	6	7	8	9
0.00	1.0000	0.9995	0.9990	0.9985	0.9980	0.9975	0.9970	0.9965	0.9960	0.9955
0.01	0.9950	0.9945	0.9940	0.9935	0.9930	0.9924	0.9919	0.9914	0.9909	0.9904
0.02	0.9899	0.9894	0.9889	0.9884	0.9879	0.9873	0.9868	0.9863	0.9858	0.9853
0.03	0.9848	0.9843	0.9837	0.9832	0.9827	0.9822	0.9817	0.9811	0.9806	0.9801
0.04	0.9796	0.9791	0.9785	0.9780	0.9775	0.9770	0.9764	0.9759	0.9954	0.9749
0.05	0.9743	0.9738	0.9733	0.9728	0.9722	0.9717	0.9712	0.9706	0.9701	0.9696
0.06	0.9690	0.9685	0.9680	0.9674	0.9669	0.9664	0.9658	0.9653	0.9648	0.9642
0.07	0.9637	0.9631	0.9626	0.9621	0.9615	0.9610	0.9604	0.9599	0.9593	0.9588
0.08	0.9583	0.9577	0.9572	0.9566	0.9561	0.9555	0.9550	0.9544	0.9539	0.9533
0.09	0.9528	0.9522	0.9517	0.9511	0.9506	0.9500	0.9494	0.9489	0.9483	0.9478
0.10	0.9472	0.9467	0.9461	0.9455	0.9450	0.9444	0.9438	0.9433	0.9427	0.9422
0.11	0.9416	0.9410	0.9405	0.9399	0.9393	0.9387	0.9382	0.9376	0.9370	0.9365
0.12	0.9359	0.9353	0.9347	0.9342	0.9336	0.9330	0.9324	0.9319	0.9313	0.9307
0.13	0.9301	0.9295	0.9290	0.9284	0.9278	0.9272	0.9266	0.9260	0.9254	0.9249
0.14	0.9243	0.9237	0.9231	0.9225	0.9219	0.9213	0.9207	0.9201	0.9195	0.9189
0.15	0.9183	0.9177	0.9171	0.9165	0.9159	0.9153	0.9147	0.9141	0.9135	0.9129
0.16	0.9123	0.9117	0.9111	0.9105	0.9099	0.9093	0.9087	0.9080	0.9074	0.9068
0.17	0.9062	0.9056	0.9050	0.9044	0.9037	0.9031	0.9025	0.9019	0.9012	0.9006
0.18	0.9000	0.8994	0.8987	0.8981	0.8975	0.8969	0.8962	0.8956	0.8950	0.8943
0.19	0.8937	0.8931	0.8924	0.8918	0.8912	0.8905	0.8899	0.8892	0.8886	0.8879
0.20	0.8873	0.8867	0.8860	0.8854	0.8847	0.8841	0.8834	0.8828	0.8821	0.8814
0.21	0.8808	0.8801	0.8795	0.8788	0.8782	0.8775	0.8768	0.8762	0.8755	0.8748
0.22	0.8742	0.8735	0.8728	0.8722	0.8715	0.8708	0.8701	0.8695	0.8688	0.8681
0.23	0.8674	0.8667	0.8661	0.8654	0.8647	0.8640	0.8633	0.8626	0.8619	0.8612
0.24	0.8606	0.8599	0.8592	0.8586	0.8578	0.8571	0.8564	0.8557	0.8550	0.8543
0.25	0.8536	0.8528	0.8521	0.8514	0.8507	0.8500	0.8493	0.8486	0.8479	0.8471
0.26	0.8464	0.8457	0.8450	0.8442	0.8435	0.8428	0.8421	0.8413	0.8406	0.8399
0.27	0.8391	0.8384	0.8376	0.8369	0.8362	0.8354	0.8347	0.8339	0.8332	0.8324
0.28	0.8317	0.8309	0.8302	0.8294	0.8286	0.8279	0.8271	0.8263	0.8256	0.8248

α_s	0	1	2	3	4	5	6	7	8	9
0.29	0.8240	0.8233	0.8225	0.8217	0.8209	0.8202	0.8194	0.8186	0.8178	0.8170
0.30	0.8162	0.8154	0.8146	0.8138	0.8130	0.8122	0.8114	0.8106	0.8098	0.8090
0.31	0.8082	0.8074	0.8066	0.8058	0.8050	0.8041	0.8033	0.8025	0.8017	0.8008
0.32	0.8000	0.7992	0.7983	0.7975	0.7966	0.7958	0.7950	0.7941	0.7933	0.7924
0.33	0.7915	0.7907	0.7898	0.7890	0.7881	0.7872	0.7864	0.7855	0.7846	0.7837
0.34	0.7828	0.7820	0.7811	0.7802	0.7793	0.7784	0.7775	0.7766	0.7757	0.7748
0.35	0.7739	0.7729	0.7720	0.7711	0.7702	0.7693	0.7683	0.7674	0.7665	0.7655
0.36	0.7646	0.7636	0.7627	0.7617	0.7608	0.7598	0.7588	0.7579	0.7569	0.7559
0.37	0.7550	0.7540	0.7530	0.7520	0.7510	0.7500	0.7490	0.7480	0.7470	0.7460
0.38	0.7449	0.7439	0.7429	0.7419	0.7408	0.7398	0.7387	0.7377	0.7366	0.7356
0.39	0.7345	0.7335	0.7324	0.7313	0.7302	0.7291	0.7280	0.7269	0.7258	0.7247
0.40	0.7236	0.7225	0.7214	0.7202	0.7191	0.7179	0.7168	0.7156	0.7145	0.7133
0.41	0.7121									

注：$a_s = \dfrac{M}{a_1 f_c b h_0^2}$，$A_s = \dfrac{M}{f_y \gamma_s h_0}$

纵向受力钢筋的最小配筋百分率 $\rho_{\min}$（%）   附表 1-14

受力类型			最小配筋百分率
受压构件	全部纵向钢筋	强度等级 500MPa	0.50
		强度等级 400MPa	0.55
		强度等级 300MPa、335MPa	0.60
	一侧纵向钢筋		0.20
受弯构件、偏心受拉、轴心受拉构件一侧的受拉钢筋			0.20 和 $45f_t/f_y$ 中的较大值

注：1. 偏心受拉构件中的受压钢筋，应按受压构件一侧纵向钢筋考虑；

2. 受压构件的全部纵向钢筋和一侧纵向钢筋的配筋率以及轴心受拉构件和小偏心受拉构件一侧受拉钢筋的配筋率应按全截面面积计算；

3. 受弯构件、大偏心受拉构件一侧受拉钢筋的配筋率应按全截面面积扣除受压翼缘面积 $(b_f' - b) h_f'$ 后的截面面积计算；

4. 当钢筋沿构件截面周边布置时，"一侧纵向钢筋"系指沿受力方向两个对边中的一边布置的纵向钢筋。

钢筋混凝土结构构件中纵向受力钢筋的配筋百分率 $\rho_{\min}$ 除了不应小于附表 1-14 规定的数值，且应满足系列规定：

1. 受压构件全部纵向钢筋最小配筋百分率，当采用 C60 及以上强度等级的混凝土时应按附表 1-14 中规定增加 0.10；

2. 板类受弯构件（不包括悬臂板）的受拉钢筋，当采用强度等级 400MPa、500MPa 的钢筋时，其最小配筋百分率应允许采用 0.15 和 $45f_t/f_y$ 中的较大值；

3. 房屋高度不大于 10m 的低层建筑的混凝土剪力墙，其分布钢筋的最小配筋率可适当降低，但不应小于 0.15%；

4. 卧置于地基上的混凝土板，板中受拉钢筋的最小配筋率可适当降低，但不应小于 0.15%。

钢筋的计算截面面积及公称质量表　　　　　　　　　　　　　　　　附表 1-15

直径 d (mm)	不同根数钢筋的计算截面面积（mm²）									单根钢筋公称质量 (kg/m)
	1	2	3	4	5	6	7	8	9	
6	28.3	57	85	113	142	170	198	226	255	0.222
8	50.3	101	151	201	252	302	352	402	453	0.395
10	78.5	157	236	314	393	471	550	628	707	0.617
12	113.1	226	339	452	565	678	791	904	1017	0.888
14	153.9	308	461	615	769	923	1077	1230	1387	1.21
16	201.1	402	603	804	1005	1206	1407	1608	1809	1.58
18	254.5	509	763	1017	1272	1526	1780	2036	2290	2.00(2.11)
20	314.2	628	941	1256	1570	1884	2200	2513	2827	2.47
22	380.1	760	1140	1520	1900	2281	2661	3041	3421	2.98
25	490.9	982	1473	1964	2454	2945	3436	3927	4418	3.85(4.10)
28	615.3	1232	1847	2463	3079	3595	4310	4926	5542	4.83
32	804.3	1609	2418	3217	4021	4826	5630	6434	7238	6.31(6.65)
36	1017.9	2036	3054	4072	5089	6107	7125	8143	9161	7.99
40	1256.1	2513	3770	5027	6283	7540	8796	10053	11310	9.87(10.34)
50	1963.5	3928	5892	7856	9820	11784	13748	15712	17676	15.42(16.28)

注：括号内为预应力螺纹钢筋的数值。

钢绞线公称直径、计算截面面积及理论重量　　　　　　　　　　　　附表 1-16

种　　类	公称直径(mm)	计算截面面积(mm²)	理论重量(kg/m)
1×3	8.6	37.4	0.296
	10.8	59.3	0.462
	12.9	84.8	0.666
1×7 标准型	9.5	54.8	0.430
	12.7	98.7	0.775
	15.2	140	1.101
	17.8	191	1.500
	21.6	285	2.237

钢丝公称直径、计算截面面积及理论重量　　　　　　　　　　　　　附表 1-17

公称直径(mm)	计算截面面积(mm²)	理论重量(kg/m)
5.0	19.63	0.154
7.0	38.48	0.302
9.0	63.62	0.499

单跨梁板的计算跨度 l_0　　　　　　　　　　　　　　　　　　　　　附表 1-18

单跨板	单跨梁

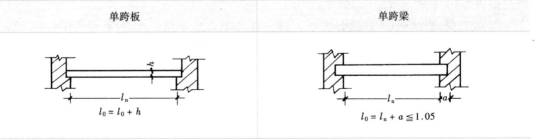

$$l_0 = l_0 + h$$

$$l_0 = l_n + a \leqslant 1.05$$

续表

单跨板	单跨梁

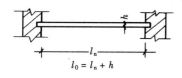

$$l_0 = l_n + h$$

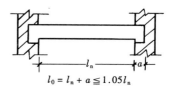

$$l_0 = l_n + a \leqq 1.05 l_n$$

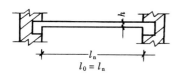

$$l_0 = l_n$$

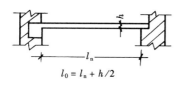

$$l_0 = l_n + h/2$$

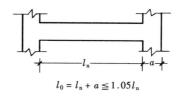

$$l_0 = l_n + a \leqq 1.05 l_n$$

混凝土保护层的最小厚度 c(mm)　　　　　　附表 1-19

环境类别	板、墙、壳	梁、柱、杆
一	15	20
二 a	20	25
二 b	25	35
三 a	30	40
三 b	40	50

注:1. 构件中受力钢筋的保护层厚度不应小于钢筋的直径;

2. 设计使用年限为 50 年的混凝土结构,最外层钢筋的保护层厚度应符合附表 1-19 的规定;当混凝土强度等级不大于 C25 时,附表 1-19 中保护层厚度数值应增加 5mm;

3. 设计使用所限为 100 年的混凝土结构,最外层钢筋的保护层厚度应取本注第 2 点规定数值的 1.4 倍;

4. 现浇矩形钢筋混凝土管道和混合结构管道中的钢筋混凝土构件内分布钢筋的混凝土净保护层厚度不应小于 20mm;对于预制成品的钢筋混凝土或预应力混凝土圆管,其钢筋的净保护层厚度,当壁厚为 80～100mm 时不应小于 12mm;当壁厚大于 100mm 时不应小于 20mm;

5. 钢筋混凝土基础设置混凝土垫层时,其纵向受力钢筋的混凝土保护层厚度应从垫层顶面算起,且不应小于 40mm;当未设置混凝土垫层时,保护层厚度不小于 70mm;

6. 地下连续墙结构的主筋保护层厚度不得小于 70mm。

每米板宽各种钢筋间距时的钢筋截面面积　　　　　　附表 1-20

钢筋间距 (mm)	当钢筋直径(mm)为下列数值时的钢筋截面面积(mm²)													
	3	4	5	6	6/8	8	8/10	10	10/12	12	12/14	14	14/16	16
70	101	179	281	404	561	719	920	1121	1369	1616	1908	2199	2536	2872

钢筋间距 (mm)	当钢筋直径(mm)为下列数值时的钢筋截面面积(mm²)														
	3	4	5	6	6/8	8	8/10	10	10/12	12	12/14	14	14/16	16
75	94.3	167	262	377	524	671	859	1047	1277	1508	1780	2053	2367	2681
80	88.4	157	245	354	491	629	805	981	1198	1414	1669	1924	2218	2513
85	83.2	148	231	333	462	592	758	924	1127	1331	1571	1811	2088	2365
90	78.5	140	218	314	437	559	716	872	1064	1257	1484	1710	1972	2234
95	74.5	132	207	298	414	529	678	826	1008	1190	1405	1620	1868	2116
100	70.6	126	196	283	393	503	644	785	958	1131	1335	1539	1775	2011
110	64.2	114	178	257	357	457	585	714	871	1028	1214	1399	1614	1828
120	58.9	105	163	236	327	419	537	654	798	942	1112	1283	1480	1676
125	56.5	100	157	226	314	402	515	628	766	905	1068	1232	1420	1608
130	54.4	96.6	151	218	302	387	495	604	737	870	1027	1184	1366	1547
140	50.5	89.7	140	202	281	359	460	561	684	808	954	1100	1268	1436
150	47.1	83.8	131	189	262	335	429	523	639	754	890	1026	1183	1340
160	44.1	78.5	123	177	246	314	403	491	599	707	834	962	1110	1257
170	41.5	73.9	115	166	231	296	379	462	564	665	786	906	1044	1183
180	39.2	69.8	109	157	218	279	358	436	532	628	742	855	985	1117
190	37.2	66.1	103	149	207	265	339	413	504	595	702	810	934	1058
200	35.3	62.8	98.2	141	196	251	322	393	479	565	668	770	888	1005
220	32.1	57.1	89.3	129	178	228	292	357	436	514	607	700	807	914
240	29.4	52.4	81.9	118	164	209	268	327	399	471	556	641	740	838
250	28.3	50.2	78.5	113	157	201	258	314	383	452	534	616	710	804
260	27.2	48.3	75.5	109	151	193	248	302	368	435	514	592	682	773
280	25.2	44.9	70.1	101	140	180	230	281	342	404	477	550	634	718
300	23.6	41.9	66.5	94	131	168	215	262	320	377	445	513	592	670
320	22.1	39.2	61.4	88	123	157	201	245	299	353	417	481	554	628

注:表中钢筋直径中的6/8、8/10、…系指两种直径的钢筋间隔放置。

钢筋单根方式配筋时排成一行时梁的最小宽度(mm)　　　　　附表1-21

钢筋直径 (mm)	3根	4根	5根	6根	7根
12	180/150	200/180	250/220		
14	180/150	200/180	250/220	300/300	
16	180/180	220/200	300/250	350/300	400/350
18	180/180	250/220	300/300	350/300	400/350
20	200/180	250/220	300/300	350/350	400/400
22	200/180	250/250	350/300	400/350	450/400
25	220/200	300/250	350/300	450/350	500/400
28	250/220	350/300	400/350	450/400	550/450
32	300/250	350/300	450/400	550/450	

注:斜线以左数值用于梁的上部,以右数值用于梁的下部。

钢筋两个弯钩的长度　　　　　　　　　　　　　附表 1-22

钢筋直径(mm)	4	5	6	8	10	12	14	16	18	20	22	25	28	32
机器弯钩 6.5d(mm)	30	40	40	60	70	80	90	110	120	130	140	170	180	210
手工弯钩 12.5d(mm)	50	70	80	100	130	150	180	200	230	250	280	310	350	400

箍筋末端两个弯钩的长度(mm)　　　　　　　　附表 1-23

箍筋直径 受力筋直径	$\phi6$	$\phi8$	$\phi10$	$\phi12$
$\phi10\sim25$	100	120	140	180
$\phi28\sim32$	120	140	160	200

钢筋混凝土结构伸缩缝最大间距(mm)　　　　　附表 1-24

结构类别		室内或土中	露天
排架结构	装配式	100	70
框架结构	装配式	75	50
	现浇式	55	35
剪力墙结构	装配式	65	40
	现浇式	45	30
挡土墙、地下室墙壁等类结构	装配式	40	30
	现浇式	30	20

注:1. 装配整体式结构的伸缩缝间距,可根据结构的具体情况取表中装配式结构与现浇式结构之间的数值;

2. 框架-剪力墙结构或框架-核心筒结构房屋的伸缩缝间距,可根据结构的具体情况取表中框架结构与剪力墙结构之间的数值;

3. 当屋面无保温或隔热措施时,框架结构、剪力墙结构的伸缩缝间距宜按表中露天栏的数值取用;

4. 现浇挑檐、雨罩等外露结构的局部伸缩缝间距不宜大于 12m。

附录 2：钢筋的锚固

1. 混凝土中受力钢筋应有可靠的锚固措施。钢筋锚固长度不应小于最小锚固长度。受拉钢筋的最小锚固长度应按下式计算，且不应小于基本锚固长度的 0.6 倍和 200mm。

$$l_a = \zeta_a l_{ab} \qquad (\text{附 } 2\text{-}1)$$

式中　l_a——受拉钢筋的锚固长度；

　　　l_{ab}——受拉钢筋的基本锚固长度，按本附录第 2 点计算；

　　　ζ_a——锚固长度修正系数，按本附录第 3 点采用，多于一项时可按乘积采用。

2. 当计算中充分利用钢筋的抗拉强度时，受拉钢筋的基本锚固长度应按下列公式计算：

（1）对普通钢筋

$$l_{ab} = \alpha \frac{f_y}{f_t} d \qquad (\text{附 } 2\text{-}1a)$$

（2）对预应力筋

$$l_{ab} = \alpha \frac{f_{py}}{f_t} d \qquad (\text{附 } 2\text{-}1b)$$

式中　l_{ab}——受拉钢筋的基本锚固长度；

　f_y、f_{py}——普通钢筋、预应力筋的抗拉强度设计值；

　　　f_t——混凝土轴心抗拉强度设计值，当混凝土强度等级高于 C60 时，按 C60 取值；

　　　d——锚固钢筋的直径；

　　　α——锚固钢筋的外形系数，按附表 2-1 取用。

锚固钢筋的外形系数 α　　　　　　　　　　　　附表 2-1

钢筋类型	光面钢筋	带肋钢筋	螺旋肋钢丝	三股钢绞线	七股钢绞线
α	0.16	0.14	0.13	0.16	0.17

3. 纵向受拉钢筋的锚固长度修正系数应根据钢筋的锚固条件按下列规定采用：

（1）当钢筋的公称直径大于 25mm 时取 1.1。

（2）对环氧树脂涂层钢筋取 1.25。

（3）施工过程中易受扰动的钢筋取 1.1。

（4）当纵向受力钢筋的实际配筋面积大于其设计计算面积时，取设计计算面积与实际配筋面积的比值，但对有抗震设防要求及直接承受动力荷载的结构构件不得考虑此项修正。

（5）锚固区混凝土配置箍筋且保护层厚度不小于 $3d$ 时，修正系数可取 0.8；大于 $5d$ 时，修正系数取 0.7。此处 d 为纵向受力钢筋直径。

（6）当纵向受拉钢筋末端采用机械锚固措施时，包括附加锚固端头在内的锚固长度修正系数取 0.7。

4. 混凝土结构中的纵向受压钢筋，当计算中充分利用钢筋的抗压强度时，受压钢筋的锚固长度不应小于相应受拉锚固长度的 0.7 倍，并应合理配置横向约束钢筋。

附录 3：钢筋的连接

1. 钢筋连接可采用绑扎搭接、机械连接或焊接。机械连接接头及焊接接头的类型及质量应符合国家现行有关标准的规定。

混凝土结构中受力钢筋的连接接头宜设置在受力较小处。在同一根受力钢筋上宜少设接头。在结构的重要构件和关键传力部位，纵向受力钢筋不宜设置连接接头。

2. 轴心受拉及小偏心受拉杆件的纵向受力钢筋不得采用绑扎搭接；其他构件中的钢筋采用绑扎搭接时，受拉钢筋直径不宜大于 25mm，受压钢筋直径不宜大于 28mm。

3. 同一构件中相邻纵向受力钢筋的绑扎搭接接头宜互相错开。钢筋绑扎搭接接头连接区段的长度为 1.3 倍搭接长度，凡搭接接头中点位于该连接区段长度内的搭接接头均属于同一连接区段（附图 3-1）。同一连接区段内纵向受力钢筋搭接接头面积百分率为该区段内有搭接接头的纵向受力钢筋与全部纵向受力钢筋截面面积的比值。当直径不同的钢筋搭接时，按直径较小的钢筋计算。

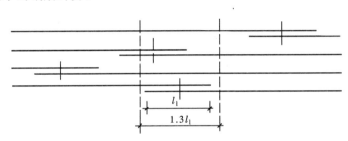

附图 3-1　同一连接区段内纵向受拉钢筋的绑扎搭接接头

注：图中所示同一连接区段内的搭接接头钢筋为两根，当钢筋直径相同时，钢筋搭接接头面积百分率为 50%。

位于同一连接区段内的受拉钢筋搭接接头面积百分率：对梁类、板类及墙类构件，不宜大于 25%；对柱类构件，不宜大于 50%。当工程中确有必要增大受拉钢筋搭接接头面积百分率时，对梁类构件，不宜大于 50%；对板、墙、柱及预制构件的拼接处，可根据实际情况放宽。

并筋采用绑扎搭接连接时，应按每根单筋错开搭接的方式连接。接头面积百分率应按同一连接区段内所有的单根钢筋计算。并筋中钢筋的搭接长度应按单筋分别计算。

4. 纵向受拉钢筋绑扎搭接接头的搭接长度，应根据位于同一连接区段内的钢筋搭接接头面积百分率按下列公式计算，且不应小于 300mm。

$$l_l = \zeta_l l_a \qquad\qquad (附 3\text{-}1)$$

式中　l_l——纵向受拉钢筋的搭接长度；

　　　ζ_l——纵向受拉钢筋搭接长度修正系数，按附表 3-1 取用。当纵向搭接钢筋接头面积百分率为表的中间值时，修正系数可按内插取值。

纵向受拉钢筋搭接长度修正系数　　　　　　　　　　　附表 3-1

纵向搭接钢筋接头面积百分率（%）	≤25	50	100
ζ_l	1.2	1.4	1.6

5. 构件中的纵向受压钢筋当采用搭接连接时，其受压搭接长度不应小于纵向受拉钢筋搭接长度的 70％，且不应小于 200mm。

6. 在梁、柱类构件的纵向受力钢筋搭接长度范围内的横向构造钢筋应符合附录 2 第 1 点的要求；当受压钢筋直径大于 25mm 时，尚应在搭接接头两个端面外 100mm 的范围内各设置两道箍筋。

7. 纵向受力钢筋的机械连接接头宜相互错开。钢筋机械连接区段的长度为 35d，d 为连接钢筋的较小直径。凡接头中点位于该连接区段长度内的机械连接接头均属于同一连接区段。

位于同一连接区段内的纵向受拉钢筋接头面积百分率不宜大于 50％；但对板、墙、柱及预制构件的拼接处，可根据实际情况放宽。纵向受压钢筋的接头百分率可不受限制。

机械连接套筒的保护层厚度宜满足有关钢筋最小保护层厚度的规定。机械连接套筒的横向净间距不宜小于 25mm；套筒处箍筋的间距仍应满足相应的构造要求。

直接承受动力荷载结构构件中的机械连接接头，除应满足设计要求的抗疲劳性能外，位于同一连接区段内的纵向受力钢筋接头面积百分率不应大于 50％。

8. 细晶粒热轧带肋钢筋以及直径大于 28mm 的带肋钢筋，其焊接应经试验确定；余热处理钢筋不宜焊接。

纵向受力钢筋的焊接接头应相互错开。钢筋焊接接头连接区段的长度为 35d 且不小于 500mm，d 为连接钢筋的较小直径，凡接头中点位于该连接区段长度内的焊接接头均属于同一连接区段。

纵向受拉钢筋的接头面积百分率不宜大于 50％，但对预制构件的拼接处，可根据实际情况放宽。纵向受压钢筋的接头百分率可不受限制。

9. 需进行疲劳验算的构件，其纵向受拉钢筋不得采用绑扎搭接接头，也不宜采用焊接接头，除端部锚固外不得在钢筋上焊有附件。

当直接承受吊车荷载的钢筋混凝土吊车梁、屋面梁及屋架下弦的纵向受拉钢筋采用焊接接头时，应符合下列规定：

（1）应采用闪光接触对焊，并去掉接头的毛刺及卷边；

（2）同一连接区段内纵向受拉钢筋焊接接头面积百分率不应大于 25％，焊接接头连接区段的长度应取为 45d，d 为纵向受力钢筋的较大直径；

（3）疲劳验算时，焊接接头应符合疲劳应力幅限值的规定。

附录4：楼面和屋面活荷载

一、楼面活荷载

1. 采用等效均布活荷载方法进行设计时，应保证其产生的荷载效应与最不利堆放情况等效；建筑楼面和屋面堆放物较多或较重的区域，应按实际情况考虑其荷载。

2. 一般使用条件下的民用建筑楼面均布活荷载标准值及其组合值系数、频遇值系数和准永久值系数的取值，不应小于附表4-1的规定。当使用荷载较大、情况特殊或有专门要求时，应按实际情况采用。

3. 汽车通道及客车停车库的楼面均布活荷载标准值及其组合值系数、频遇值系数和准永久值系数的取值，不应小于附表4-2的规定。当应用条件不符合本表要求时，应按效应等效原则，将车轮的局部荷载换算为等效均布荷载。

民用建筑楼面均布活荷载标准值及其组合值系数、频遇值系数和准永久值系数   附表 4-1

项次	类别		标准值 (kN/m²)	组合值系数 ψ_c	频遇值系数 ψ_f	准永久值系数 ψ_q
1	（1）住宅、宿舍、旅馆、医院病房、托儿所、幼儿园		2.0	0.7	0.5	0.4
	（2）办公楼、教室、医院门诊室		2.5	0.7	0.6	0.5
2	食堂、餐厅、试验室、阅览室、会议室、一般资料档案室		3.0	0.7	0.6	0.5
3	礼堂、剧场、影院、有固定座位的看台、公共洗衣房		3.5	0.7	0.5	0.3
4	（1）商店、展览厅、车站、港口、机场大厅及其旅客等候室		4.0	0.7	0.6	0.5
	（2）无固定座位的看台		4.0	0.7	0.5	0.3
5	（1）健身房、演出舞台		4.5	0.7	0.6	0.5
	（2）运动场、舞厅		4.5	0.7	0.6	0.3
6	（1）书库、档案库、储藏室（书架高度不超过2.5m）		6.0	0.9	0.9	0.8
	（2）密集柜书库（书架高度不超过2.5m）		12.0	0.9	0.9	0.8
7	通风机房、电梯机房		8.0	0.9	0.9	0.8
8	厨房	（1）餐厅	4.0	0.7	0.7	0.7
		（2）其他	2.0	0.7	0.6	0.5
9	浴室、卫生间、盥洗室		2.5	0.7	0.6	0.5

项次	类别		标准值 （kN/m²）	组合值 系数 ψ_c	频遇值 系数 ψ_f	准永久值 系数 ψ_q
10	走廊、 门厅	（1）宿舍、旅馆、医院病房、托儿所、幼儿园、住宅	2.0	0.7	0.5	0.4
		（2）办公楼、餐厅、医院门诊部	3.0	0.7	0.6	0.5
		（3）教学楼及其他可能出现人员密集的情况	3.5	0.7	0.5	0.3
11	楼梯	（1）多层住宅	2.0	0.7	0.5	0.4
		（2）其他	3.5	0.7	0.5	0.3
12	阳台	（1）可能出现人员密集的情况	3.5	0.7	0.6	0.5
		（2）其他	2.5	0.7	0.6	0.5

汽车通道及客车停车库的楼面均布活荷载　　　　　　　　　　附表 4-2

类别		标准值 （kN/m²）	组合值 系数 ψ_c	频遇值 系数 ψ_f	准永久值 系数 ψ_q
单向板楼盖 （2m≤板跨 L）	定员不超过 9 人的小型客车	4.0	0.7	0.7	0.6
	满载总重不大于 300kN 的消防车	35.0	0.7	0.5	0.0
双向板楼盖 （3m≤板跨短边 L≤6m）	定员不超过 9 人的小型客车	5.5-5.0L	0.7	0.7	0.6
	满载总重不大于 300kN 的消防车	50.0-5.0L	0.7	0.5	0.0
双向板楼盖 （6m≤板跨短边 L） 和无梁楼盖 （柱网不小于 6m×6m）	定员不超过 9 人的小型客车	2.5	0.7	0.7	0.6
	满载总重不大于 300kN 的消防车	20.0	0.7	0.5	0.0

4. 当采用楼面等效均布活荷载方法设计楼面梁时，附表 4-1 和附表 4-2 中的楼面活荷载标准值的折减系数取值不应小于下列规定值：

（1）附表 4-1 中第 1（1）项当楼面梁从属面积不超过 25m²（含）时，不应折减；超过 25m² 时，不应小于 0.9；

（2）附表 4-1 中第 1（2）～7 项当楼面梁从属面积不超过 50m²（含）时，不应折减；超过 50m² 时，不应小于 0.9；

（3）附表 4-1 中第 8～12 项应采用与所属房屋类别相同的折减系数；

（4）附表 4-2 对单向板楼盖的次梁和槽形板的纵肋不应小于 0.8，对单向板楼盖的主梁不应小于 0.6，对双向板楼盖的梁不应小于 0.8。

5. 当采用楼面等效均布活荷载方法设计墙、柱和基础时，折减系数取值应符合下列规定：

（1）附表 4-1 中第 1（1）项单层建筑楼面梁的从属面积超过 25m² 时不应小于 0.9，其他情况应按附表 4-3 规定采用；

（2）附表 4-1 中第 1（2）～7 项应采用与其楼面梁相同的折减系数；

（3）附表 4-1 中第 8～12 项应采用与所属房屋类别相同的折减系数；

（4）应根据实际情况决定是否考虑附表 4-2 中的消防车荷载；对附表 4-2 中的客车，对单向板楼盖不应小于 0.5，对双向板楼盖和无梁楼盖不应小于 0.8。

活荷载按楼层的折减系数 　　　附表 4-3

墙、柱、基础计算截面以上的层数	2～3	4～5	6～8	9～20	＞20
计算截面以上各楼层活荷载总和的折减系数	0.85	0.70	0.65	0.60	0.55

6. 当考虑覆土影响对消防车活荷载进行折减时，折减系数应根据可靠资料确定。

7. 工业建筑楼面均布活荷载的标准值及其组合值系数、频遇值系数和准永久值系数的取值，不应小于附表 4-4 的规定。

工业建筑楼面均布活荷载标准值及其组合值系数、频遇值系数和准永久值系数 　　附表 4-4

项次	类别	标准值（kN/m²）	组合值系数 ψ_c	频遇值系数 ψ_f	准永久值系数 ψ_q
1	电子产品加工	4.0	0.8	0.6	0.5
2	轻型机械加工	8.0	0.8	0.6	0.5
3	重型机械加工	12.0	0.8	0.6	0.5

二、屋面活荷载

1. 房屋建筑的屋面，其水平投影面上的屋面均布活荷载的标准值及其组合值系数、频遇值系数和准永久值系数的取值，不应小于附表 4-5 的规定。

屋面均布活荷载标准值及其组合值系数、频遇值系数和准永久值系数 　　附表 4-5

项次	类别	标准值（kN/m²）	组合值系数 ψ_c	频遇值系数 ψ_f	准永久值系数 ψ_q
1	不上人的屋面	0.5	0.7	0.5	0.0
2	上人的屋面	2.0	0.7	0.5	0.4
3	屋顶花园	3.0	0.7	0.6	0.5
4	屋顶运动场地	4.5	0.7	0.6	0.4

2. 不上人的屋面，当施工或维修荷载较大时，应按实际情况采用；当上人屋面兼做其他用途时，应按相应楼面活荷载采用；屋顶花园的活荷载不应包括花圃土石等材料自重。

3. 对于因屋面排水不畅、堵塞等引起的积水荷载，应采取构造措施加以防止；必要时，应按积水的可能深度确定屋面活荷载。

4. 屋面直升机停机坪荷载应按下列规定采用：

（1）屋面直升机停机坪荷载应按局部荷载考虑，或根据局部荷载换算为等效均布荷载考虑。局部荷载标准值应按直升机实际最大起飞重量确定，当没有机型技术资料时，局部荷载标准值及作用面积的取值不应小于附表 4-6 的规定。

屋面直升机停机坪局部荷载标准值及作用面积　　　　附表 4-6

类型	最大起飞重量（t）	局部荷载标准值（kN）	作用面积
轻型	2	20	0.20m×0.20m
中型	4	40	0.25m×0.25m
重型	6	60	0.30m×0.30m

（2）屋面直升机停机坪的等效均布荷载标准值不应低于 5.0kN/m²。

（3）屋面直升机停机坪荷载的组合值系数应取 0.7，频遇值系数取 0.6，准永久值系数应取 0。

5. 施工和检修荷载应按下列规定采用：

（1）设计屋面板、檩条、钢筋混凝土挑檐、悬挑雨篷和预制小梁时，施工或检修集中荷载标准值不应小于 1.0kN，并应在最不利位置处进行验算；

（2）对于轻型构件或较宽的构件，应按实际情况验算，或应加垫板、支撑等临时设施；

（3）计算挑檐、悬挑雨篷的承载力时，应沿板宽每隔 1.0m 取一个集中荷载；在验算挑檐、悬挑雨篷的倾覆时，应沿板宽每隔 2.5～3.0m 取一个集中荷载。

6. 地下室顶板施工活荷载标准值不应小于 5.0kN/m²，当有临时堆积荷载以及有重型车辆通过时，施工组织设计中应按实际荷载验算并采取相应措施。

7. 楼梯、看台、阳台和上人屋面等的栏杆活荷载标准值，不应小于下列规定值：

（1）住宅、宿舍、办公楼、旅馆、医院、托儿所、幼儿园，栏杆顶部的水平荷载应取 1.0kN/m；

（2）食堂、剧场、电影院、车站、礼堂、展览馆或体育场，栏杆顶部的水平荷载应取 1.0kN/m；竖向荷载应取 1.2kN/m，水平荷载与竖向荷载应分别考虑；

（3）中小学校的上人屋面、外廊、楼梯、平台、阳台等临空部位必须设防护栏杆，栏杆顶部的水平荷载应取 1.5kN/m，竖向荷载应取 1.2kN/m，水平荷载与竖向荷载应分别考虑。

8. 施工荷载、检修荷载及栏杆荷载的组合值系数应取 0.7，频遇值系数应取 0.5，准永久值系数应取 0。

9. 将动力荷载简化为静力作用施加于楼面和梁时，应将活荷载乘以动力系数，动力系数不应小于 1.1。

主要参考文献

[1] 建筑结构可靠性设计统一标准（GB 50068—2018）. 北京：中国建筑工业出版社，2018.
[2] 工程结构通用规范（GB 55001—2021）. 北京：中国建筑工业出版社，2021.
[3] 混凝土结构通用规范（GB 55008—2021）. 北京：中国建筑工业出版社，2021.
[4] 沈蒲生，梁兴文. 混凝土结构设计原理 [M]. 北京：高等教育出版社，2020.
[5] 沈蒲生，梁兴文. 混凝土结构设计 [M]. 北京：高等教育出版社，2020.